In case of loss, please return to

....

....

....

As a reward

....

TO DO LIST

- ☐ 3대 젤라또집 투어하기
- ☐ 국립 현대 미술관에서 다양한 작품 감상하기
- ☐ 광장에서 길거리 버스킹 감상하기
- ☐ 나보나 광장에 앉아 여유 만끽하기
- ☐ 로마 현지 바버샵 체험해보기
- ☐ 리나센테 로마 트리토네 7층 루프탑에서 야경 감상하기
- ☐ 몬테 오피오 정원에서 콜로세움 전체 배경으로 사진찍기
- ☐ 바르베르니 궁전의 나선형계단, 직사각형 계단에서 사진찍기
- ☐ 바티칸 가이드 투어하기
- ☐ 베네치아 광장에 앉아 여유 만끽하기
- ☐ 보르게세 공원에서 자전거, 보트 등 액티비티 즐기기
- ☐ 보르게세 공원을 산책하여 여유 만끽하기
- ☐ 산탄젤로 다리 걸어서 건너보기
- ☐ 성 베드로 대성당 꼭대기에서 로마 야경 감상하기
- ☐ 스페인 계단 오전에 방문하여 여유롭게 사진찍기
- ☐ 시스티나 예배당 '최후의 심판' 감상하기
- ☐ 올리브 오일, 트러플 오일 등 식료품 쇼핑하기
- ☐ 자니콜로 언덕에서 로마 시내 전경 및 일몰 감상하기
- ☐ 진한 풍미의 이탈리아식 에스프레소 마시기
- ☐ 카타콤베 지하 묘지 투어하기
- ☐ 캄피돌리오 타원형 광장에서 착시 효과 확인해보기
- ☐ 콘도티 거리에서 명품, 기념품 구경하기
- ☐ 콜로세움 외관을 배경으로 사진 찍기
- ☐ 퀴리날레 궁전에서 오후 3시 근위병 교대식 관람하기
- ☐ 퀴리날레 박물관에서 로마 전경 감상하기
- ☐ 트라스테베레 지역에서 길거리 음식 맛보기
- ☐ 트라야누스 시장에서 고대 로마 유적지 야경 감상하기
- ☐ 트레비 분수를 등지고 동전 던지기
- ☐ 판테온 신전 내부 관람하기
- ☐ 판테온 신전 앞 타짜도르에서 커피 마시기
- ☐ 팔라티노 언덕에서 포로로마노를 배경으로 사진찍기
- ☐ 페라리 스토어 로마에서 레이싱 용품 구경하기
- ☐ 피자와 파스타 현지식 맛보기

LANDMARK LIST

- ☐ 가라발디 광장
- ☐ 공화국 광장
- ☐ 국립 현대 미술관
- ☐ 나보나 광장
- ☐ 넵튠 분수
- ☐ 대전차 경기장
- ☐ 도리아 팜필리 공원
- ☐ 도무스 아우레아
- ☐ 디오클레티아누스의 목욕탕
- ☐ 디즈니 스토어
- ☐ 라파엘로의 방
- ☐ 로마 국립 박물관
- ☐ 로마 생태 동물원
- ☐ 로마 오페라 극장
- ☐ 메르카토 센트랄레 시장
- ☐ 몬테 오피오 정원
- ☐ 바르베리니 궁전
- ☐ 바르베리니 광장
- ☐ 바티칸 미술관
- ☐ 바티칸 박물관
- ☐ 베네치아 광장
- ☐ 베스타 신전
- ☐ 보르게세 공원
- ☐ 보르게세 미술관
- ☐ 브라스키 궁전
- ☐ 산 조반니 인 라테라노 대성당
- ☐ 산칼리스토의 카타콤베
- ☐ 산 클레멘트 대성당
- ☐ 산 피에트로 인 빈콜리 성당
- ☐ 산타 마리아 마조레 대성당
- ☐ 산타 마리아 인 트라스테베레 성당
- ☐ 산탄젤로 성
- ☐ 산탄젤로의 다리
- ☐ 성 베드로 대성당
- ☐ 스페인 광장
- ☐ 스페인 계단
- ☐ 시스티나 예배당
- ☐ 아라파시스 박물관
- ☐ 알템프스 궁전 국립 박물관
- ☐ 오렌지 나무 정원
- ☐ 오벨리스크
- ☐ 자니콜로 언덕
- ☐ 진실의 입
- ☐ 캄포 데 피오리
- ☐ 캄피돌리오 광장
- ☐ 캄피돌리오광장
- ☐ 코르소 거리
- ☐ 코스메딘 성당
- ☐ 콘도티 거리
- ☐ 콘스탄티누스 개선문
- ☐ 콜로세움
- ☐ 콰트로 피우미 분수
- ☐ 퀴리날레 궁전
- ☐ 키오스토로 델 브라만테
- ☐ 떼르미니역
- ☐ 트라스테베레
- ☐ 트레비 분수
- ☐ 트리온팔레 시장
- ☐ 티투스의 개선문
- ☐ 판테온
- ☐ 팔라티노 언덕
- ☐ 페라리 스토어 로마
- ☐ 포로로마노
- ☐ 포폴로 광장
- 피아자 마지니 분수
- 핀초 언덕

MUST EAT LIST

- [ ] 까르보나라 (계란 노른자, 치즈를 섞은 파스타)
- [ ] 아마트리치아나 (토마토 소스 파스타)
- [ ] 카초 에 페페(치즈후추 파스타)
- [ ] 세몰리나 뇨키(세몰리나 밀가루로 만든 파스타)
- [ ] 라비올리(고기, 생선 등으로 속을 채운 파스타)
- [ ] 라자냐(고기, 치즈 등을 층층이 쌓은 파스타)
- [ ] 피자 비앙카(포카치아)
- [ ] 피자 알라 로마냐(로마식 피자)
- [ ] 살팀보카(프로슈토, 와인, 버터로 조리한 소고기)
- [ ] 카르초피 알라 로마나(로마식 아티초크 요리)
- [ ] 코다 알라 바치나라(소꼬리 스튜)
- [ ] 포르체타 (이탈리아 전통 통돼지구이)
- [ ] 수플리(치즈가 들어간 주먹밥 튀김)
- [ ] 필레티 디 바칼라(대구 튀김)
- [ ] 오소부코(소강정이살)
- [ ] 깔라마리 프리티(쭈꾸미 튀김)
- [ ] 모르타델라(돼지고기 소시지)
- [ ] 카르파초(고기 혹은 생선 회)
- [ ] 코톨레타(돈까스)
- [ ] 주파 디 코제(홍합찜)
- [ ] 브루스게타 (바게트 위 치즈와 야채, 소스)
- [ ] 판자넬라 (토마토가 들어간 브레드 샐러드)
- [ ] 인볼티니(얇게 썬 햄)
- [ ] 롤라티니(가지, 리코타치즈 구이)
- [ ] 그라파(포도 증류 브랜디)
- [ ] 페로니 (이탈리아 대표 맥주브랜드)
- [ ] 피자 알 타곤 (조각피자, 길거리 음식)
- [ ] 아마레띠(아몬드맛 비스킷)
- [ ] 카놀리 (페이스트리로 감싼 리코타 치즈)
- [ ] 티라미슈
- [ ] 에스프레소
- [ ] 젤라또
- [ ] 군밤

MUST BUYING LIST

- [ ] 가죽 공방 제품
- [ ] 구찌
- [ ] 라바짜커피
- [ ] 로버츠 장미수
- [ ] 로버츠 장미크림
- [ ] 리몬첼로
- [ ] 마르니
- [ ] 마비스치약
- [ ] 막스마라
- [ ] 바치 초콜릿
- [ ] 발렌티노
- [ ] 발사믹 식초
- [ ] 불가리
- [ ] 비숑티노 소품
- [ ] 비알레띠 모카 포트
- [ ] 산타마리아 노벨라 화장품
- [ ] 세라 디 쿠프라크림
- [ ] 올리브 오일
- [ ] 와인
- [ ] 일리커피
- [ ] 초콜릿
- [ ] 키코 화장품
- [ ] 타이샵 넥타이
- [ ] 트러플 소금
- [ ] 트러플 오일
- [ ] 파스타면
- [ ] 페라가모
- [ ] 포켓커피
- [ ] 프라다
- [ ] Vestopazzo 악세서리

MUST DO ACTIVITIES LIST

- [ ] 글레디에이터 스쿨 체험하기
- [ ] 나보나 광장 투어
- [ ] 로마 라 트라비아타 오페라
- [ ] 로마 빅버스 시티투어
- [ ] 로마 시내 세그웨이 투어
- [ ] 로마 시내 투어
- [ ] 로마 야경 투어
- [ ] 로마 푸드 워킹 투어
- [ ] 로마전용 버스투어
- [ ] 롬버터 리버 사이클 투어
- [ ] 미켈란젤로 광장 투어
- [ ] 바티칸 박물관&시스티나 성당&성 베드로 대성당 투어
- [ ] 바티칸 야경투어
- [ ] 바티칸 오전투어
- [ ] 베키오 다리 투어
- [ ] 보르게세 공원 자전거 타기
- [ ] 보르게세 공원&미술관 투어
- [ ] 빌라 보르게세 정원 골프 카트 타기
- [ ] 산타마리아 마조레 신전 유적 투어
- [ ] 산타키아라 궁전 오페라 콘서트
- [ ] 산탄젤로성/산탄젤로 다리 투어
- [ ] 성 베드로 대성당 돔 하이킹 투어
- [ ] 스트리트 푸드 투어
- [ ] 에스파냐 광장 투어
- [ ] 이탈리아 남부투어
- [ ] 진실의 입 투어
- [ ] 카타콤베 가이드 투어
- [ ] 콜로세움 내부 투어
- [ ] 트라스테베레 골목 산책 투어
- [ ] 트라스테베레 푸드 투어
- [ ] 트레비 분수 투어
- [ ] 티베르 강 크루즈 타기
- [ ] 티베르 전기 자전거 대여
- [ ] 파노라믹 유리 엘리베이터 전망대 올라가기
- [ ] 파스타&티라미수 쿠킹 클래스
- [ ] 판테온 디스커버리 투어
- [ ] 팔라티노 언덕 투어
- [ ] 포로로마노 내부 투어
- [ ] 핀초 언덕 자전거 타기
- [ ] QC테르메 로마 피우미치노 스파

TRAVEL PLAN
SUMMARY - 로마 전체

TITLE

■ DATE   /   /   ~   /   /
■ CITY
■ WITH
■ VEHICLE

MUST GO PLACES

STAY

MUST EAT FOODS

MUST GO RESTAURANTS

MUST GO CAFE

MUST BUYING

MUST DO ACTIVITIES

MEMOS

* 지도를 보면서 나만의 여행계획을 만들어 보세요.

로마 전체

M A Lepanto 레판토
M A Ottaviano 오타비아노
M A Spagna 스파냐
A Barberini 바르베리니
A Repubblica 레푸블리카
A B Termini 테르미니
B Cavour 카부르
M B Colosseo 콜로세오

핀초 언덕
보르게세 공원
포폴로 광장
바티칸 박물관
아라파시스 박물관
바르카시아 분수
스페인 광장 스페인 계단
로마 국립 박물관 - 디오클레치아노 욕장 국립 박물관
산타 마리아 델리 안젤리 성당
라파엘로의 방
산탄젤로 성(성 천사성)
콘도티 거리
바르베리니 광장
바르베리니 궁전
바르베리니 미술관
시스티나 예배당
디즈니 스토어
트리토네 분수
성 베드로(산 피에트로)대성당
레오나르도 다빈치 익스피리언스 박물관
산탄젤로의 다리(성 천사의 다리)
코르소 거리
공화국 광장
로마 국립 박물관 - 마시모 궁전 국립 박물관
트레비 분수
퀴리날레 언덕
산타 마리아 마조레 대성당
키오스트로 델 브라만테
넵툰 분수
산 루이지 데이 프란체시 성당
퀴리날레 궁전
나보나 광장
콰트로 피우미 분수
판테온
산티냐조 디 로욜라 성당
퀴리날레 박물관
모로 분수
산타 마리아 소프라 미네르바 성당
산 안드레아 델라 발레 성당
일 제수 성당
베네치아 광장
트라야누스 시장
트라야누스 포럼
캄포 데 피오리
토레 아르젠티나 대광장
베네치아 궁전
비토리오 에마누엘레 2세 기념관
산타 마리아 인 아라 코엘리 성당
빌라 파르네시나
산 피에트로 인 빈콜리 성당 (쇠사슬의 성 베드로 성당)
캄피돌리오 광장
원로원 건물
도무스 아우레아
자니콜로 언덕
아폴로 신전
마르첼로 극장
포로 로마노
율리아 공회당
안토니우스와 파우스티나 신전
가리발디 광장
티투스의 개선문
콜로세움
콘스탄티누스 개선문
산 클레멘트 대성당
산타 마리아 인 트라스테베레 성당
도리아 팜필리 공원
진실의 입
산타 마리아 인 코스메딘 성당
대전차 경기장

* 지도 위에 표시해 보세요

TIME LINE
SCHEDULE - 로마 전체

DAY 1   /   / ~ /   /

DAY 2   /   / ~ /   /

DAY 1	DAY 2
8:00 AM	8:00 AM
9:00 AM	9:00 AM
10:00 AM	10:00 AM
11:00 AM	11:00 AM
12:00 PM	12:00 PM
13:00 PM	13:00 PM
14:00 PM	14:00 PM
15:00 PM	15:00 PM
16:00 PM	16:00 PM
17:00 PM	17:00 PM
18:00 PM	18:00 PM
19:00 PM	19:00 PM
20:00 PM	20:00 PM
21:00 PM	21:00 PM
22:00 PM	22:00 PM
23:00 PM	23:00 PM

* 시간별로 계획을 세워보세요.

SCHEDULE - 로마 전체

DAY 3   /   /   ~   /   /

DAY 4   /   /   ~   /   /

DAY 3

8:00 AM

9:00 AM

10:00 AM

11:00 AM

12:00 PM

13:00 PM

14:00 PM

15:00 PM

16:00 PM

17:00 PM

18:00 PM

19:00 PM

20:00 PM

21:00 PM

22:00 PM

23:00 PM

DAY 4

8:00 AM

9:00 AM

10:00 AM

11:00 AM

12:00 PM

13:00 PM

14:00 PM

15:00 PM

16:00 PM

17:00 PM

18:00 PM

19:00 PM

20:00 PM

21:00 PM

22:00 PM

23:00 PM

* 시간별로 계획을 세워보세요.

CHECK LIST - 테르미니역 주변

TO DO LIST

- ☐ 호텔 메체나테 펠리스 루프탑에서 대성전 야경보기
- ☐ 로마 오페라 극장에서 공연보기
- ☐ 로마 5대 젤라또 맛집인 지오바니파씨에서 젤라또 맛보기
- ☐ 산타 마리아 델리 안젤리 성당에서 일요일에 열리는 오르간 연주 감상하기
- ☐ 젤라테리아 라 로마나에서 피스타치오 맛 젤라또 맛보기

MUST DO ACTIVITIES LIST

- ☐ 로마 국립 박물관에서 고대 로마 미술 감상하기
- ☐ 로마 빅버스 시티투어
- ☐ 로마 시내 세그웨이 투어
- ☐ 로마 시내 투어
- ☐ 로마 야경 투어
- ☐ 로마 푸드 워킹 투어
- ☐ 로마전용 버스투어
- ☐ 산타마리아 마조레 신전 유적 투어
- ☐ 이탈리아 남부투어

MUST BUYING LIST

- ☐ 라바짜커피
- ☐ 로버츠 장미수
- ☐ 리몬첼로
- ☐ 마비스치약
- ☐ 바치 초콜릿
- ☐ 발사믹식초
- ☐ 비알레띠 모카 포트
- ☐ 세라 디 쿠프라크림
- ☐ 와인
- ☐ 키코 화장품
- ☐ 트러플 오일

LANDMARK LIST

- ☐ 떼르미니역
- ☐ 스타벅스-떼르미니 테라스
- ☐ 로마 국립 박물관
- ☐ 호텔 메체나테 펠리스 루프탑
- ☐ 디오클레티아누스의 목욕탕
- ☐ 산타 마리아 마조레 대성전
- ☐ 로마 오페라 극장
- ☐ 메르카토 센트랄레 시장
- ☐ 산타 마리아 델리 안젤리 성당

MUST EAT LIST

- ☐ 까르보나라
- ☐ 라자냐
- ☐ 살팀보카
- ☐ 세몰리나 뇨키
- ☐ 아마트리치아나
- ☐ 오소부코
- ☐ 젤라또
- ☐ 카르초피 알라 로마나
- ☐ 카르파초
- ☐ 카초 에 페페
- ☐ 코다 알라 바치나라
- ☐ 티라미슈
- ☐ 피자 알라 로마나
- ☐ 필레티 디 바칼라
- ☐ 피자 비앙카

* 어떻게 여행을 해야하는지 알려드려요.

테르미니역 주변

TRAVEL PLAN

SUMMARY - 테르미니역 주변

TITLE

- ■ DATE   /   /   ~   /   /
- ■ CITY
- ■ WITH
- ■ VEHICLE

MUST GO PLACES

- ■
- ■
- ■
- ■
- ■
- ■
- ■
- ■
- ■
- ■
- ■
- ■
- ■
- ■
- ■
- ■
- ■
- ■
- ■
- ■
- ■
- ■

STAY

MUST EAT FOODS

MUST GO RESTAURANTS

MUST GO CAFE

MUST BUYING

MUST DO ACTIVITIES

MEMOS

* 지도를 보면서 나만의 여행계획을 만들어 보세요.

테르미니역 수변

사포리 디 카사
Palazzo A.M. (고궁)

로마 국립 박물관 - 디오클레치아노 욕장 국립 박물관
산타 마리아 델리 안젤리 성당
나이아디 분수 Fontana delle Naiadi
Repubblica 레푸블리카
파르체아 레푸블리카
공화국 광장

로마 국립 박물관 - 마시모 궁전 국립 박물관
테르미니 역
로마 전용 버스 투어(자전거 나리)
로마 빅버스 시티 투어

Termini 테르미니

테르미니 마트 Centro Commerciale Termini
유니쿠프
호텔 마리아노 (hotel Mariano)
테르미니 마트
맘마 포지아나
산타 마리아 마조레 대성당
이탈리아 남부 투어
호텔 메세니테 팔라스 루프탑

라디슨 블루s. 호텔 로마 (Radisson Blue s.)
아시아 슈퍼마켓 Asia Supermarket
Sant'Eusebio (천주교 성당)
누오보 메르가토 에스쿠리노
Santa Bibiana (천주교 성당)

비미날레 언덕 Colle Viminale
그레쪼 로우 초콜레 Grezzo Raw Chocolate
엘레나 키힐맨 디자이너 컨셉 스토어 Elena Kihlman Designer Concept Store

M A B
M A
M

* 지도 위에 표시해 보세요.

TIME LINE

SCHEDULE - 테르미니역 주변

DAY 1   /   /   ~   /   /   DAY 2   /   /   ~   /   /

DAY 1	DAY 2
8:00 AM	8:00 AM
9:00 AM	9:00 AM
10:00 AM	10:00 AM
11:00 AM	11:00 AM
12:00 PM	12:00 PM
13:00 PM	13:00 PM
14:00 PM	14:00 PM
15:00 PM	15:00 PM
16:00 PM	16:00 PM
17:00 PM	17:00 PM
18:00 PM	18:00 PM
19:00 PM	19:00 PM
20:00 PM	20:00 PM
21:00 PM	21:00 PM
22:00 PM	22:00 PM
23:00 PM	23:00 PM

* 시간별로 계획을 세워보세요.

CHECK LIST - 콜로세움 주변

TO DO LIST

- ☐ 25만명을 수용한 전차 경기를 상상해보기
- ☐ 몬테 오피오 정원에서 콜로세움 전체 배경으로 사진찍기
- ☐ 바르질라이에서 과일 수제 타르트 맛보기
- ☐ 비토리오 에마누엘레 2세 기념관에서 로마전경 및 야경감상하기
- ☐ 아로마 레스토랑에서 콜로세움을 보면서 식사하기
- ☐ 진실의 입에 손 넣고 사진찍기
- ☐ 캄피돌리오 광장을 배경으로 코르도나타 계단에 앉아 사진찍기
- ☐ 콘스탄티누스 개선문을 배경으로 사진찍기
- ☐ 콜로세움 야경 감상하기
- ☐ 티투스의 개선문을 배경으로 사진찍기
- ☐ 팔라티노 언덕 '리비아의 집' 프레스코화 내부 관람
- ☐ 팔라티노 언덕에서 포로로마노를 배경으로 사진찍기
- ☐ 포로 로마노의 비아 사크라(Via Sacra) 거리 걷기
- ☐ 포로로마노에서 고대 로마 시민들의 생활을 느껴보기

LANDMARK LIST

☐ 고고학 박물관	☐ 아우그스투스 황제의 개선문
☐ 대전차 경기장	☐ 안토니우스와 파우스티나 신전
☐ 도무스 아우레아	☐ 에밀리아의 바실리카
☐ 로물루스의 신전	☐ 원로원 건물
☐ 리비아의 집	☐ 율리아 회당
☐ 마르셀루스 극장	☐ 진실의 입
☐ 막센티우스의 바실리카	☐ 카라칼라 욕장
☐ 몬테 오피오 정원	☐ 카스토르와 폴룩스 신전
☐ 베스타 무녀의 집	☐ 카이사르 신전
☐ 베스타 신전	☐ 캄피돌리오 광장
☐ 비너스와 로마신전	☐ 코스메딘 성당
☐ 비토리오 에마누엘레 2세 기념관	☐ 콘스탄티누스 개선문
☐ 사투르노의 신전	☐ 콜로세움
☐ 산 클레멘테 성당	☐ 티투스의 개선문
☐ 산타 마리아 인 아라 코엘리 성당	☐ 팔라티노 언덕
☐ 세벨루스 황제의 개선문	☐ 포로로마노
☐ 스타디오	

MUST EAT LIST

☐ 까르보나라	☐ 아마트리치아나	☐ 카르파초
☐ 깔라마리 프리티	☐ 에스프레소	☐ 카초 에 페페
☐ 라자냐	☐ 인볼티니	☐ 코다 알라 바치나라
☐ 살팀보카	☐ 젤라또	☐ 티라미슈
☐ 수플리	☐ 카르초피 알라로마나	☐ 피자 알라 로마냐

MUST BUYING LIST

☐ 가죽 공방 제품	☐ 바치 초콜릿	☐ 트러플 소금
☐ 라바짜 커피	☐ 발사믹 식초	☐ 트러플 오일
☐ 리몬첼로	☐ 올리브 오일	☐ 파스타면
☐ 마비스 치약	☐ 와인	☐ 포켓커피

MUST DO ACTIVITIES LIST

- ☐ 고대 로마&콜로세움 영어 워킹 투어
- ☐ 로마 빅버스 시티투어
- ☐ 로마 시내 세그웨이 투어
- ☐ 로마 야경 투어
- ☐ 로마 푸드 워킹 투어
- ☐ 진실의 입 투어
- ☐ 콜로세움 '지하와 아레나' 특별 구역 투어
- ☐ 콜로세움 내부 투어
- ☐ 콜로세움, 팔라티노 내부 투어
- ☐ 파노라믹 유리 엘리베이터 전망대 올라가기
- ☐ 팔라티노 언덕 투어
- ☐ 포로로마노 내부 투어

* 어떻게 여행을 해야하는지 알려드려요.

콜로세움 주변
비토리오 에마누엘레 2세 기념관
산 피에트로 인 빈콜리 성당 (쇠사슬의 성 베드로 성당)
산타 마리아 인 아라 코엘리 성당
도무스 아우레아
캄피돌리오 광장
로마 여신 분수 Fontana della Dea Roma
라피스 니제르 Lapis Niger (고대 신사(제단))
원로원 건물
카피톨리노 박물관
베스파지아노와 티투스 신전 Tempio di Vespasiano (Titus)
로마의 배꼽 Umbilicus Urbis
포로 로마노
아폴로 신전
율리아 공회당
안토니우스와 파우스티나 신전
오피오산 정원
마르첼로 극장
M B Colosseo 콜로세오
티투스의 개선문
콜로세움
파르네시안 농원 Orti Farnesiani sul Palatin
콘스탄티누스 개선문
고대 로마&콜로세움 영어 워킹 투어
진실의 입
산타 마리아 인 코스메딘 성당
Tempio del Divo Claudio (역사적 명소)
* 지도 위에 표시해 보세요.

TRAVEL PLAN
SUMMARY - 콜로세움 주변

TITLE

- DATE   /   /   ~   /   /
- CITY
- WITH
- VEHICLE

MUST GO PLACES

STAY

MUST EAT FOODS

MUST GO RESTAURANTS

MUST GO CAFE

MUST BUYING

MUST DO ACTIVITIES

MEMOS

* 지도를 보면서 나만의 여행계획을 만들어 보세요.

콜로세움 주변

TIME LINE
SCHEDULE - 콜로세움 주변

DAY 1   /   /   ~   /   /

8:00 AM

9:00 AM

10:00 AM

11:00 AM

12:00 PM

13:00 PM

14:00 PM

15:00 PM

16:00 PM

17:00 PM

18:00 PM

19:00 PM

20:00 PM

21:00 PM

22:00 PM

23:00 PM

DAY 2   /   /   ~   /   /

8:00 AM

9:00 AM

10:00 AM

11:00 AM

12:00 PM

13:00 PM

14:00 PM

15:00 PM

16:00 PM

17:00 PM

18:00 PM

19:00 PM

20:00 PM

21:00 PM

22:00 PM

23:00 PM

* 시간별로 계획을 세워보세요.

CHECK LIST - 포폴로광장-스페인 계단-트레비 분수 주변

TO DO LIST

- ☐ 트레비 분수에 동전 던지고 소원 빌기
- ☐ 퀴리날레 박물관에서 로마 전경 감상하기
- ☐ 퀴리날레 궁전에서 오후 3시 근위병 교대식 관람하기
- ☐ 스페인 계단 오전에 방문하여 여유롭게 사진찍기
- ☐ 바르베르니 궁전의 나선형계단, 직사각형 계단에서 사진찍기
- ☐ 핀초 언덕에 앉아 로마 일몰을 감상하며 맥주마시기
- ☐ 콘도티 거리에서 명품, 기념품 구경하기
- ☐ 코르소 거리에서 이탈리아 패션 트렌드 엿보기

MUST DO ACTIVITIES LIST

- ☐ 로마시내투어
- ☐ 보르게세 공원 자전거 타기
- ☐ 핀초 언덕 자전거 타기
- ☐ 스트리트 푸드 투어
- ☐ 보르게세 공원&미술관 투어
- ☐ 로마 푸드 워킹 투어
- ☐ 에스파냐 광장 투어
- ☐ 트레비 분수 투어
- ☐ 빌라 보르게세 정원 골프 카트 타기
- ☐ 로마 시내 세그웨이 투어

MUST EAT LIST

☐ 군밤	☐ 살팀보카	☐ 카르초피 알라 로마나
☐ 까르보나라	☐ 아마트리치아나	☐ 카르파초
☐ 라비올리	☐ 에스프레소	☐ 티라미슈
☐ 라자냐	☐ 인볼티니	☐ 피자 비앙카
☐ 브루스게타	☐ 젤라또	☐ 피자 알라 로마나

MUST BUYING LIST

☐ 리몬첼로	☐ 세라 디 쿠프라크림	☐ 프라다
☐ 마비스치약	☐ 일리커피	☐ 구찌
☐ 비알레띠 모카 포트	☐ 키코 화장품	☐ 막스마라
☐ 산타마리아 노벨라 화장품	☐ 트러플오일	☐ 페라가모

LANDMARK LIST

- ☐ 넵툰 분수
- ☐ 디즈니 스토어
- ☐ 리나센테 로마 트리토네
- ☐ 바르베리니 광장
- ☐ 바르베리니 궁전
- ☐ 바르카시아 분수
- ☐ 산타 마리아 델라 비토리아 성당
- ☐ 산탄드레아 알퀴리날레 성당
- ☐ 스페인 계단
- ☐ 스페인광장
- ☐ 아라파시스 박물관
- ☐ 코르소 거리
- ☐ 콘도티거리
- ☐ 콜론나 광장
- ☐ 퀴리날레 궁전
- ☐ 퀴리날레 박물관
- ☐ 퀴리날레 언덕
- ☐ 트레비분수
- ☐ 트리니타 데이 몬티 성당
- ☐ 트리토네 분수
- ☐ 포폴로 광장
- ☐ 핀초 언덕
- ☐ 해골사원

* 어떻게 여행을 해야하는지 알려드려요.

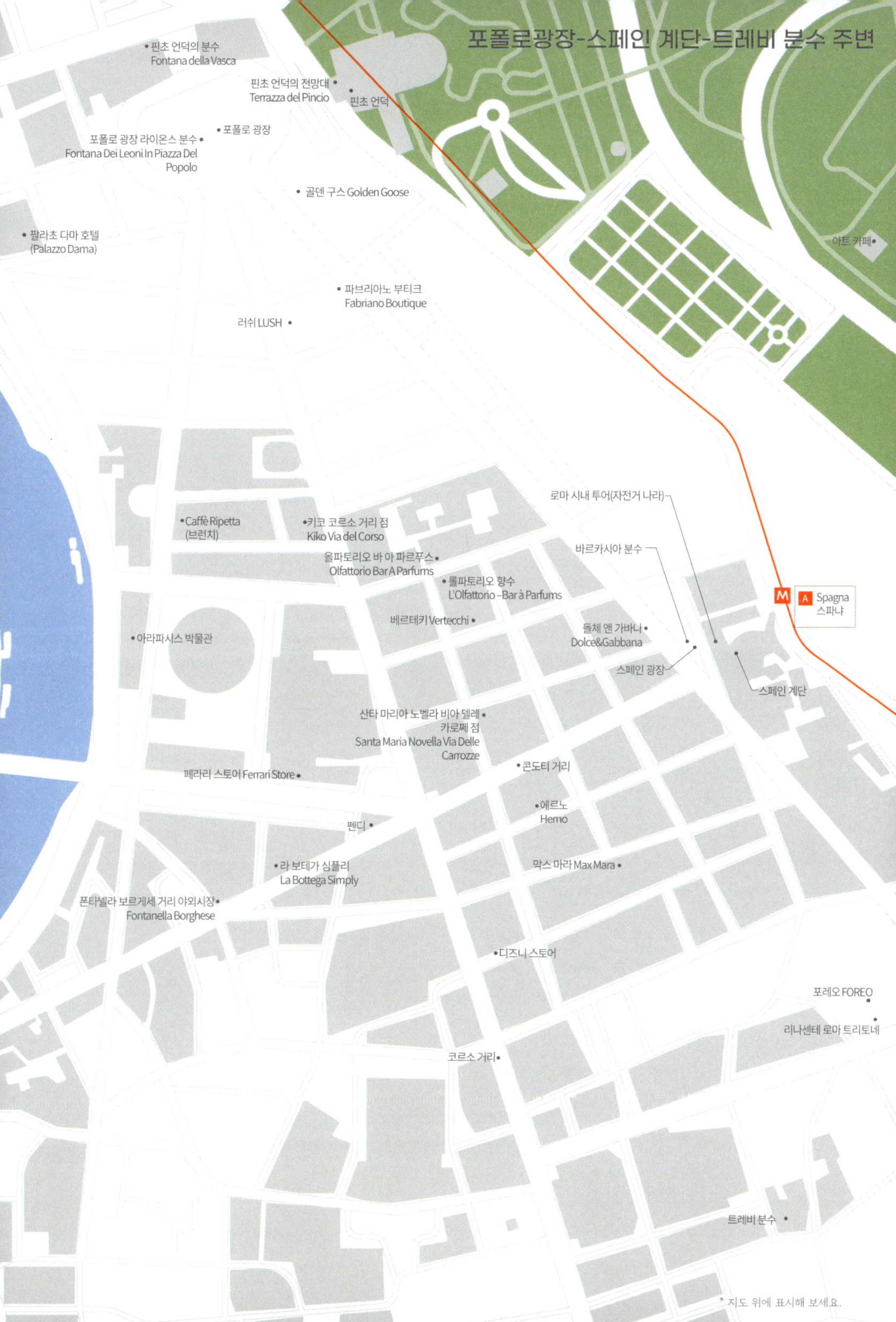

포폴로광장-스페인 계단-트레비 분수 주변
핀초 언덕의 분수 Fontana della Vasca
핀초 언덕의 전망대 Terrazza del Pincio
핀초 언덕
포폴로 광장 라이온스 분수 Fontana Dei Leoni In Piazza Del Popolo
포폴로 광장
골덴 구스 Golden Goose
팔라초 다마 호텔 (Palazzo Dama)
아트 카페
파브리아노 부티크 Fabriano Boutique
러쉬 LUSH
로마 시내 투어(자전거 나라)
Caffè Ripetta (브런치)
키코 코르소 거리 점 Kiko Via del Corso
바르카시아 분수
올파토리오 바 아 파르푸스 Olfattorio Bar A Parfums
롤파토리오 향수 L'Olfattorio –Bar à Parfums
M A Spagna 스파냐
베르테키 Vertecchi
아라파시스 박물관
돌체 앤 가바나 Dolce&Gabbana
스페인 광장
스페인 계단
산타 마리아 노벨라 비아 델레 카로쩨 점 Santa Maria Novella Via Delle Carrozze
콘도티 거리
페라리 스토어 Ferrari Store
에르노 Hemo
펜디
막스 마라 Max Mara
라 보테가 심플리 La Bottega Simply
폰타넬라 보르게세 거리 야외시장 Fontanella Borghese
디즈니 스토어
포레오 FOREO
리나센테 로마 트리토네
코르소 거리
트레비 분수
지도 위에 표시해 보세요.

TRAVEL PLAN

SUMMARY - 포폴로광장-스페인 계단-트레비 분수 주변

TITLE

- DATE   /   /   ~   /   /
- CITY
- WITH
- VEHICLE

MUST GO PLACES

STAY

MUST EAT FOODS

MUST GO RESTAURANTS

MUST GO CAFE

MUST BUYING

MUST DO ACTIVITIES

MEMOS

* 지도를 보면서 나만의 여행계획을 만들어 보세요.

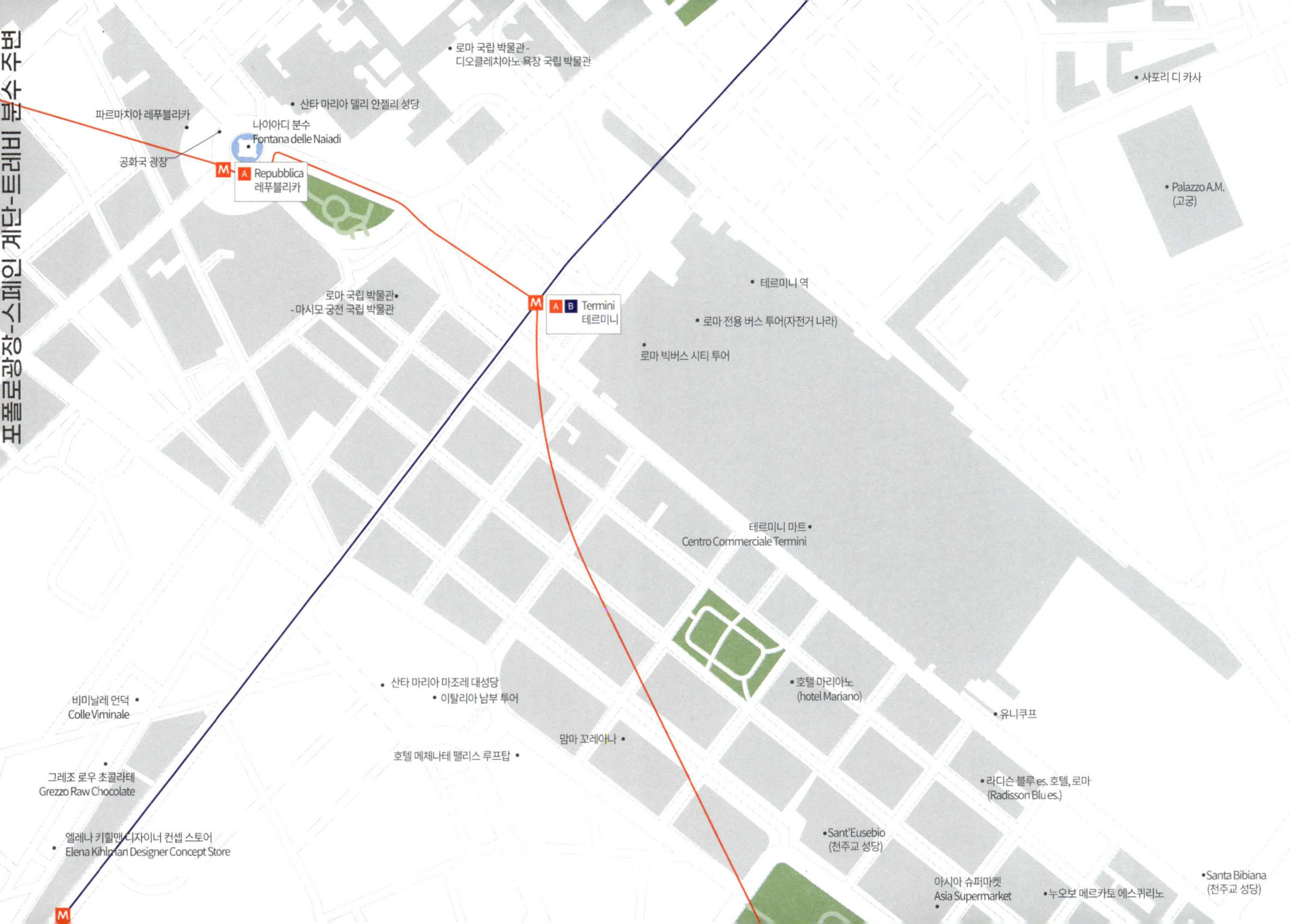
로마 국립 박물관-디오클레치아노 욕장 국립 박물관
사포리 디 카사
산타 마리아 델리 안젤리 성당
파르마치아 레푸블리카
나이아디 분수
Fontana delle Naiadi
공화국 광장
M A Repubblica
레푸블리카
Palazzo A.M.
(고궁)
로마 국립 박물관-
-마시모 궁전 국립 박물관
M A B Termini
테르미니
테르미니 역
로마 전용 버스 투어(자전거 나라)
로마 빅버스 시티 투어
테르미니 마트
Centro Commerciale Termini
비미날레 언덕
Colle Viminale
산타 마리아 마조레 대성당
이탈리아 남부 투어
호텔 마리아노
(hotel Mariano)
유니쿠프
맘마 꼬레아나
그레조 로우 초콜라테
Grezzo Raw Chocolate
호텔 메체나테 팰리스 루프탑
라디슨 블루 es. 호텔, 로마
(Radisson Blu es.)
엘레나 키힐맨 디자이너 컨셉 스토어
Elena Kihlman Designer Concept Store
Sant'Eusebio
(천주교 성당)
아시아 슈퍼마켓
Asia Supermarket
누오보 메르카토 에스퀴리노
Santa Bibiana
(천주교 성당)

* 지도 위에 표시해 보세요.

SCHEDULE - 포폴로광장-스페인 계단-트레비 분수 주변

DAY 1　　/　/　~　/　/

DAY 2　　/　/　~　/　/

DAY 1	DAY 2
8:00 AM	8:00 AM
9:00 AM	9:00 AM
10:00 AM	10:00 AM
11:00 AM	11:00 AM
12:00 PM	12:00 PM
13:00 PM	13:00 PM
14:00 PM	14:00 PM
15:00 PM	15:00 PM
16:00 PM	16:00 PM
17:00 PM	17:00 PM
18:00 PM	18:00 PM
19:00 PM	19:00 PM
20:00 PM	20:00 PM
21:00 PM	21:00 PM
22:00 PM	22:00 PM
23:00 PM	23:00 PM

* 시간별로 계획을 세워보세요.

CHECK LIST - 나보나광장-판테온-산탄젤로성 주변

TO DO LIST

- ☐ 나보나 광장에 가만히 앉아 여유만끽하기
- ☐ 산탄젤로의 다리에서 산탄젤로 성 야경 감상하기
- ☐ 오렌지 나무 정원에서 로마 전경을 배경으로 사진찍기
- ☐ 캄포 데 피오리에서 의류, 기념품 등 구경하기
- ☐ 투사이즈 티라미수에서 피스타치오 티라미수 맛보기
- ☐ 트라스테베레 중세시대 골목에서 사진찍기
- ☐ 폰테 움베르토토에서 천사성을 배경으로 사진 찍기

MUST DO ACTIVITIES LIST

- ☐ 판테온 디스커버리 투어
- ☐ 로마 라 트라비아타 오페라
- ☐ 스트리트 푸드 투어
- ☐ 롬버터 리버 사이클 투어
- ☐ 파스타&티라미수 쿠킹 클래스
- ☐ 로마 푸드 워킹 투어
- ☐ 산탄젤로성/산탄젤로 다리 투어
- ☐ 나보나 광장 투어
- ☐ 산타키아라 궁전 오페라 콘서트
- ☐ 티베르 전기 자전거 대여
- ☐ 로마 시내 세그웨이 투어

MUST EAT LIST

☐ 그라파	☐ 살팀보카	☐ 카놀리
☐ 까르보나라	☐ 아마레띠	☐ 카초 에 페페
☐ 라비올리	☐ 아마트리치아나	☐ 코다 알라 바치나라
☐ 라자냐	☐ 에스프레소	☐ 티라미슈
☐ 롤라티니	☐ 젤라또	☐ 피자 알라 로마나

MUST BUYING LIST

☐ 리몬첼로	☐ 산타마리아 노빌라	☐ 트러플 소금
☐ 마비스 치약	☐ 세라 디 쿠프라크림	☐ 트러플 오일
☐ 발사믹 식초	☐ 와인	☐ 파스타면
☐ 비알레띠 모카 포트	☐ 일리커피	☐ 포켓커피초콜릿

LANDMARK LIST

- ☐ 나보나 광장
- ☐ 모로분수
- ☐ 브라스키 궁전
- ☐ 비토리오 에마누엘레 2세 다리
- ☐ 샤체티 팰리스
- ☐ 산 루이지 데이 프란체시 성당
- ☐ 산 안드레아 델라 발레 성당
- ☐ 산타 마리아 노빌라 매장
- ☐ 산탄젤로 성
- ☐ 산탄젤로의 다리
- ☐ 알템프스 궁전
- ☐ 알템프스 궁전 국립 박물관
- ☐ 오렌지 나무 정원
- ☐ 이코노 이탈리아
- ☐ 카톨레리아 판테온 달
- ☐ 캄포 데 피오리
- ☐ 코트로 피우미 분수
- ☐ 클락스 로마 판테온
- ☐ 키오스토로 델 브라만테
- ☐ 트라스테베레
- ☐ 판테온
- ☐ 폰테 움베르토토

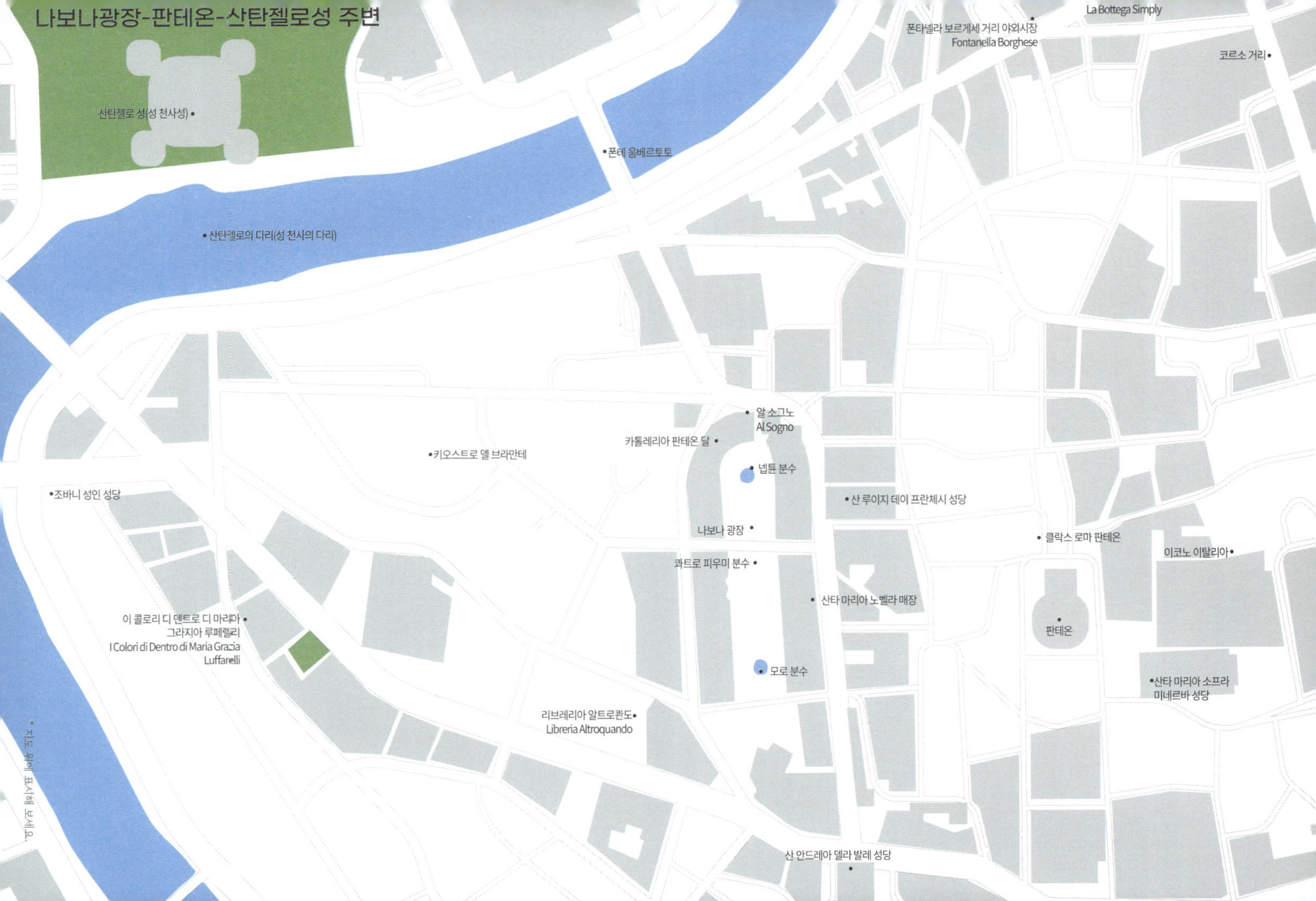

나보나광장-판테온-산탄젤로성 주변
La Bottega Simply
폰타넬라 보르게세 거리 야외시장
Fontanella Borghese
코르소 거리
산탄젤로 성(성 천사성)
폰테 움베르토토
산탄젤로의 다리(성 천사의 다리)
알 소그노
Al Sogno
카톨레리아 판테온 달
키오스트로 델 브라만테
넵튠 분수
조바니 성인 성당
산 루이지 데이 프란체시 성당
나보나 광장
클락스 로마 판테온
이코노 이탈리아
콰트로 피우미 분수
산타 마리아 노벨라 매장
이 콜로리 디 덴트로 디 마리아
그라지아 루페렐리
I Colori di Dentro di Maria Grazia
Luffarelli
판테온
모로 분수
산타 마리아 소프라
미네르바 성당
리브레리아 알트로콴도
Libreria Altroquando
산 안드레아 델라 발레 성당
지도 위에 표시해 보세요.

TRAVEL PLAN
SUMMARY - 나보나광장-판테온-산탄젤로성 주변

TITLE

■ DATE   /   /   ~   /   /

■ CITY

■ WITH

■ VEHICLE

MUST GO PLACES

- ■
- ■
- ■
- ■
- ■
- ■
- ■
- ■
- ■
- ■
- ■
- ■
- ■
- ■
- ■
- ■
- ■
- ■
- ■
- ■
- ■
- ■

STAY

MUST EAT FOODS

MUST GO RESTAURANTS

MUST GO CAFE

MUST BUYING

MUST DO ACTIVITIES

MEMOS

나보나광장-판테온-산탄젤로성 주변

TIME LINE

SCHEDULE - 나보나광장-판테온-산탄젤로성 주변

DAY 1   /   /   ~   /   /

8:00 AM

9:00 AM

10:00 AM

11:00 AM

12:00 PM

13:00 PM

14:00 PM

15:00 PM

16:00 PM

17:00 PM

18:00 PM

19:00 PM

20:00 PM

21:00 PM

22:00 PM

23:00 PM

DAY 2   /   /   ~   /   /

8:00 AM

9:00 AM

10:00 AM

11:00 AM

12:00 PM

13:00 PM

14:00 PM

15:00 PM

16:00 PM

17:00 PM

18:00 PM

19:00 PM

20:00 PM

21:00 PM

22:00 PM

23:00 PM

* 시간별로 계획을 세워보세요.

● 기타배우기 . 통합교본 스마트폰 거치대 설치안내! & 스마트폰 상강좌 안내!

1

2

스마트폰강좌 인증번호
통기타 : 4568093489 일렉기타 : 5089206408 베이스기타 : 6088465030 우쿨렐레 : 7903548038

guitarcamp

기타북 모바일웹 바로가기

회원님 스마트폰으로 거치대 중간 **QR코드**를
스캔하시면 동영상강좌 선택페이지로 이동 합니다!
(거치대 하단부분에 악기별 인증번호을 확인바랍니다)

QR코드 스캔이 안될시 www.guitarcamp.kr 기타캠프
모바일웹으로 직접 연결 바랍니다.

3

QR

왕초보 통기타교본 바로가기

거치대 QR코드 스캔 후
통기타. 일렉기타. 베이스기타
우쿨렐레 강좌선택으로
연결됩니다.
강좌선택 후 거치대 하단에
인증번호를 입력하세요!
(와이파이 연결을 권장합니다)

QR

왕초보 일렉기타교본 바로가기

인증 후 강좌리스트 페이지로 연결됩니다.
강좌리스트 제목을 터치하면
동영상강좌를 이용 하실 수 있습니다.
(단, 스마트폰모델과 설정관계로 인하여
강좌가 다운로드 될 수 있습니다.
강좌다운로드시 내파일에서 이용가능 합니다.)

4

QR

왕초보 베이스기타교본 바로가기

5

QR

왕초보 우쿨레교본 바로가기

1

적색선을 따라 준비된 칼을 이용해
절단하세요!
이때 접는선표시(----)는
절단하시 마세요!
(주의)절단시 손을 다치지않게
주의 하시기 바랍니다.
아래 그림순서와 같이 설치하세요!

2

회원님 스마트폰으로 거치대 중간 QR코드를
스캔하시면 별도 인증없이 동영상강좌 페이지로
바로 이동 합니다!

QR코드 스캔이 안될시 www.guitarcamp.kr 기타캠프
모바일웹으로 직접 연결 바랍니다.

3

"통기타교본" 버튼터치 후
인증번호 입력페이지에서
인증번호를 입력하세요!
(와이파이 연결을 권장합니다)

인증번호 : 53207568

4

인증 후 강좌리스트 페이지로 연결됩니다.
강좌리스트 제목을 터치하면
동영상강좌를 이용 하실 수 있습니다.
(단, 스마트폰모델과 설정관계로 인하여
강좌가 다운로드 될 수 있습니다.
강좌다운로드시 내파일에서 이용가능 합니다.)

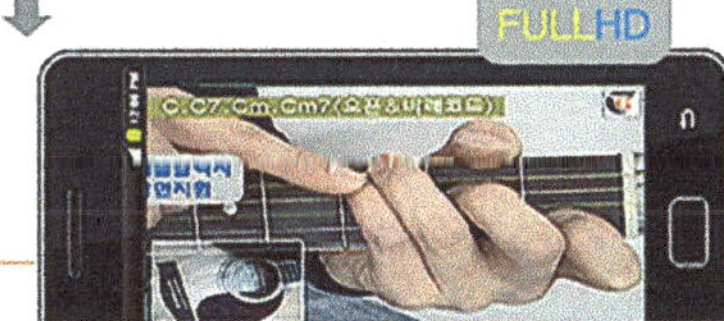

5

(주의)설치가 완료된 거치대에
스마트폰은 세로가 아닌
가로로 꼭 거치하시기 바랍니다.
세로로 거치시 쓰러질 수 있습니다.

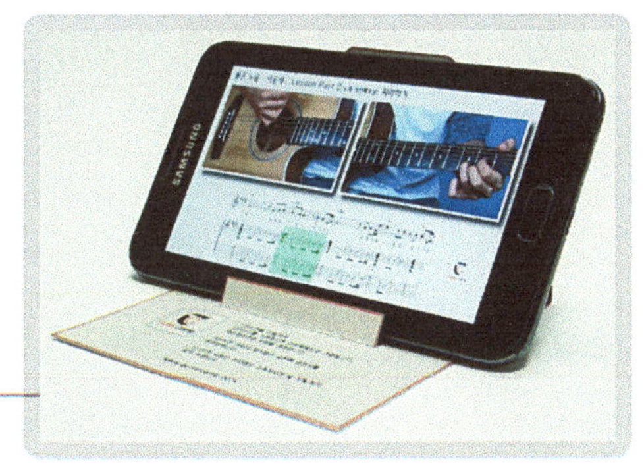

통기타 기초부문 강좌

1강 - 본강좌 이용전 기타 key튜닝 및 사용안내(필독)

<중요공지 >

본강좌 코드부분부터 리듬,연습곡부분 이용시엔 기타 개방현 5번줄을 "G#" 또는 "Ab"
음으로 튜닝(음조율)을 하신 후 이용하시기 바랍니다.(튜너사용 튜닝강좌부분을 참조하세요!)

● 튜너(음조율기)로 기타현음정맞추기(튜닝)

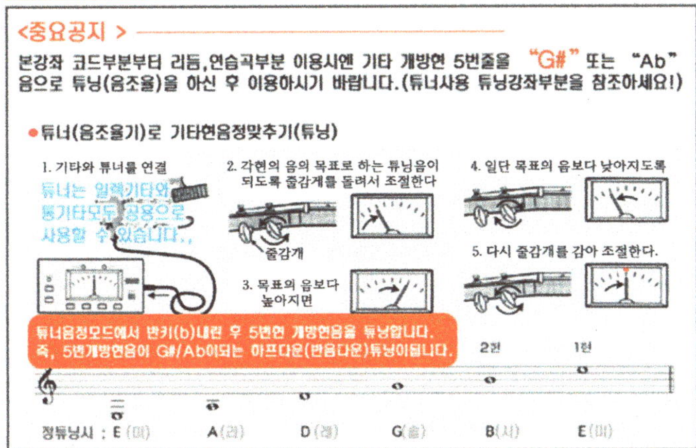

튜너음정모드에서 반키(b)내린 후 5번현 개방현음을 튜닝합니다.
즉, 5번개방현음이 G#/Ab이되는 하프다운(반음다운)튜닝이됩니다.

정튜닝시 : E (미)   A (라)   D (레)   G (솔)   B (시)   E (미)   2현   1현

2강 - 각부분 명칭 및 역할 알아보기

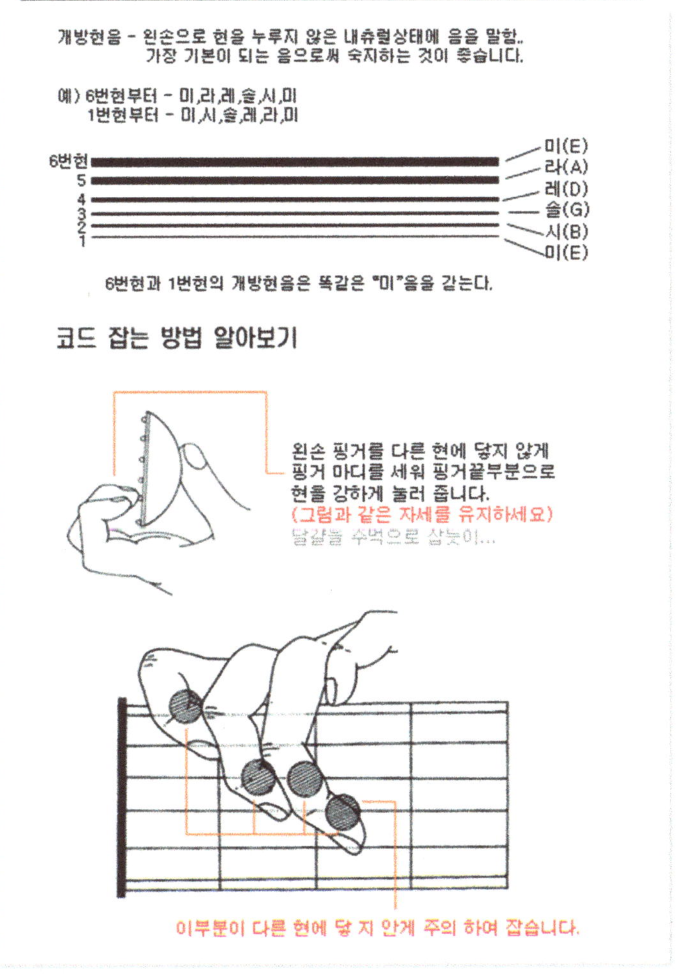

3강 - 각현(줄)의 개방현 알아보기

기타 핑거보드 음계 구성

각현의 개방현음은 숙지하셔야 합니다(변하지 않는 음입니다)

1번현부터 - 미.시.솔.레.라.미 / 6번현부터 - 미.라.레.솔.시.미

음정 표기 설명(중요합니다. 꼭 숙지하세요)

C	D	E	F	G	A	B
도	레	미	파	솔	라	시

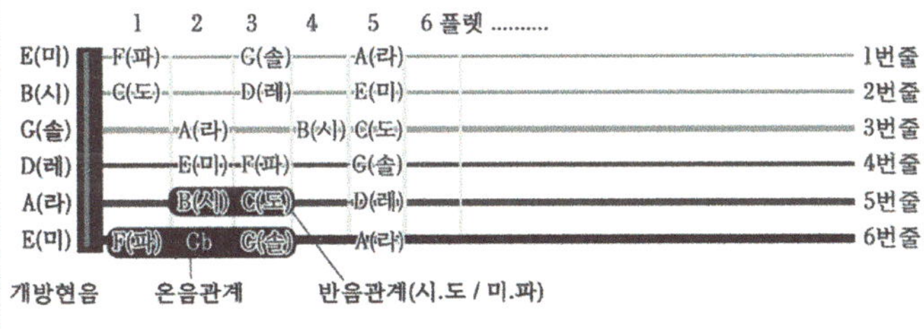

4강 - 왼손 핑거링법(줄누르는법) 알아보기

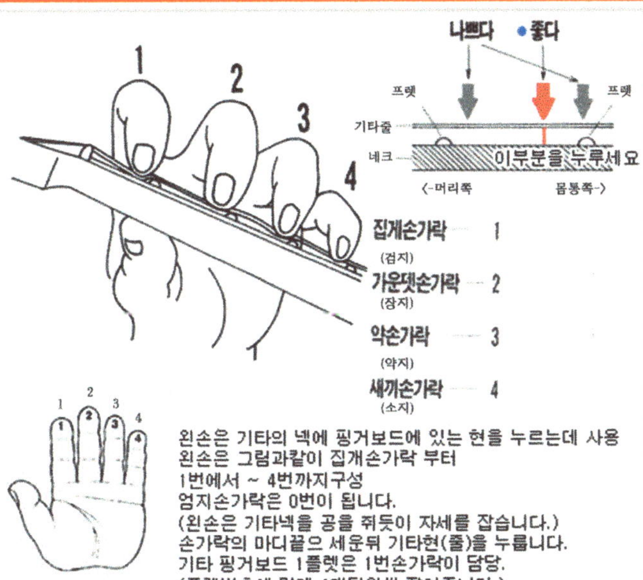

왼손은 기타의 넥에 핑거보드에 있는 현을 누르는데 사용
왼손은 그림과같이 집게손가락 부터
1번에서 ~ 4번까지구성
엄지손가락은 0번이 됩니다.
(왼손은 기타넥을 공을 쥐듯이 자세를 잡습니다.)
손가락의 마디끝으 세운뒤 기타현(줄)을 누릅니다.
기타 핑거보드 1플렛은 1번손가락이 담당.
(플렛번호에 맞게 4개단위씩 잡아줍니다.)

오른손은 기타의 리듬, 피킹,아르페이지오등 주법에 사용
아르페이지오(분산화음)에서는 T, i m r s 로 표기
    T 손가락은 6,5,4번 현 담당
    i 손가락은 3번 현 담당
    m 손가락은 2번 현 담당
    r 손가락은 1번현 현 담당
피크사용시 T와 i 손가락 사용

개방현음 - 왼손으로 현을 누루지 않은 내츄럴상태에 음을 말함..
          가장 기본이 되는 음으로써 숙지하는 것이 좋습니다.

예) 6번현부터 - 미,라,레,솔,시,미
    1번현부터 - 미,시,솔,레,라,미

6번현		미(E)
5		라(A)
4		레(D)
3		솔(G)
2		시(B)
1		미(E)

6번현과 1번현의 개방현음은 똑같은 "미"음을 갖는다.

코드 잡는 방법 알아보기

왼손 핑거를 다른 현에 닿지 않게
핑거 마디를 세워 핑거끝부분으로
현을 강하게 눌러 줍니다.
(그림과 같은 자세를 유지하세요)
달걀을 수먹으로 삽늣이...

이부분이 다른 현에 닿지 안게 주의 하여 잡습니다.

5강 - 오른손 피크잡는법과 피킹법 알아보기

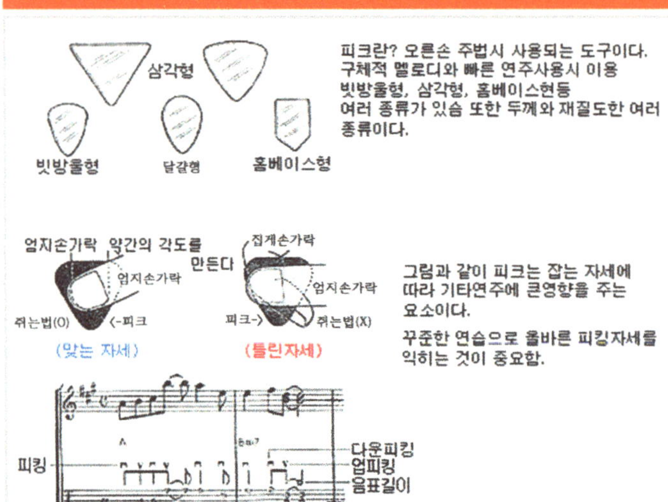

피크란? 오른손 주법시 사용되는 도구이다.
구체적 멜로디와 빠른 연주사용시 이용
빗방울형, 삼각형, 홈베이스현등
여러 종류가 잇슴 또한 두께와 재질도한 여러
종류이다.

그림과 같이 피크는 잡는 자세에
따라 기타연주에 큰영향을 주는
요소이다.
꾸준한 연습으로 올바른 피킹자세를
익히는 것이 중요함.

6강 - 튜너를 사용한 튜닝법(음조율) 알아보기

<중요공지 >

본강좌 코드부분부터 리듬,연습곡부분 이용시엔 기타 개방현 5번줄을 "G#" 또는 "Ab"
음으로 튜닝(음조율)을 하신 후 이용하시기 바랍니다.(튜너사용 튜닝강좌부분을 참조하세요!)

● 튜너(음조율기)로 기타현음정맞추기(튜닝)

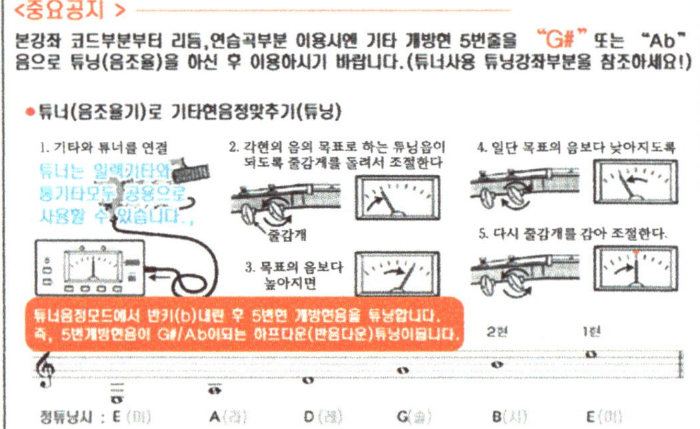

7강 - 청음를 사용한 네츄럴튜닝법(음조율) 알아보기

(튜닝은 여러방법이 있습니다. 예를 들어 네추럴하모닉스 튜닝 튜닝기계를 이용한
튜닝 등이 있지만 이번시간엔 기본이 되는 개방현를 청음(음을듣기)튜닝 방법를
알아 보겠습니다.)(청음튜닝은 많은 노력이 필요함을 알려드립니다.)

5프렛 튜닝법
가장 많이 쓰이는 튜닝법으로 여기서는 피치 파이프(Pitch Pipe)를
통한 튜닝 방법을 설명하겠다. (다른 악기를 통한 튜닝도 같은 방법으로 하면 된다.)
또한 튜너를 사용하여 튜닝(조율)할 수 있다

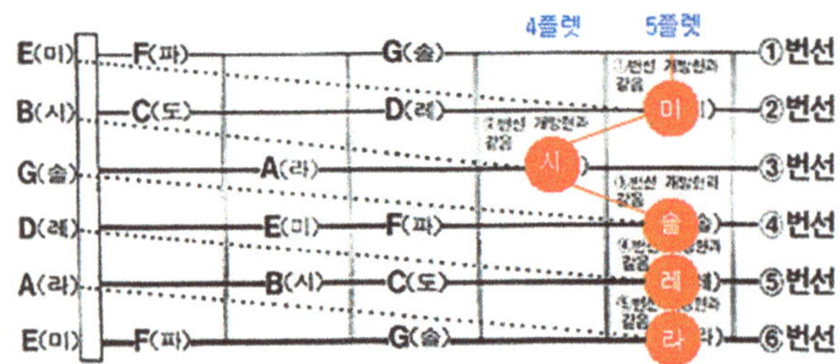

위 그림을 간단히 글로 정리해 보면....
1. 피치 파이프를 이용하여 ⑤번선 개방음을 정확히 A(음)으로 맞춘다.
2. ⑤번선의 5프렛 음정으로 D음이 나오는데 이 음을 ④번선 개방현에 맞춘다.
3. ④번선의 5프렛 음정으로 G음이 나오는데 이 음을 ③번선 개방현에 맞춘다.
4. ③번선의 5프렛 음정으로 B음이 나오는데 이 음을 ②번선 개방현에 맞춘다.
5. ②번선의 5프렛 음정으로 E음이 나오는데 이 음을 ①번선 개방현에 맞춘다.
6. ①번선의 개방음(E음)에 ⑥번선의 개방현음을 맞춘다.
7. ⑥번선이 정확한 음으로 조율됐는지 확인하려면
   ⑥번선 5프렛을 누르고 ⑤번선 개방음과 비교해 본다.
8. 1~7까지 한두 차례 확인해 보도록 하자.

8강 - 악보보는법 (음표/쉼표/타블래춰악보) 알아보기 (동영상미지원)

● 기타기초 테크닉 악보기호 설명

기호	설명
⊓	다운피킹 - 현을 위에서 아래로 내려치는 피킹
V	업피킹 - 현을 아래에서 위로 올려치는 피킹
cho	쵸킹(밴딩) - 현을 위또는 아래로 올려 연주함
- C -	쵸킹(밴딩) 종류 - 한음반/한음/반음/쵸킹다운/더블/유니즌/ 쿼터/쵸킹비브라토 등이 있씀
C/D	쵸킹다운 - 쵸킹 후 현을 위또는 아래로 음을 계속 음을유지하며 움직여 처음 쵸킹전의 음으로 돌아오는 쵸킹연주
- H -	헤머링 온 - 왼손핑거를 피킹없이 망치로 현을 내려치듯 연주
- P -	풀링오프 - 왼손핑거를 피킹없이 아래로 현을 핥키듯 뛰어주며 연주
- S -	슬라이드 - 시작음과 끝나는음이 정해진상태에서 미끄러지듯이 연주
geiss	글리스 - 시작음과 끝나는음이 비정확한 상태에서 미끄러지듯이 연주
Vib^^^	비브라토 - 위래로 또는 좌우로 현의 떨림을 주어 연주 (예 보이스 바이브레이션 효과와같음)
- M -	뮤트 - 원음사운드에 손을 현에 살짝대어 연주 (즉, 묵음을 말함)
Tr	트릴 - 헤머링온과 풀링오프 테크닉을 반복적으로 사용해 연주
·	스타카토 - 끊어지듯이 연주
Arm	트레몰로암 - 트레몰로암을 위아래 또는 상하로 움직여 연주
Pick griss	피크 글리스(포라타멘토) - 피크의 한면을 세워 현에 대고 미끄러져 연주
Hr	네추럴 하모닉스 - 지정된 핑거보드 플렛 현위에서 연주
P.hr	피킹하모닉스 - 피크와 오른손 엄지핑거를 사용해 현을 내려침과 동시에 현에서 엄지핑거를 살짝대고 떼어주며 연주

이외 다수의 테크닉이 있습니다 (라이트핸드/레카토/스윕피킹능등)
밴딩 - 미국식 쵸킹 - 일본식 명칭

원음- 피아노의 하얀건반 도레미파솔라시도를 원음이라고 합니다.
그리고 이러한 계이름을 각 나라마다 다르게 부르고 있습니다.
아래 그림을 참고 하세요.

	Do(도)	Re(레)	Mi(미)	Fa(파)	Sol(솔)	La(라)	Si(시)	Do(도)
이탈리아	Do(도)	Re(레)	Mi(미)	Fa(파)	Sol(솔)	La(라)	Si(시)	Do(도)
미국,영국	C	D	E	F	G	A	B	C
한 국	다	라	마	바	사	가	나	다

온음과 반음
서양음악은 7음계 이며 도레미파솔라시에서 미파와 시도는 반음입니다.
피아노 건반에서 미파와 시도 사이에는 검정건반이 없습니다.
즉 계단으로 보면은 미파와 시도는 반계단을 올라가는것입니다

사이음이란?
피아노의 검정건반음을 사이음이라고 합니다.

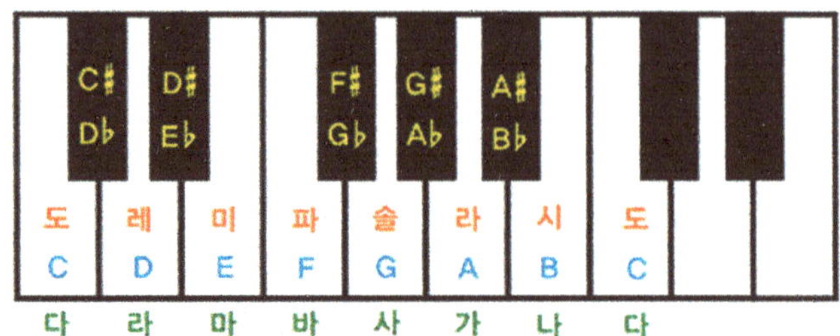

옥타브 - 기준음에서 8번째 음가를 1옥타브라고 합니다.
도를 기준으로 한다면 낮은도와 높은도사이가 1옥타브가 되겠지요.

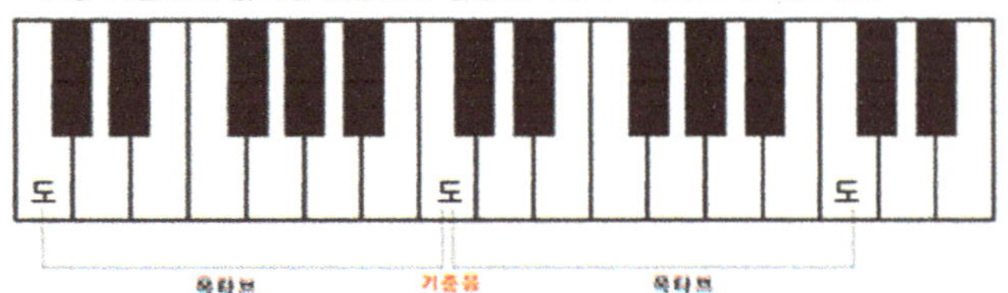

8강 - 악보보는법 (음표/쉼표/타블레춰악보) 알아보기 (동영상미지원)

보 표
음표를 기입하기 위해서는 오선지를 사용합니다.
여기에 음자리표를 기입한 것을 보표라고 합니다.
즉 악보를 그리기위한 원고지 입니다.

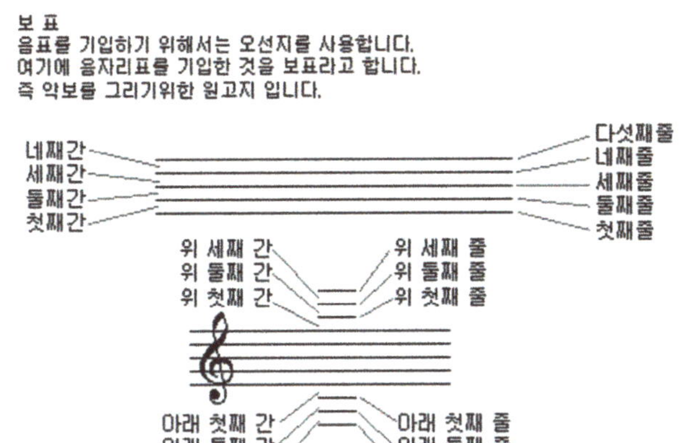

음 표
음표는 오선지에 기록이 되면서 길이와 음정을 나타내게 됩니다.

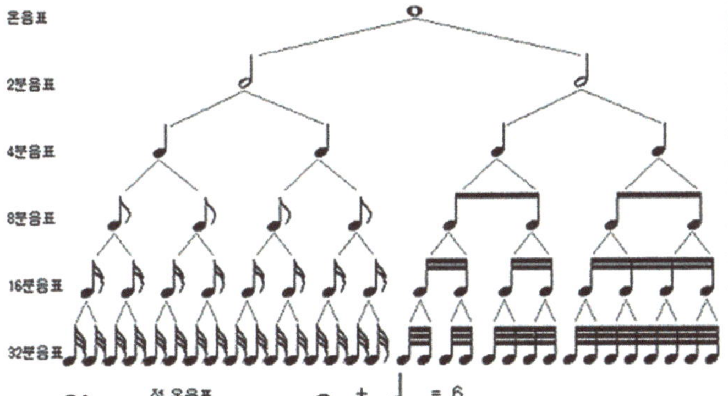

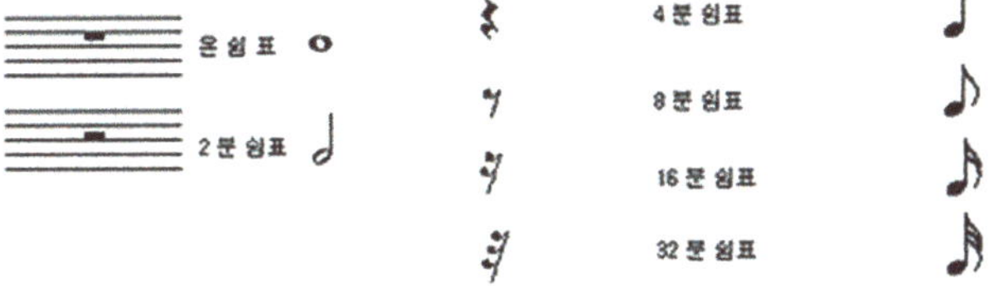

쉼표는 소리없이 진행함. 음표와 더불의 곡을 이루는데 있어 아주 중요한 요소입니다.

임시변환 기호
원음을 고치지 않고 그 마디에서만 반음을 올리고 내리는 기호입니다.

음자리표
높은 음자리표와 낮은 음자리표가 있으며 낮은 음자리표는
절대음보다 2음낮게 표기한다.

낮은 음자리표는 피아노의 왼손반주, 첼로, 베이스 기타 등
주로 저음악기의 악보로 쓰인다.

마 디
마디는 세로줄로 구분이 됩니다. 4/4박자 이면 1마디안에 4분음표가
4개가 들어갑니다.
즉 1마디안에서 음표와 쉼표에 의한 박자의 합이 정확하게 맞아야 됩니다.

악보 보는법 알아보기

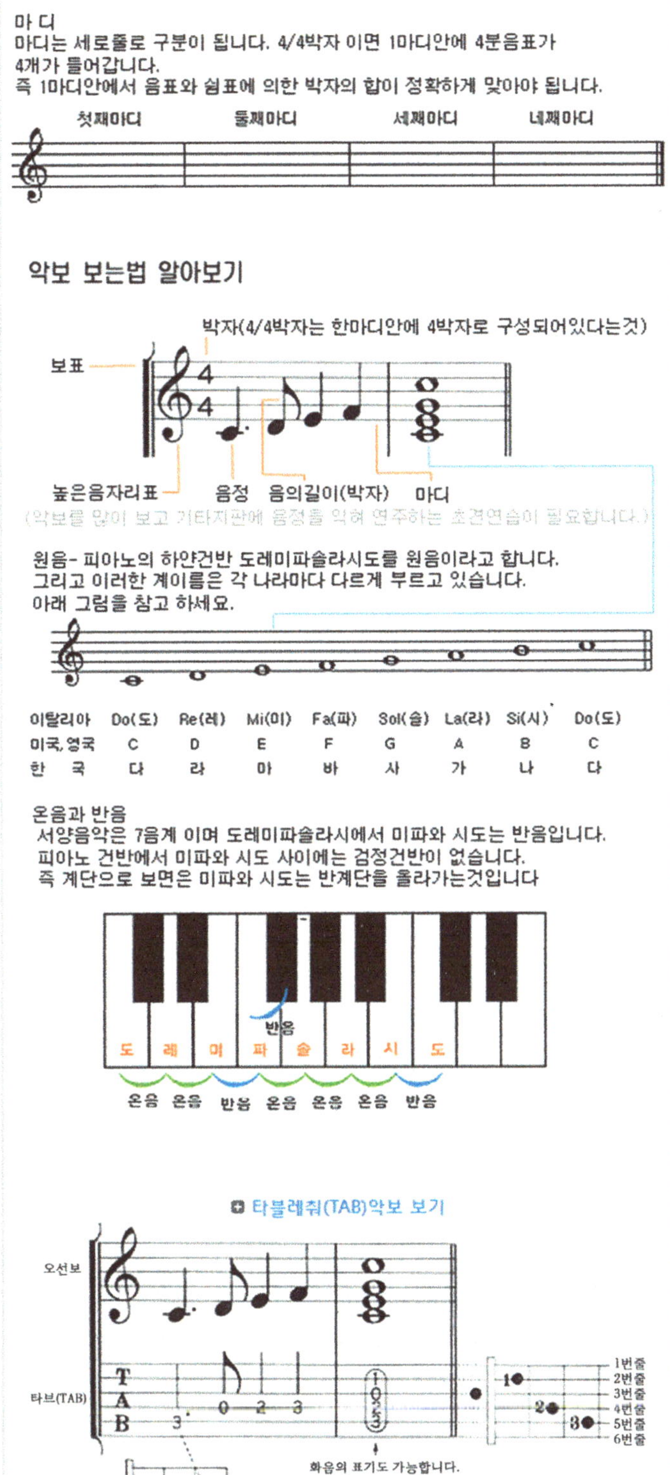

9강 - 오른손 스트로크법 알아보기

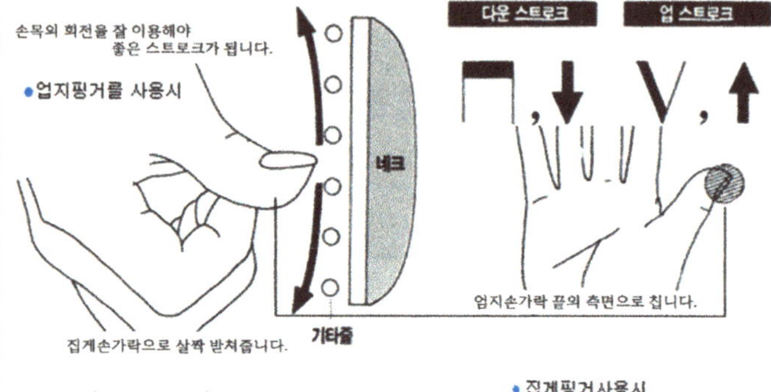

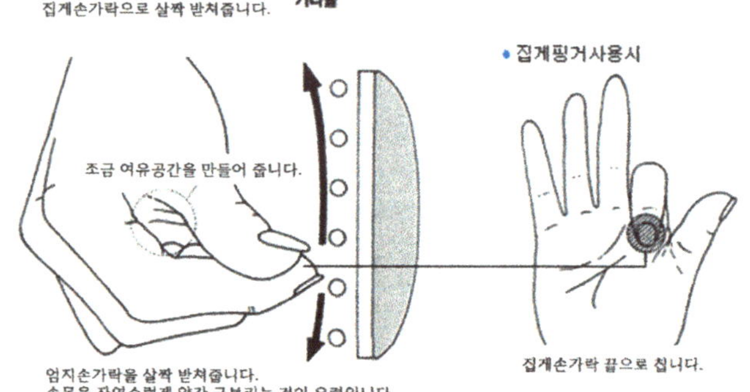

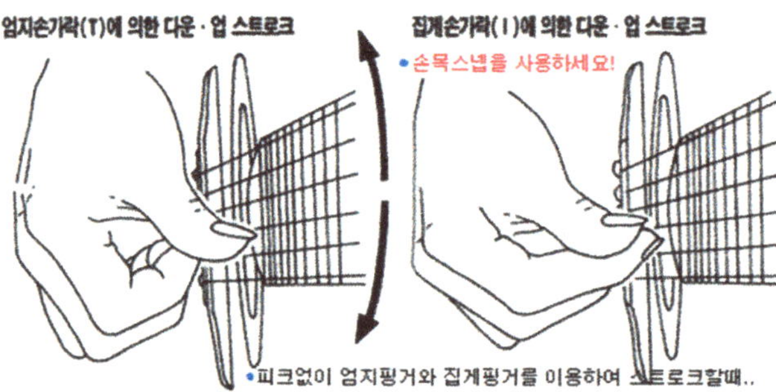

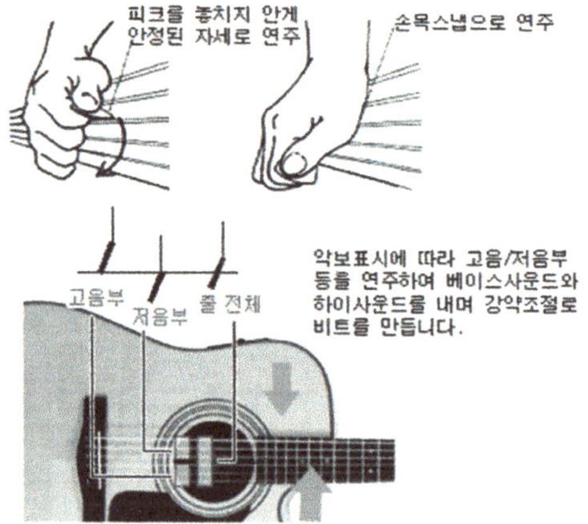

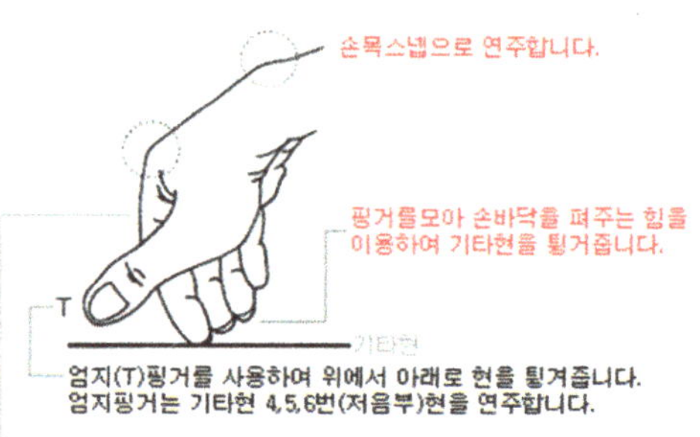

10강 - 왼손컷팅과 오른손뮤팅법 알아보기

왼손 뮤트(묵음) 방법

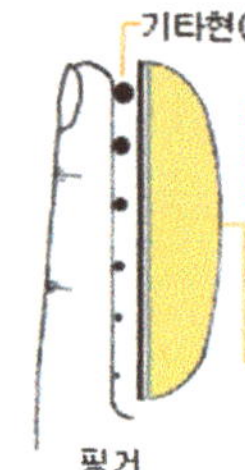

뮤트 (Muting)

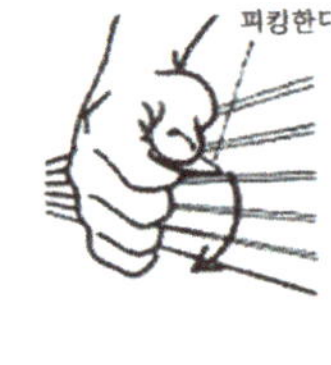
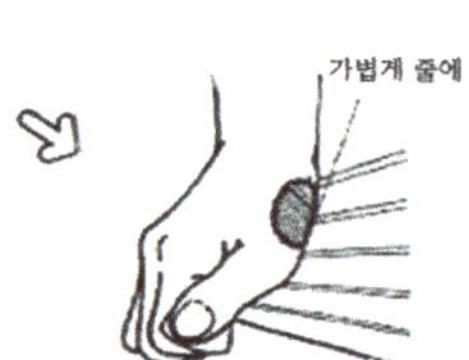
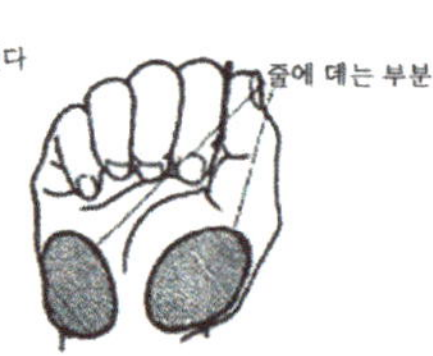

뮤트는 왼손가락이나 혹은 오른손의 새끼손가락 근처의 손바닥을 줄에 가볍게
대고 피킹하여 둔탁한 소리를 내는 주법이다.

머뮤 뮤트
오른손 테크닉으로 '쟈가쟈가하는 뮤트음을 만든다.
그 방법은 브리지 위에 가볍게 손을 얹고 피킹한다.
머프 뮤트는 오른손 손목을 고정시킨 부자연스런 피킹이기 때문에 빠른 패시지나
극단적인 음(줄)의 도약 등에는 상당한 연습이 필요하다.
노이즈 뮤트
왼손 테크닉으로 그 방법은 핑거 커팅과 동일하다.
즉 줄을 누르고 있는 손가락의 힘을 빼고 손가락이 줄에 가볍게 댄 채로 피킹한다.
이 때 음정이 없는 노이즈를 얻을 수 있다.

11강 - 해머링온과 풀링오프, 트릴 테크닉 알아보기

해머링 온 (Hammering On)

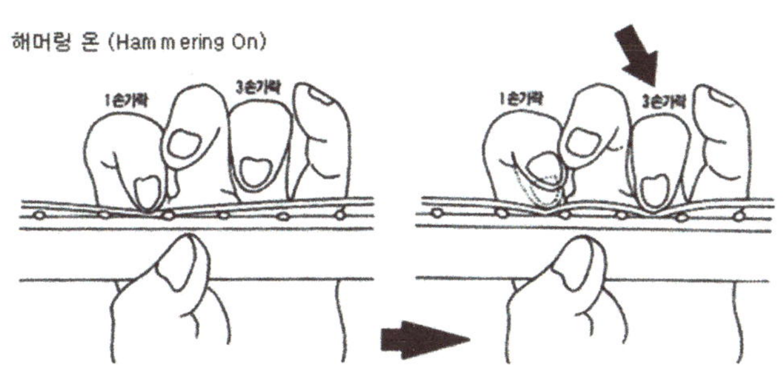

해머링 온 주법은 피킹하여 일단 음을 낸 후, 다시 피킹 하지 않고
왼손가락으로 줄을 세게 눌러서 다른 음정을 내는 주법이다.
"띠잉 -"하면서 새로 누른 손가락의 포지션 음정만큼 올라간다.

손가락이 줄을 약하게 누르면 줄의 소리가 울리지 않을 수도 있다.
해머링 온을 할 때는 순간적으로 강하게
눌러야 앞의 여운이 사라지지 않고 고운 소리가 남는다.

　망치로 내려치듯 느낌으로 함.

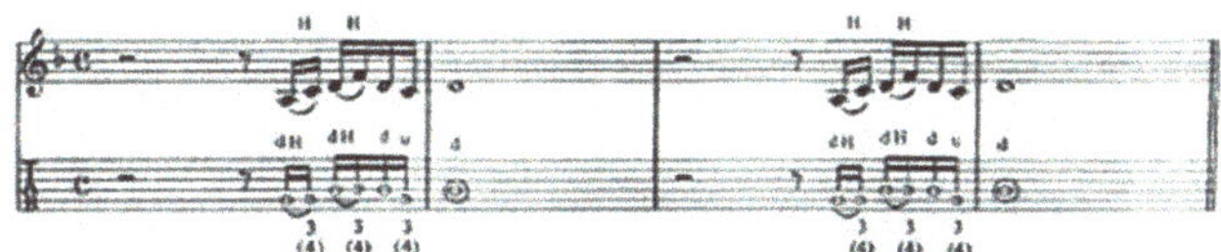

플링 오프 (Pulling Off)

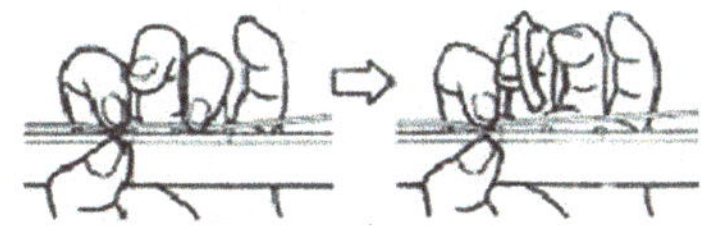

플링 오프는 해머링 온과는 반대로 음을 누른 상태에서 줄을 퉁긴 후에,
줄을 눌렀던 왼손가락을 떼어서 다른 음정(처음 누른 음정)으로 바꾸는 주법을 말한다.

플링 오프를 하는 손가락의 끝으로 줄을 긁듯이 강하게 퉁기면서
떼어야만 올바른 소리가 난다. 줄을 퉁겨 주지 않고 그냥 손가락을 떼면
소리가 아주 작아져서 잘 들리지 않게 된다.

트릴

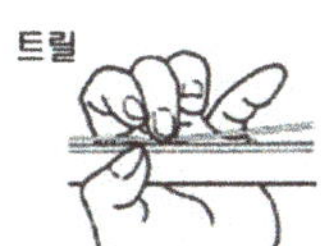

트릴테크닉은 해머링온과 풀링오프 테크닉을
빠르게 반복적으로 움직여 사운드를 내는 테크닉
입니다.

12강 - 슬라이드 테크닉 알아보기

슬라이드 (Slide)

슬라이드 다운

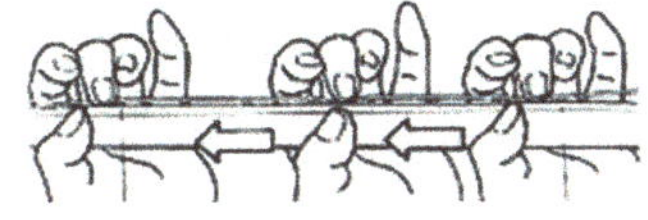

슬라이드 업

슬라이드란, 줄 위를 손가락으로 누른 후, 지판을 떼지 않고
미끄러뜨려 음정을 바꾸는 주법을 말한다.

글리산도(Glissado) 혹은 글리스(Gliss)라고도 한다.

슬라이드는 시작음과 끝나는 음이 명확하고
글리산도는 시작음이나 끝나는 음이 명확하지않다.

13강 - 네추럴하모닉스 테크닉 알아보기

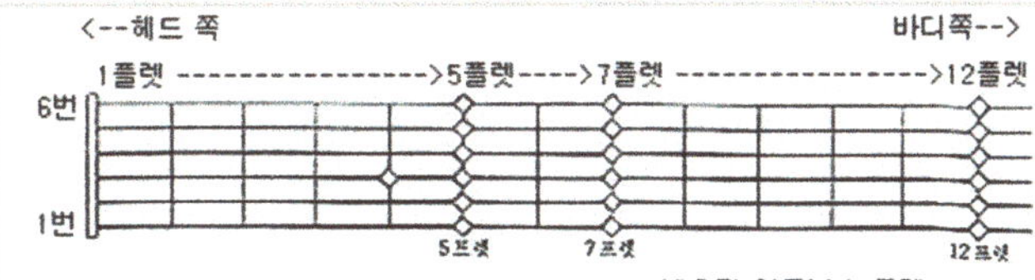

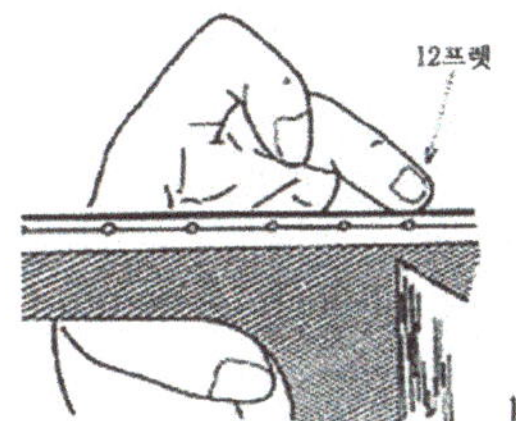

5번현을 튜너로 A음을 맞춘후 5번줄 5플렛에서
　　　　　　4번줄 7프렛에서 하모닉스 사용하여 튜닝
4번줄 5플렛에서 3번줄 7프렛에서 하모닉스 사용하여 튜닝
3번줄 4플렛에서 2번줄 5프렛에서 하모닉스 사용하여 튜닝
　(3,4번 하모닉스 튜닝시 잘안될경우 내츄널 튜닝 사용)
2번줄 5플렛에서 1번줄 7프렛에서 하모닉스 사용하여 튜닝
6번줄 5플렛(6번줄 페그를 돌려 맞춤)에서 5번줄 7프렛에서
하모닉스 사용하여 튜닝

전체적으로 확인함.

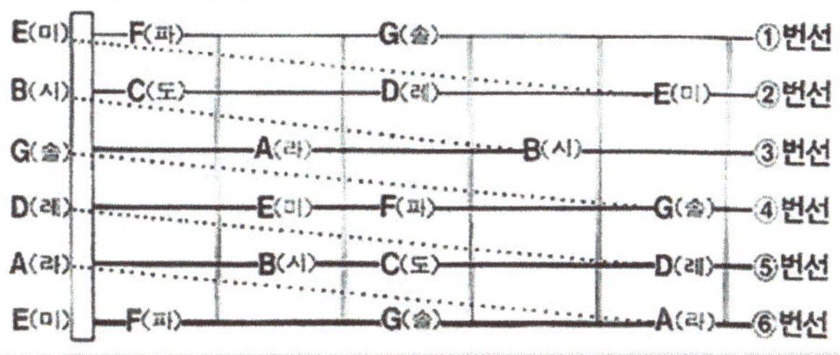

14강 - 쵸킹(밴딩) 테크닉 알아보기

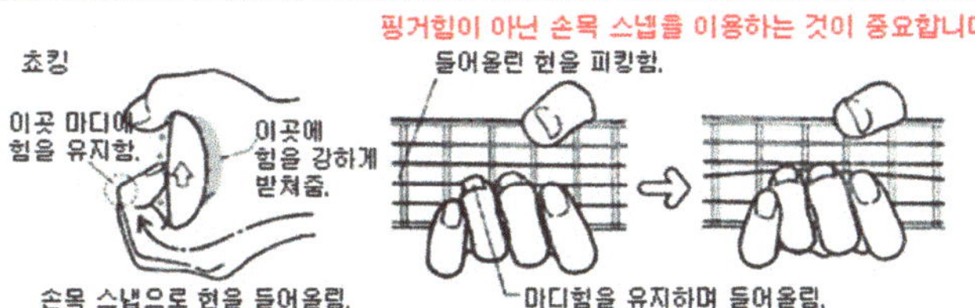

쵸킹(또는 벤딩:Bending)은 누르는 프렛을 옮기지 않은 채 왼손가락 끝으로
줄을 밀어서 음정을 변화시키는 주법을 말한다. 왼손가락의 1·2·3·4 중
어느 손가락으로도 쵸킹이 가능하도록 연습하여야 한다.
어쿠스틱 기타의 경우에는 줄의 장력이 강해서 보통 1/2음이나 1음 정도의
쵸킹이 많이 사용되고 있지만 일렉 기타의 경우에는 2음까지도 쵸킹 하는 경우도 있다.
쵸킹을 할 때 정확한 음정이 나올 수 있도록 주의를 기울이자.
① ②·③·④번선은 ⑥번선 방향으로 밀어 올리고, ⑤·⑥번선은 ①번선 방향으로
끌어내리는 것이 보편적인 방법이다.

정확한 쵸킹음정을 내기 위해서는 정확한 음을 구분할 수 있는 귀가 필요하다.
쉽게 말하자면 쵸킹을 하게 되면 음정이 올라간다.
따라서 원하는 음정을 끌어올리면서 원하는 음정을 구분할 줄 알아야 한다.
연습 방법은 먼저 선택한 연습곡을 귀에 완전히 익히도록 많이 듣고나서 쵸킹 연습을 한다
쵸킹의 실력 차이는 자기가 원하는 음정을 깨끗하게 표현하는데 있다.
통기타에서는 잘 모르지만 앰프에 연결하여 연주해
보면 쵸킹과 릴리즈의 전후로 잡음이 생긴다.
이는 쵸킹과 릴리즈를 하면서 그 줄의 위,아래를 건들기 때문이다.
이 잡음을 막기 위해서는 어렵지만 잡음이 날 만한 줄을 뮤트 시키는 방법이
가장 효과적이다.

쵸킹(밴딩)은 일렉기타 테크닉 중 가장 중요한 요소이며 종류또한 많다.
2/1쵸킹 한음쵸킹 쵸킹다운 유니즌쵸킹 쿼커쵸킹 더블쵸킹 한음반쵸킹 두음쵸킹등
많은 쵸킹테크닉이 있습니다. 하지만 기본적인 쵸킹연습이 중요함.

15강 - 비브라토 테크닉 알아보기

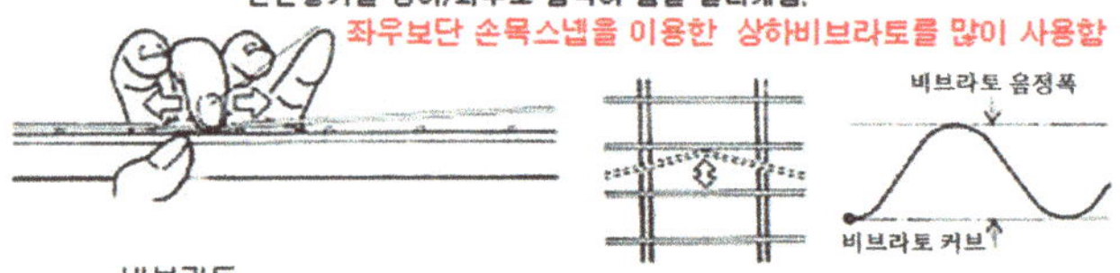

비브라토

만약 멜로디나 프레이즈에 어떠한 표정도 덧붙이지 않는다고 한다면
그것은 음악이 아니라 단순한 신호음이 나열된 것과 같은 셈이다.

아무리 작은 프레이즈에도 반드시 거기에 어울리는 뉘앙스가
표현되어 있지 않으면 안된다. 여기서 다루는 비브라토는 음에
흔들림을 만드는 간단한 것이데, 많은 테크닉 중에서도 가장 정감적인
효과를 만드는 테크닉이라 할 수 있다. 기타 특유의 효과는
거의가 비브라토의 미묘한 움직임에서 생겨난다고 볼수 있다.

핸드 비브라토
줄을 누르고 피킹한 다음 누르고 있는 손가락을 지점으로 하여
왼손 전체를 좌우로 흔들어 음에 흔들림 만든다.
이 때 엄지는 가볍게 네크에 닿는 정도이거나 떼도록 하는 것이 좋다.
그리고 음이 흔들리는 속도는 왼손을 흔드는 빠르기로 조종하고
흔들림의 깊이는 누르고 손가락의 힘으로 조종한다.

초킹 비브라토
초킹 비브라토는 초킹과 릴리즈의 되풀이로
비브라토를 만드는 테크닉이다. 흔들림의 스피드는 초킹과 릴리즈의
빠르기로 흔들림의 깊이는 초킹의 크기로 한다.
기타 테크닉 중 중요한 요소중 하나이다.

통기타 코드부문 강좌

17강 - 코드를 배우기 전에.. 코드잡는법 알아보기

코드 잡는 방법 알아보기

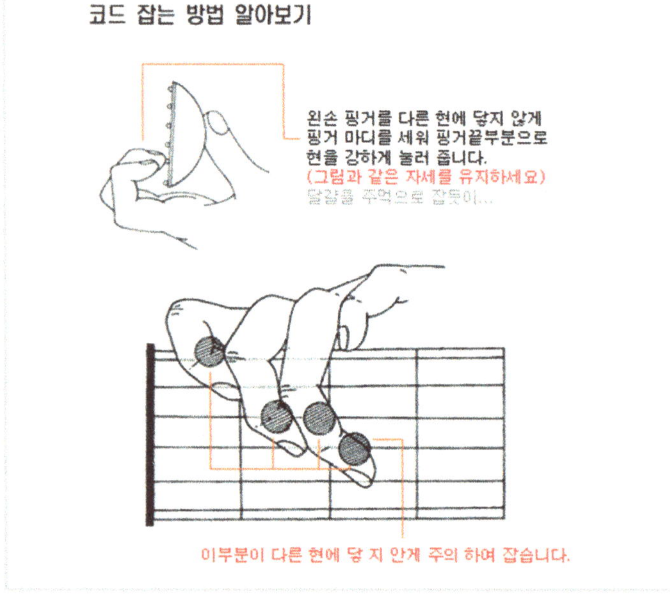

16강 - 기타줄(현) 교체법 알아보기

16강 기타줄(현) 교체법 알아보기 강좌는 스마트폰 동영상강좌를 보시면
자세한 내용을 보실 수 있습니다.

18강 - C - C7 - Cm - Cm7(오픈.바레)코드 알아보기

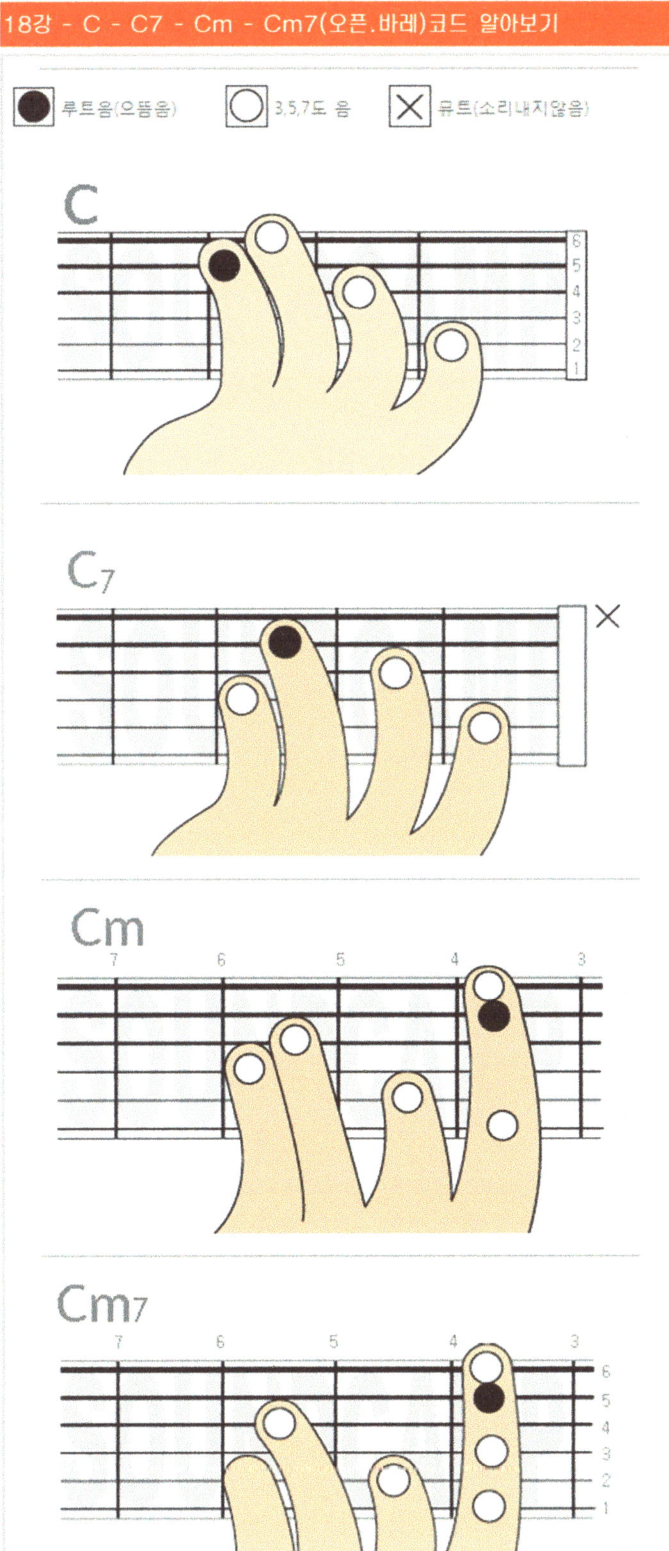

19강 - D - D7 - Dm - Dm7 (오픈.바레)코드 알아보기

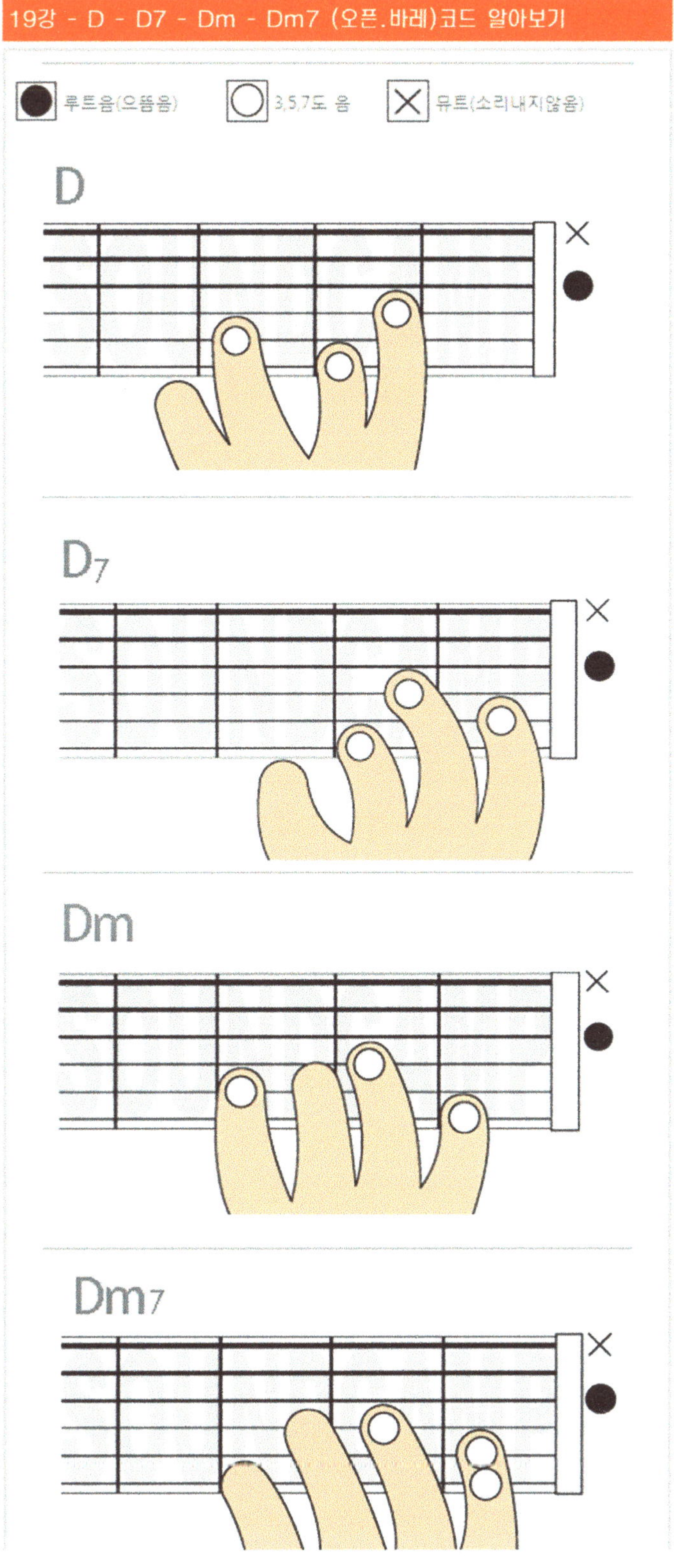

20강 - E - E7 - Em - Em7(오픈.바레)코드 알아보기

● 루트음(으뜸음)　　○ 3.5.7도 음　　✕ 뮤트(소리내지않음)

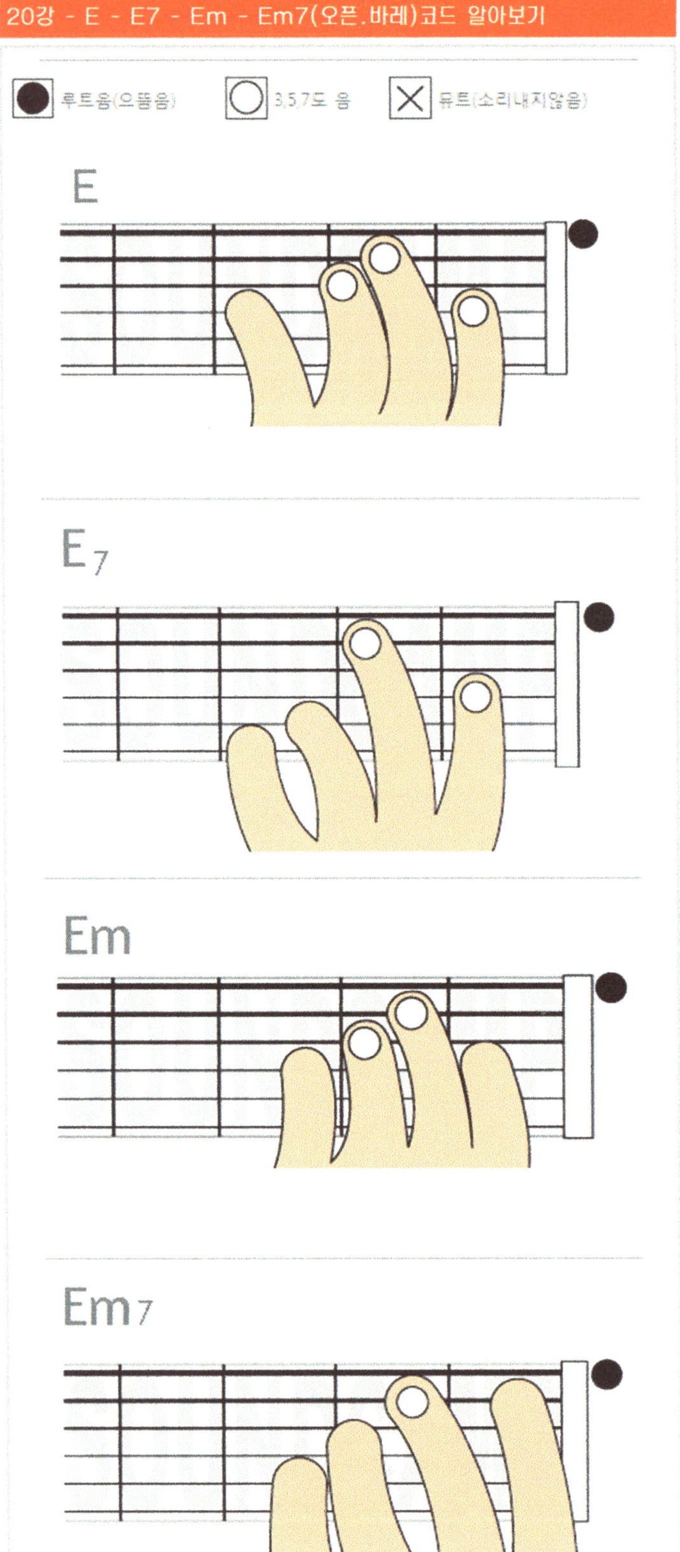

21강 - F - F7 - Fm - Fm7(오픈.바레)코드 알아보기

● 루트음(으뜸음)　　○ 3.5.7도 음　　✕ 뮤트(소리내지않음)

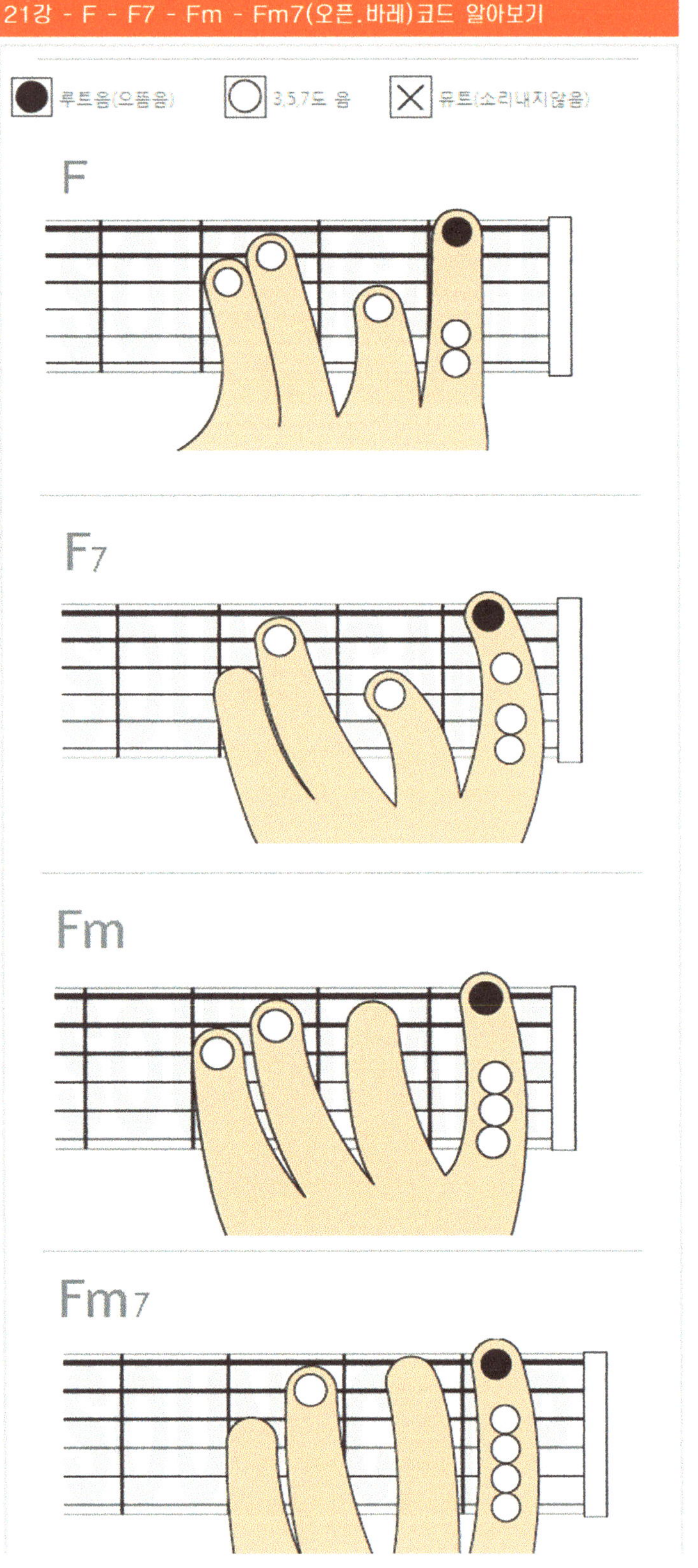

22강 - G - G7 - Gm - Gm7(오픈.바레)코드 알아보기

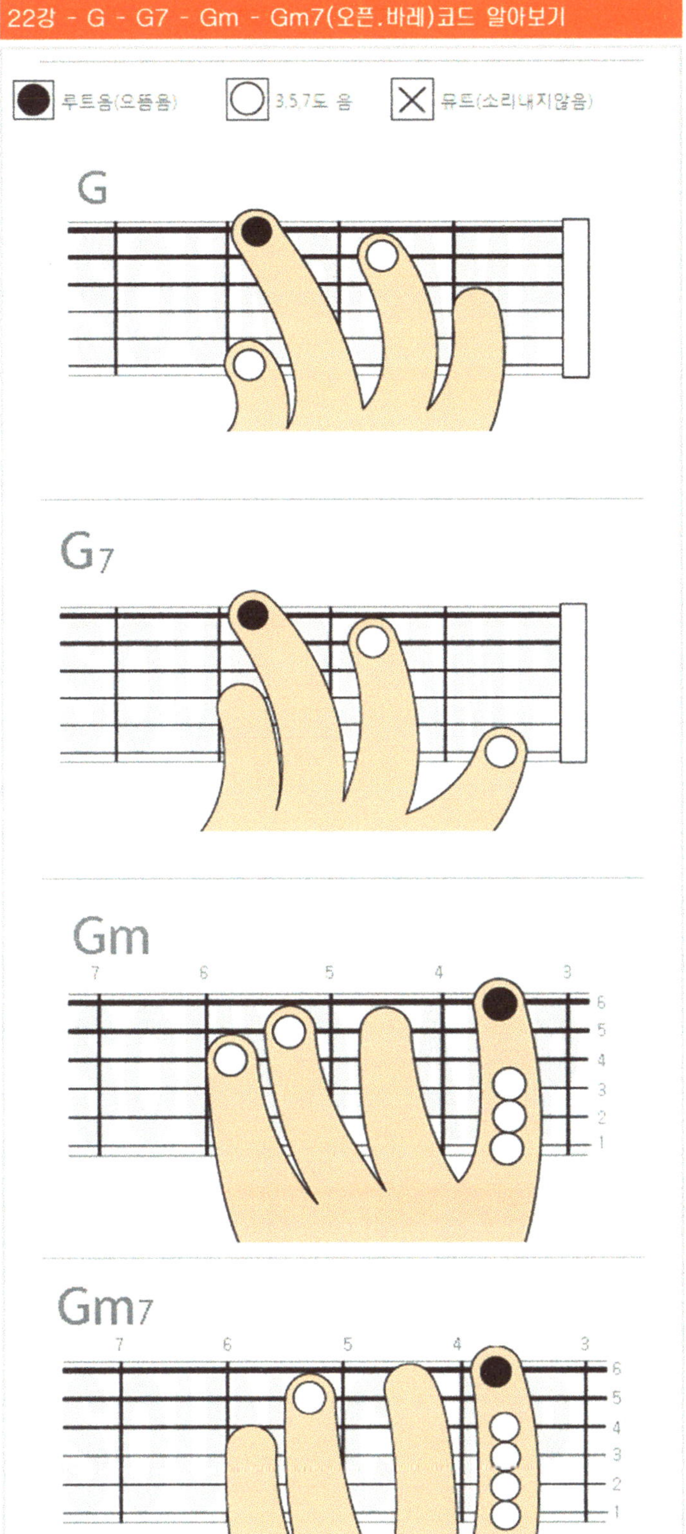

23강 - A - A7 - Am - Am7 (오픈.바레)코드 알아보기

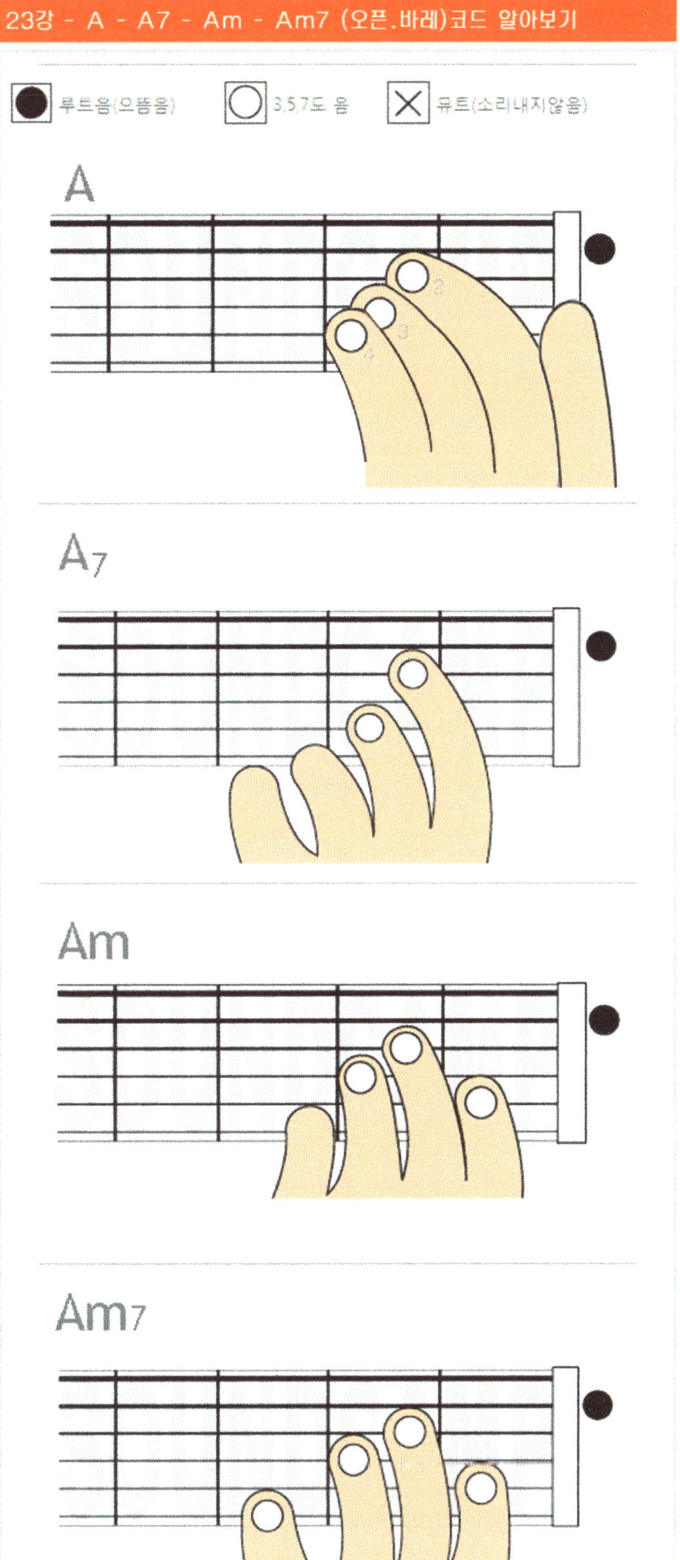

24강 - B - B7 - Bm - Bm7 (오픈.바레)코드 알아보기

● 루트음(으뜸음)   ○ 3.5.7도 음   ✕ 유트(소리내지않음)

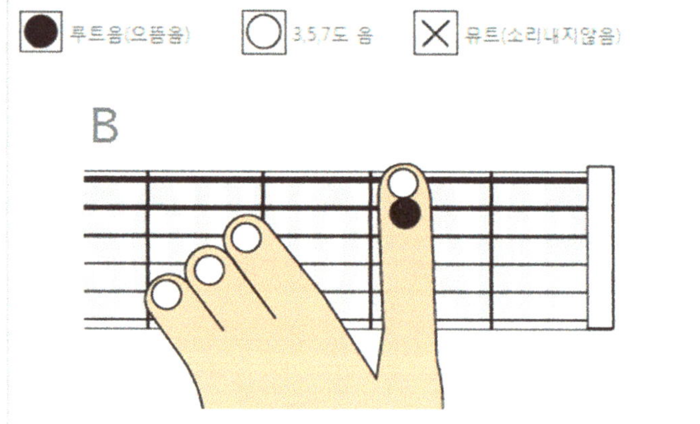

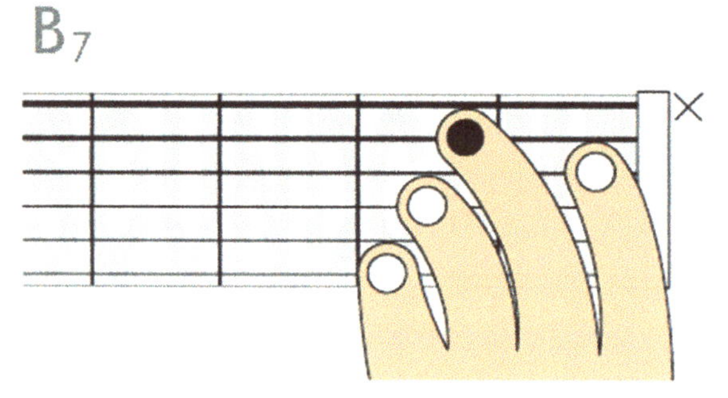

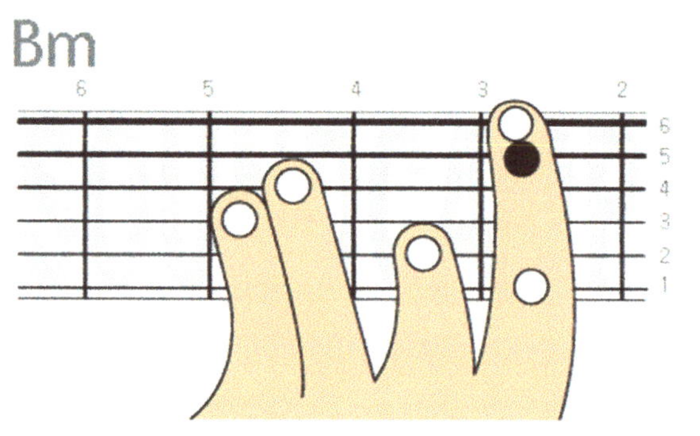

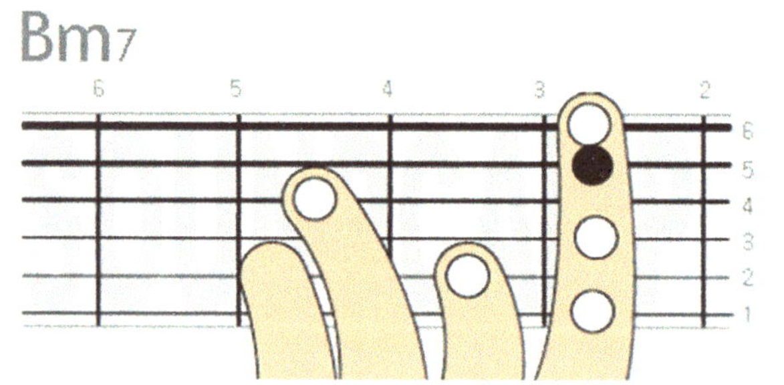

25강 - C - F - G7 - C 코드체인지 알아보기

● 왼손 코드진행

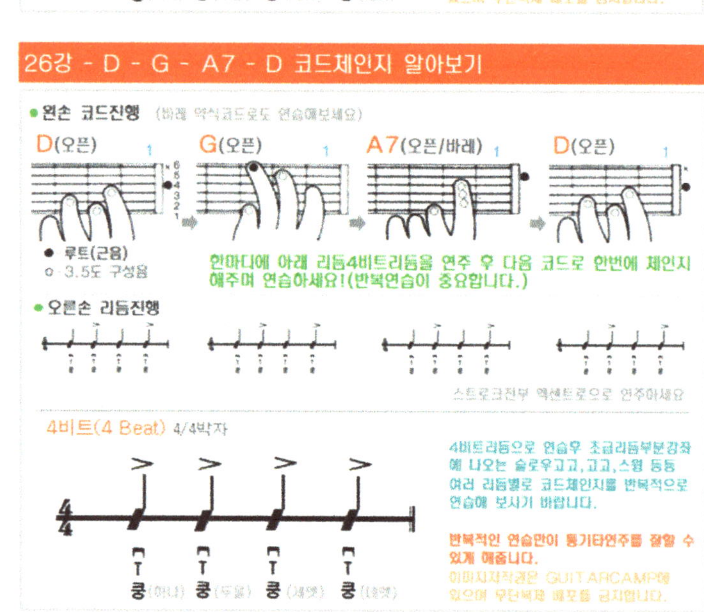

한마디에 아래 리듬4비트리듬을 연주 후 다음 코드로 한번에 체인지 해주며 연습하세요!(반복연습이 중요합니다.)

● 오른손 리듬진행

스트로크전부 액센트로으로 연주하세요

4비트(4 Beat) 4/4박자

쿵(하나) 쿵(두울) 쿵(세엣) 쿵(네엣)

4비트리듬으로 연습후 초급리듬부분강좌에 나오는 슬로우고고,고고,스윙 등등 여러 리듬별로 코드체인지를 반복적으로 연습해 보시기 바랍니다.

반복적인 연습만이 통기타연주를 잘할 수 있게 해줍니다.
이미지저작권은 GUITARCAMP에 있으며 무단복제 배포를 금지합니다.

26강 - D - G - A7 - D 코드체인지 알아보기

● 왼손 코드진행 (바레 약식코드로도 연습해보세요)

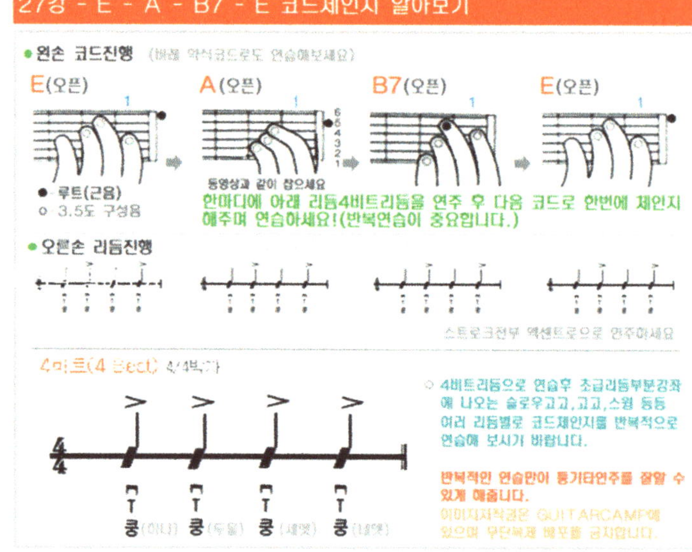

한마디에 아래 리듬4비트리듬을 연주 후 다음 코드로 한번에 체인지 해주며 연습하세요!(반복연습이 중요합니다.)

● 오른손 리듬진행

스트로크전부 액센트로으로 연주하세요

4비트(4 Beat) 4/4박자

쿵(하나) 쿵(두울) 쿵(세엣) 쿵(네엣)

4비트리듬으로 연습후 초급리듬부분강좌에 나오는 슬로우고고,고고,스윙 등등 여러 리듬별로 코드체인지를 반복적으로 연습해 보시기 바랍니다.

반복적인 연습만이 통기타연주를 잘할 수 있게 해줍니다.
이미지저작권은 GUITARCAMP에 있으며 무단복제 배포를 금지합니다.

27강 - E - A - B7 - E 코드체인지 알아보기

● 왼손 코드진행 (바레 약식코드로도 연습해보세요)

한마디에 아래 리듬4비트리듬을 연주 후 다음 코드로 한번에 체인지 해주며 연습하세요!(반복연습이 중요합니다.)

● 오른손 리듬진행

스트로크전부 액센트로으로 연주하세요

4비트(4 Beat) 4/4박자

쿵(하나) 쿵(두울) 쿵(세엣) 쿵(네엣)

4비트리듬으로 연습후 초급리듬부분강좌에 나오는 슬로우고고,고고,스윙 등등 여러 리듬별로 코드체인지를 반복적으로 연습해 보시기 바랍니다.

반복적인 연습만이 통기타연주를 잘할 수 있게 해줍니다.
이미지저작권은 GUITARCAMP에 있으며 무단복제 배포를 금지합니다.

28강 - F - Bb - C7 - F 코드체인지 알아보기

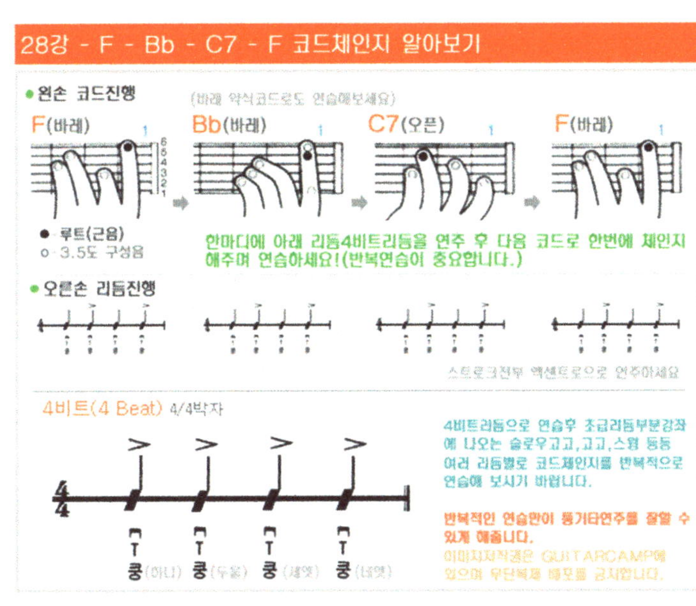

4비트(4 Beat) 4/4박자

4비트리듬으로 연습후 초급리듬부분강좌에 나오는 슬로우고고,고고,스윙 등등 여러 리듬별로 코드체인지를 반복적으로 연습해 보시기 바랍니다.

반복적인 연습만이 통기타연주를 잘할 수 있게 해줍니다.
이미지저작권은 GUITARCAMP에 있으며 무단복제 배포를 금지합니다.

31강 - B - E - F#7 - B 코드체인지 알아보기

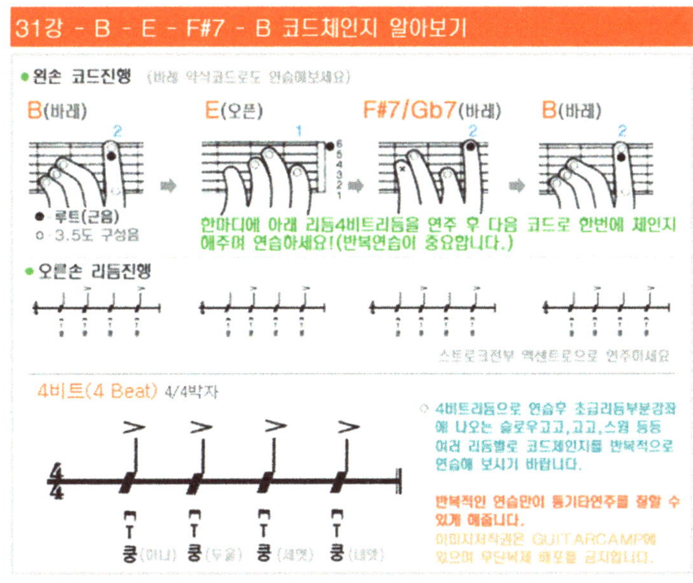

4비트(4 Beat) 4/4박자

4비트리듬으로 연습후 초급리듬부분강좌에 나오는 슬로우고고,고고,스윙 등등 여러 리듬별로 코드체인지를 반복적으로 연습해 보시기 바랍니다.

반복적인 연습만이 통기타연주를 잘할 수 있게 해줍니다.
이미지저작권은 GUITARCAMP에 있으며 무단복제 배포를 금지합니다.

29강 - G - C - D7 - G 코드체인지 알아보기

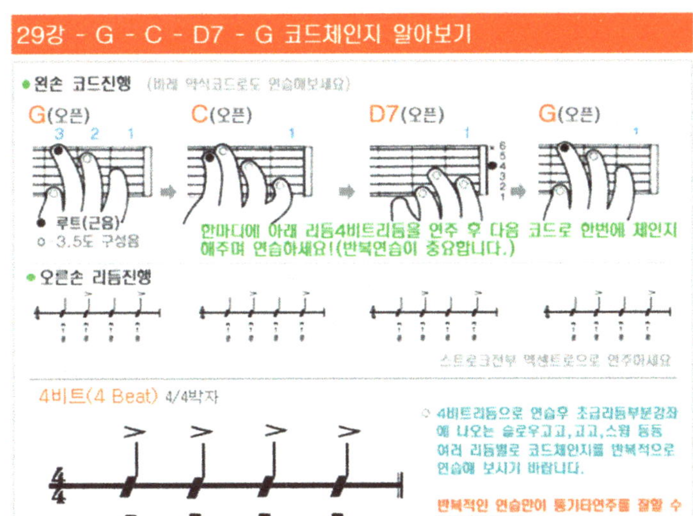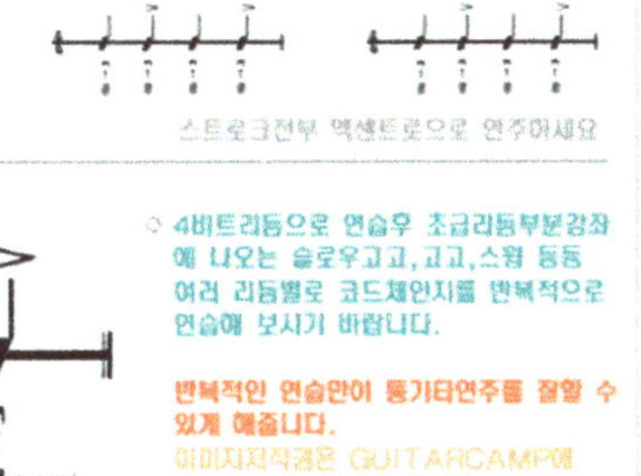

4비트(4 Beat) 4/4박자

4비트리듬으로 연습후 초급리듬부분강좌에 나오는 슬로우고고,고고,스윙 등등 여러 리듬별로 코드체인지를 반복적으로 연습해 보시기 바랍니다.

반복적인 연습만이 통기타연주를 잘할 수 있게 해줍니다.
이미지저작권은 GUITARCAMP에 있으며 무단복제 배포를 금지합니다.

32강 - Cm - Fm - G7 - Cm 코드체인지 알아보기

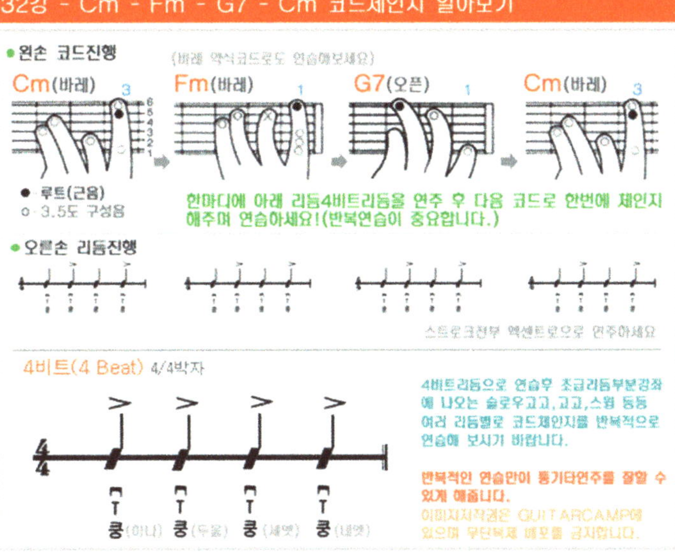

4비트(4 Beat) 4/4박자

4비트리듬으로 연습후 초급리듬부분강좌에 나오는 슬로우고고,고고,스윙 등등 여러 리듬별로 코드체인지를 반복적으로 연습해 보시기 바랍니다.

반복적인 연습만이 통기타연주를 잘할 수 있게 해줍니다.
이미지저작권은 GUITARCAMP에 있으며 무단복제 배포를 금지합니다.

30강 - A - D - E7 - A 코드체인지 알아보기

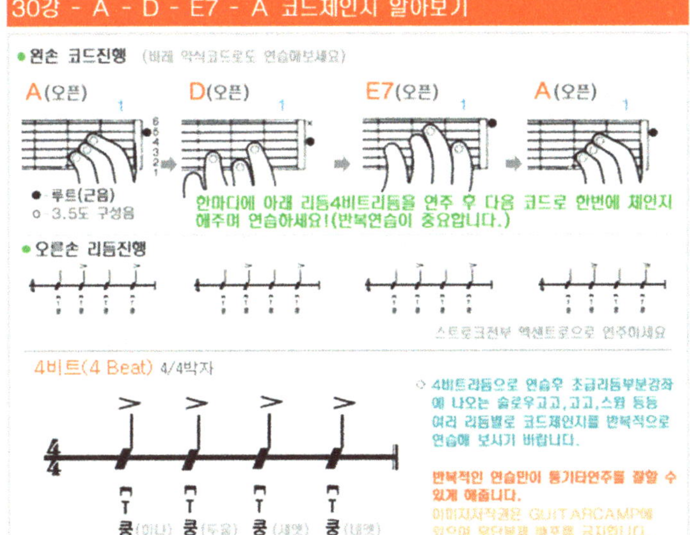

4비트(4 Beat) 4/4박자

4비트리듬으로 연습후 초급리듬부분강좌에 나오는 슬로우고고,고고,스윙 등등 여러 리듬별로 코드체인지를 반복적으로 연습해 보시기 바랍니다.

반복적인 연습만이 통기타연주를 잘할 수 있게 해줍니다.
이미지저작권은 GUITARCAMP에 있으며 무단복제 배포를 금지합니다.

33강 - Dm - Gm - A7 - Dm 코드체인지 알아보기

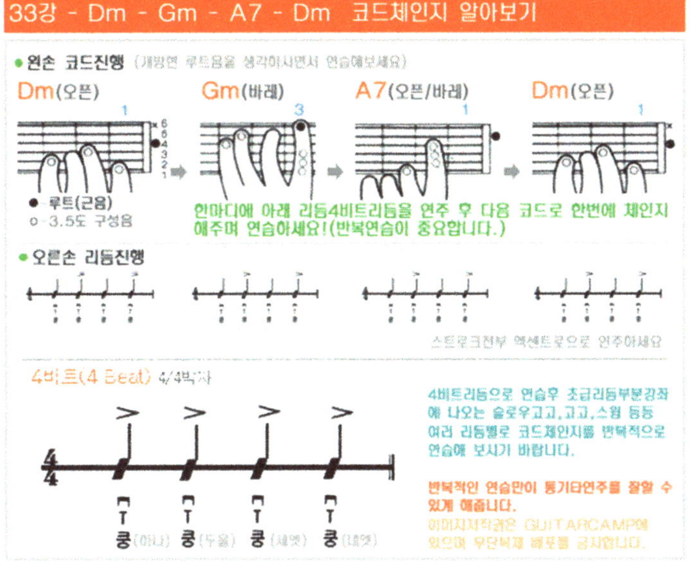

4비트(4 Beat) 4/4박자

4비트리듬으로 연습후 초급리듬부분강좌에 나오는 슬로우고고,고고,스윙 등등 여러 리듬별로 코드체인지를 반복적으로 연습해 보시기 바랍니다.

반복적인 연습만이 통기타연주를 잘할 수 있게 해줍니다.
이미지저작권은 GUITARCAMP에 있으며 무단복제 배포를 금지합니다.

34강 - Em - Am - B7 - Em 코드체인지 알아보기

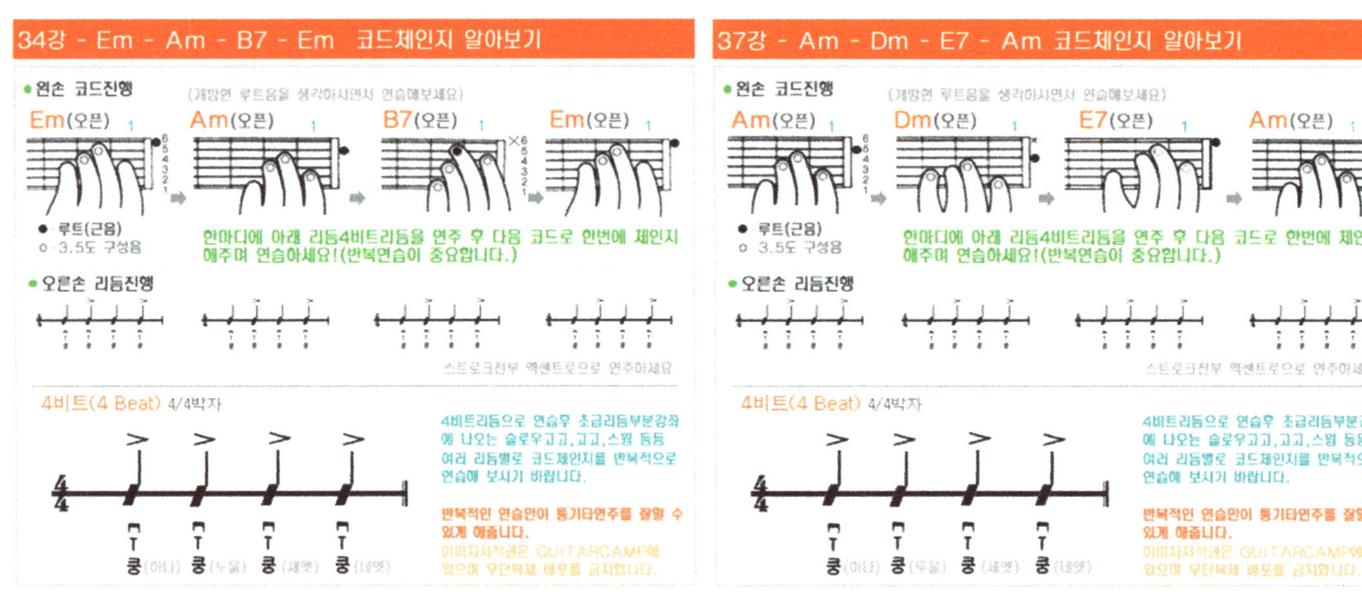

37강 - Am - Dm - E7 - Am 코드체인지 알아보기

35강 - Fm - Bbm - C7 - Fm 코드체인지 알아보기

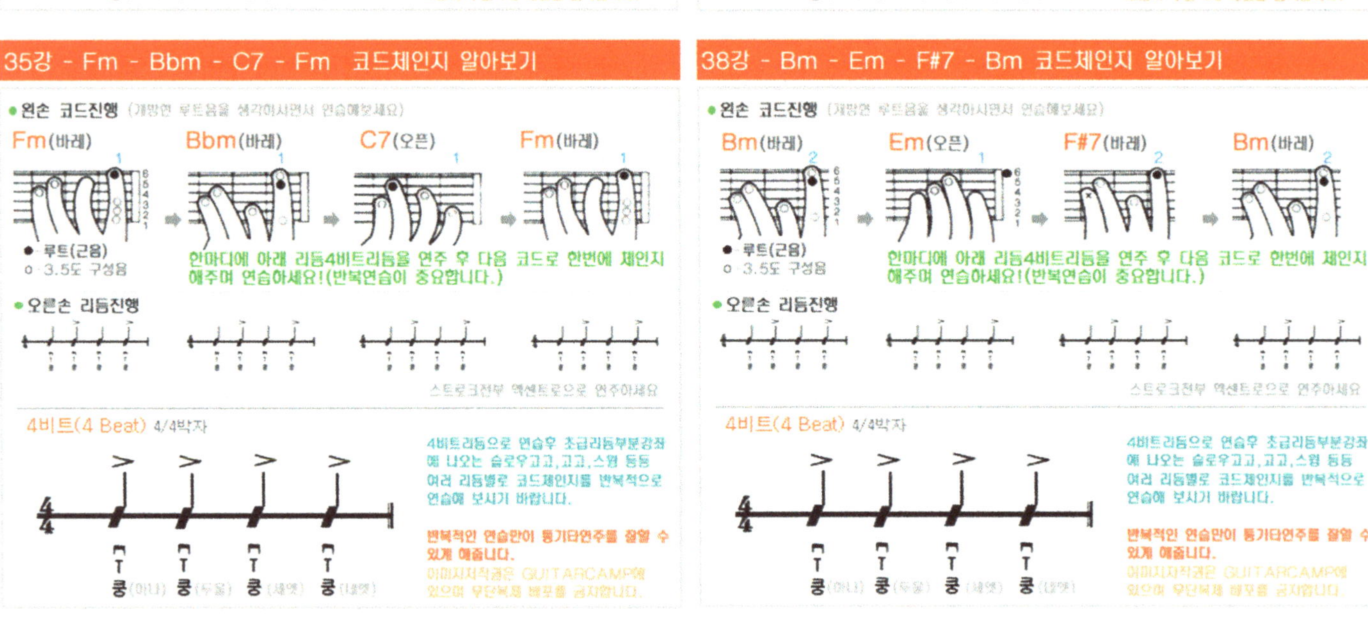

38강 - Bm - Em - F#7 - Bm 코드체인지 알아보기

36강 - Gm - Cm - D7 - Gm 코드체인지 알아보기

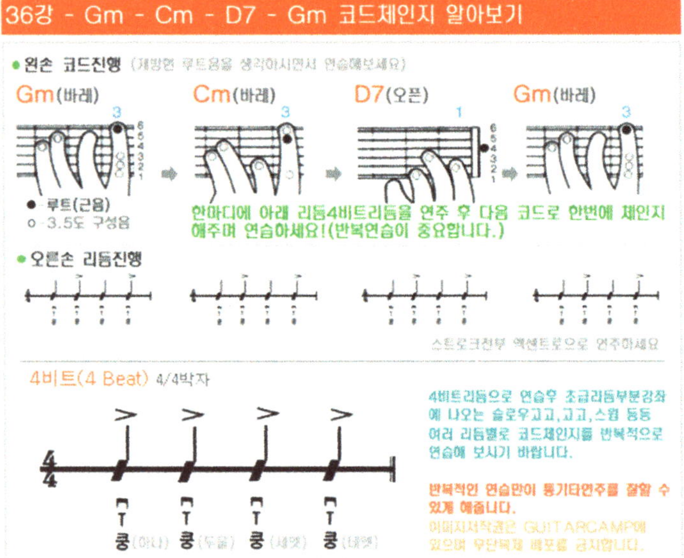

39강 - 왈츠(Waltz)리듬 알아보기

왈츠(Waltz) 4/3박자

18세기말에 오스트리아 바이에른 지방에서 독일 무곡의 영향으로 생겨난 보통 빠르기의 박자 춤곡입니다. 원래 왈츠는 남녀가 서로 끌어안고 원을 그리면서 추는 춤이었는데, 상류사회에 유행하기 시작한 것은 프랑스혁명과 19세기 사회구조의 변화 덕분이었습니다. 19, 20세기를 통하여 여러 가지 왈츠의 형식이 발전하였고, 오늘날에도 사교 댄스나 발레 음악에 없어서는 안될 춤과음악이 되었습니다.

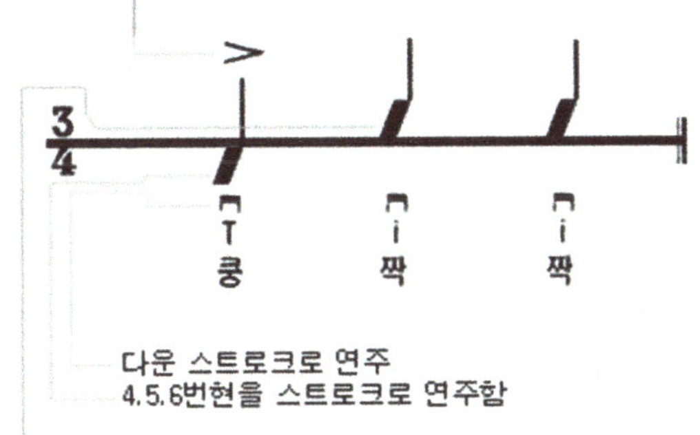

다운 스트로크로 연주
4.5.6번현을 스트로크로 연주함

1.2.3번현을 스트로크하여 연주함(피크사용권장)
(피크 사용 연주시에도 업다운 스트로크는 같습니다.)

연습)

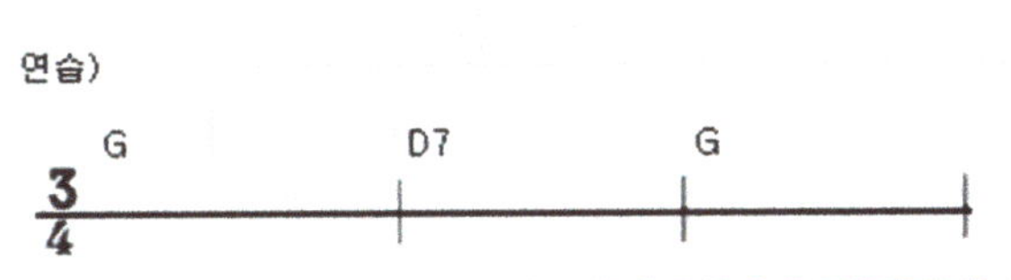

41강 - 8 beat리듬 알아보기

8Beat(고고(Go Go)) 4/4박자

트위스트, 럼보, 몽키 등 60년대 중반에 유행한 댄스 뮤직의 총칭이 '고고'입니다라고 부르는 리듬은 정확히 얘기해서 8비트라고하는 것이 옳습니다

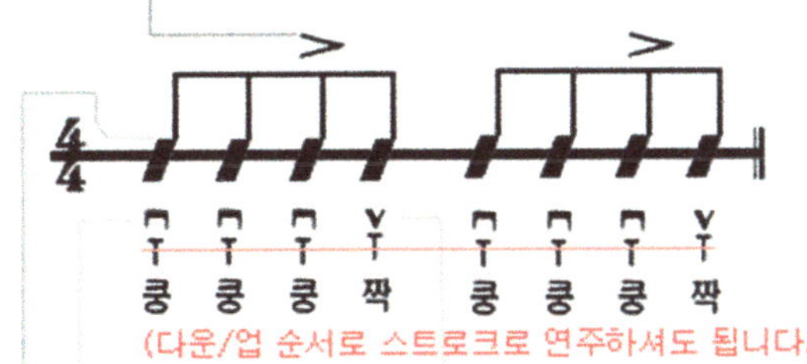

다운 스트로크로 연주   업 스트로크로 연주

기타현모두를 스트로크하여 연주함(피크사용권장)
(피크 사용 연주시에도 업다운 스트로크는 같습니다.)

연습) (엑센트부분에 컷팅을 하시면 더욱 좋습니다)

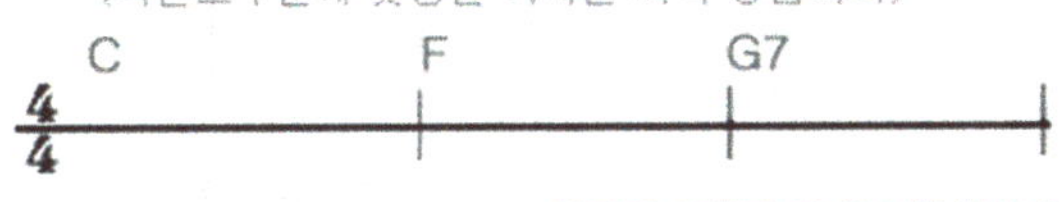

40강 - 4 beat리듬 알아보기

4비트(4 Beat) 4/4박자

4비트는 곡의 템포가 빠른 것에서부터 느린 것에 이르기까지 넓게 사용되고 있으므로 꼭 익혀두어야 하는 기본적인 리듬의 한 종류입니다 둘째 박과 넷째 박에 악센트를 넣고, 첫 박과 셋째 박은 약간 스타카토를 시키는 기분으로 연주합니다. 각 박자 사이의 여운을 가볍게 커팅시키는 요령도 필요합니다.

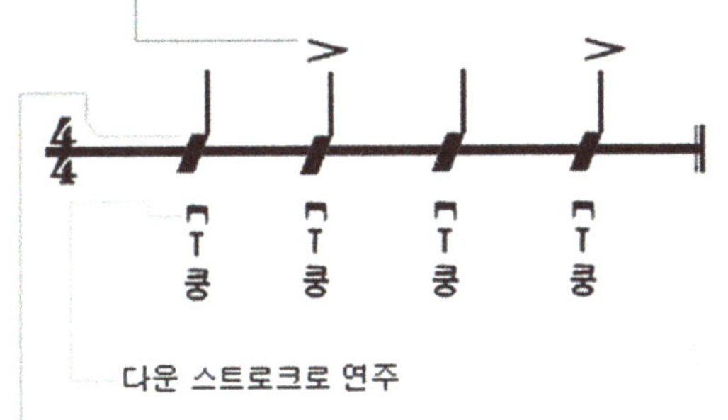

다운 스트로크로 연주

기타현모두를 스트로크하여 연주함(피크사용권장)
(피크 사용 연주시에도 업다운 스트로크는 같습니다.)

연습)

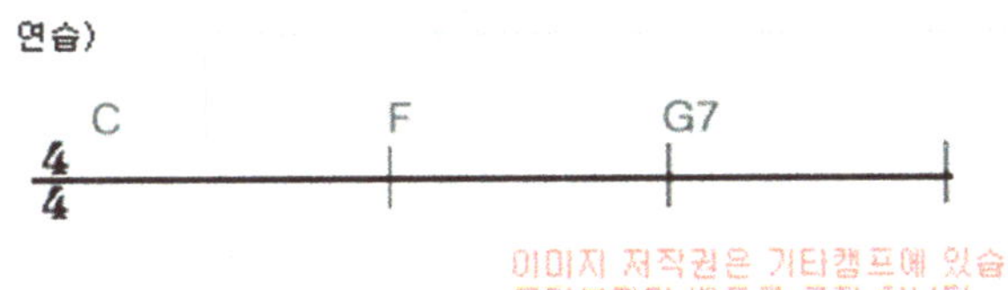

42강 - 16 beat리듬 알아보기

16비트(16 Beat) 4/4박자

8비트에서 쉐이크를 거쳐 16분 음표를 사용하는 16비트로, 이렇게 리듬은 복잡하게 발전해 나아가고 있습니다.
(첫박에 엑센트와 함께 빠르고 정확하게 연주하는 것이 중요합니다.)

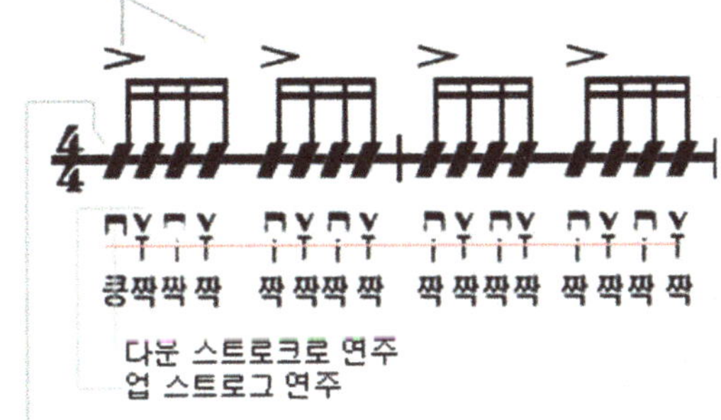

다운 스트로크로 연주
업 스트로그 연주

기타현모두를 스트로크하여 연주함(피크사용권장)
(피크 사용 연주시에도 업다운 스트로크는 같습니다.)

연습) (빠르고 정확하게 연주하세요!)

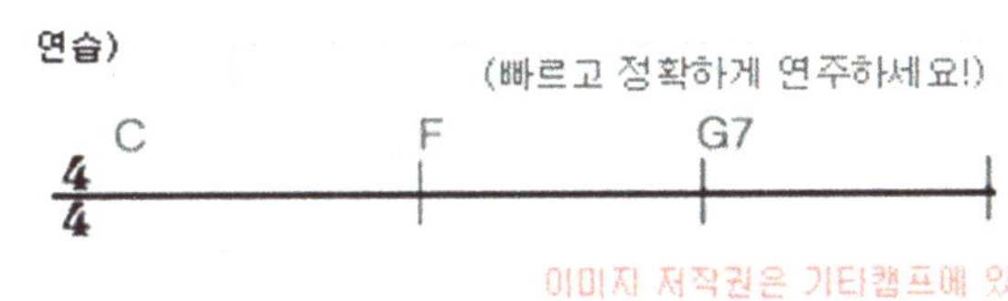

43강 - 슬로우락(Slow Rock)리듬

슬로우 록(Slow Rock) 12비트(12 Beat)

1940년대에 이르러 블루스 음악은 부기우기와 셔플로부터 생겨난 강렬한
댄스 비트와 어울려서 R&B로 발전합니다. 그 후 R&B는 로큰롤을
낳았지만, 발라드하면서 조금 느린 록음악에서는 R&B의 리듬 패턴을
계속 사용하였습니다. 결국 R&B나 록 발라드나 슬로우 록은 같은 패턴의
리듬입니다. 록 블루스(Rock Blues)라고도 합니다.
리듬의 여러 가지 이름 중에서 비교적 비트가 약한 것이 슬로우 록입니다.

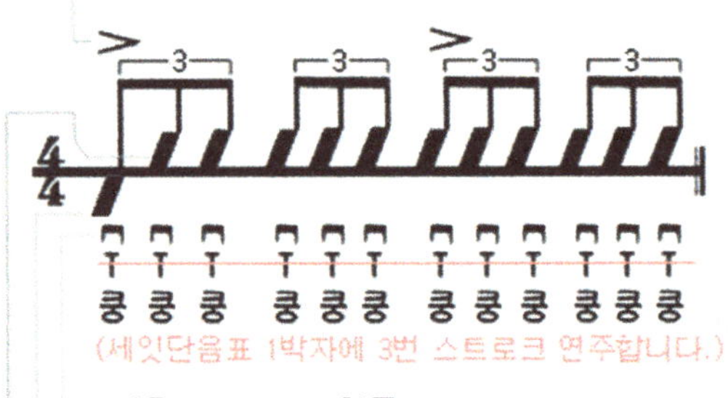

1.2.3번현을 스트로크하여 연주함(피크사용권장)
(피크 사용 연주시에도 업다운 스트로크는 같습니다.)

연습)

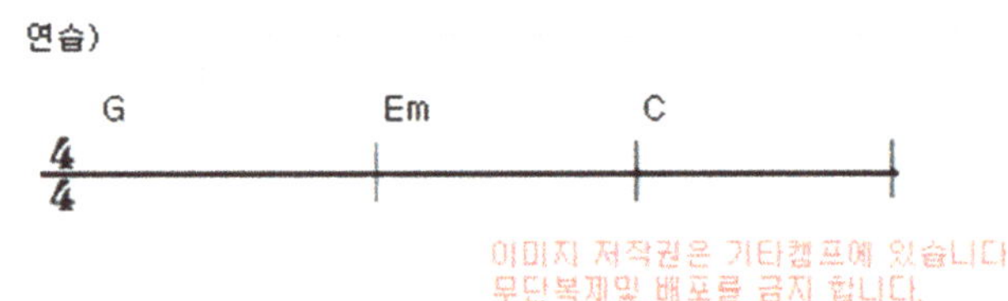

44강 - 슬로우고고(Slow GoGo)리듬

슬로우 고고(Slow GoGo) 4/4박자

조금 느린 템포의 8비트입니다.
통기타 리듬 연주 중 많이 사용되는 리듬입니다.
발라드 품의 느린템포의 곡을 연주시 많이 사용 됩니다.

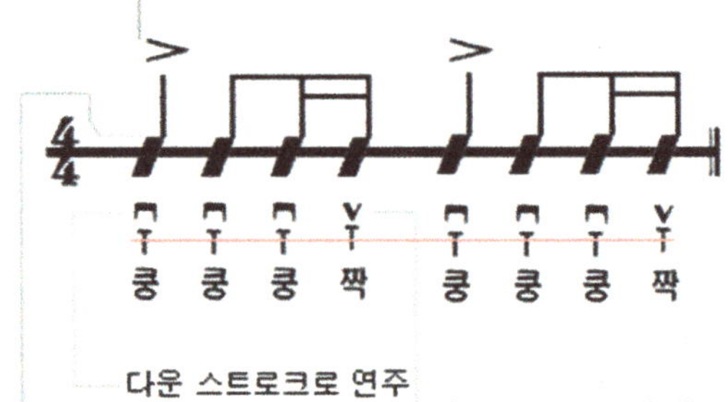

기타현모두를 스트로크하여 연주함(피크사용권장)
(피크 사용 연주시에도 업다운 스트로크는 같습니다.)

연습) (한마디에 2박자씩 코드 체인지)

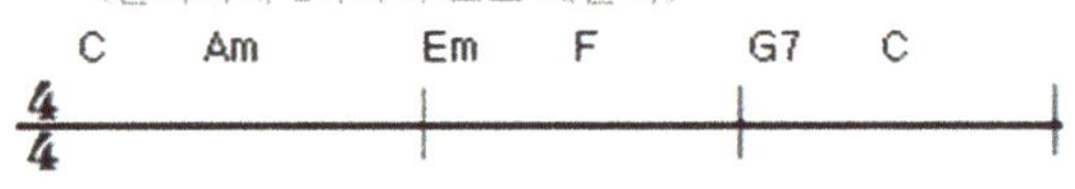

다른 패턴의 슬로우고고 Slow GoGo
(실제 연주시에 많이 사용되는 리듬입니다.)

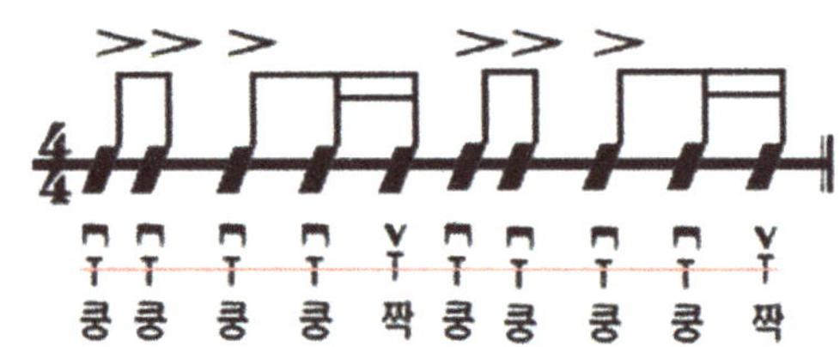

45강 - 고고(GoGo)리듬 알아보기

고고(Go Go) 4/4박자

트위스트, 럼보, 몽키 등 60년대 중반에 유행한 댄스
뮤직의 총칭이 '고고'입니다라고 부르는 리듬은 정확히 얘기해서
8비트라고하는 것이 좋습니다

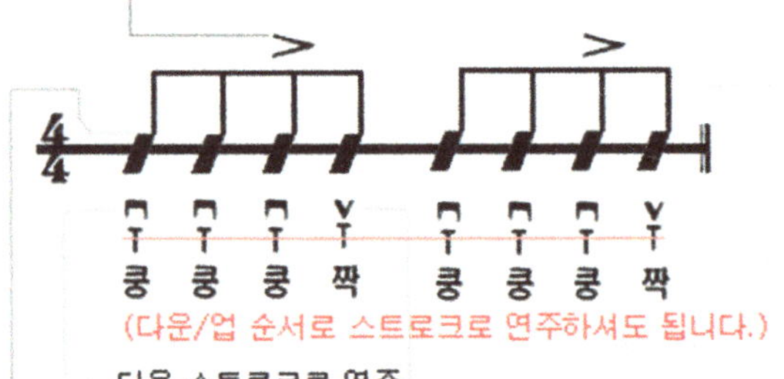

기타현모두를 스트로크하여 연주함(피크사용권장)
(피크 사용 연주시에도 업다운 스트로크는 같습니다.)

연습) (엑센트부분에 컷팅를 하시면 더욱 좋습니다)

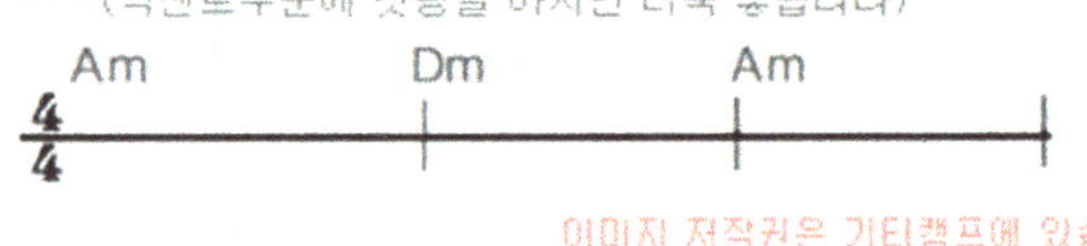

46강 - 칼립소(Calypso)리듬 알아보기

칼립소(Calypso) 4/4박자

팝 음악의 뿌리를 찾다보면 크게 유럽의 전통 음악과 아프리카의 흑인
음악으로 나눌 수가 있는데, 칼립소(Calypso), 삼바(Samba),
보사노바(Bossanova), 레게(Reggae), 분만 아니라 재즈에서 사용되는
리듬의 거의 대부분은 아프리카 흑인들이 노예로 팔려나가서 세계 각
지역마다 독특한 리듬을 만들어 발전시킨것들입니다.(흑인 음악에서 비롯
미치고 있습니다.)

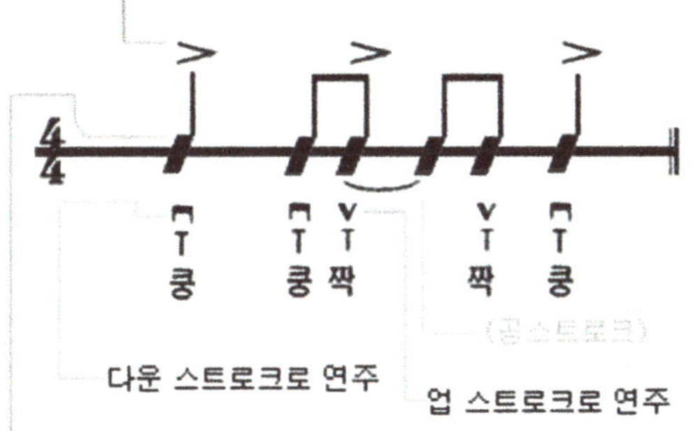

기타현모두를 스트로크하여 연주함(피크사용권장)
(피크 사용 연주시에도 업다운 스트로크는 같습니다.)

연습) (칼립소의 리듬은 많이 쓰이는 리듬입니다.)

48강 - 디스코(Disco)리듬 알아보기

디스코(Disco) 4/4박자

디스코는 1970년대 중반부터 유행하기 시작한 댄스 리듬으로, 일정한
춤의 패턴이 없는 것처럼 리듬 역시 다양한 8비트나 16비트를 사용하고
있습니다.
기타의 리듬보다는 정확하게 규칙적으로 때려주는 드럼의 4비트가
특징입니다.

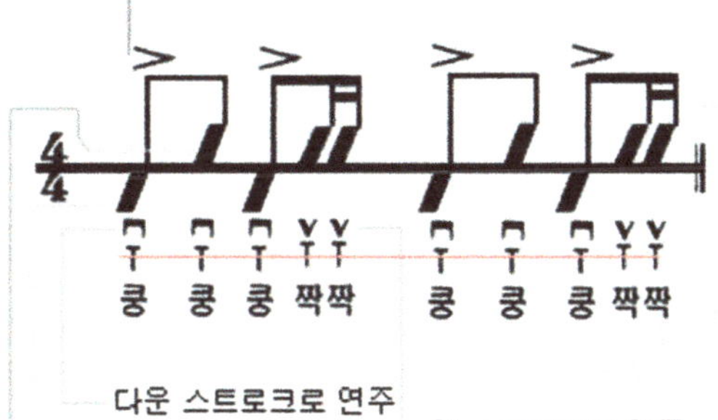

1.2.3번현 고음부를 스트로크하여 연주함(피크사용권장)
(피크 사용 연주시에도 업다운 스트로크는 같습니다.)

연습) (빠르게 스트로크 연주합니다.)

47강 - 스윙(Swing)리듬 알아보기

스윙(Swing) 4/4박자

1930년대 베니굿맨악단 그들이 연주하는 음악을 스윙이라고 한데서
나온 말이다. 그들은 스윙음악으로 인기를 모아 스윙이라고 하면 곧
재즈를 가리킬 정도로 유명해졌다.
4/4박자의 노래이며 저음을 칠때의 여운을 유지하는 것이 중요하다.
스윙을 연주할때는 리듬을 따라 어깨가 들썩들썩하는 느낌을 가지면
좋습니다.

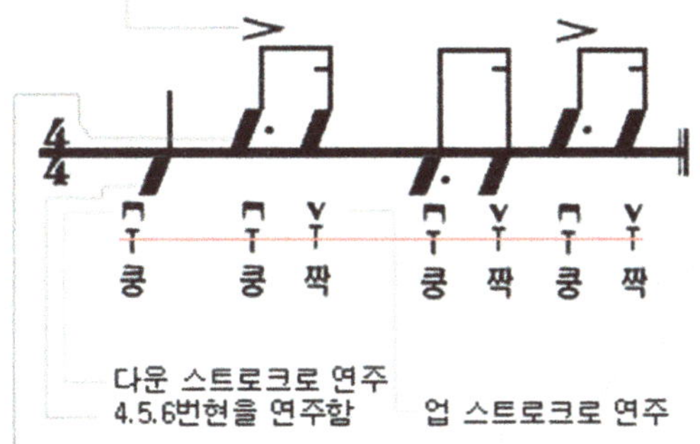

1.2.3번현을 스트로크하여 연주함(피크사용권장)
(피크 사용 연주시에도 업다운 스트로크는 같습니다.)

연습) (길고 짧은 음의 간격을 잘표현하셔야 합니다.)

49강 - 셔플(Shuffle)리듬 알아보기

셔플(Shuffle) 4/4박자

부기우기와 마찬가지로 미국 남부의 흑인들 사이에서 생겨나 1920년대에
재즈와 함께 유행하였으며, 1950년대에 이르러 흑인 음악 리바이벌 붐을
타고 팝 음악의 독립된 분야로서 크게 성행하기 시작한 리듬입니다.

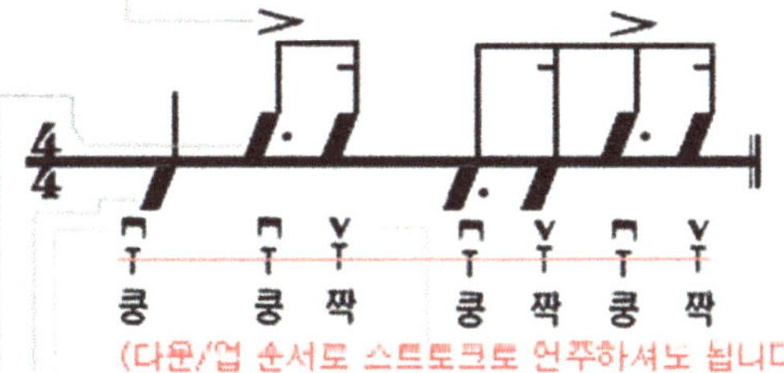

1.2.3번현을 스트로크하여 연주함(피크사용권장)
(피크 사용 연주시에도 업다운 스트로크는 같습니다.)

연습) (길고 짧은 음의 간격을 잘표현하셔야 합니다.)

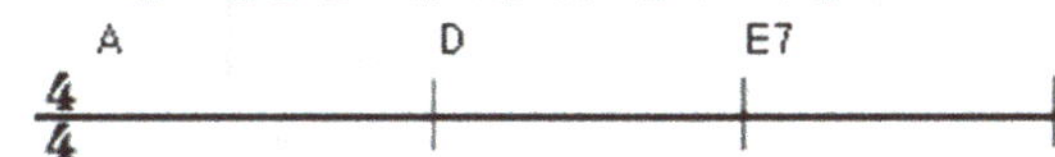

50강 - 쌈바(Samba)리듬 알아보기

삼바(Samba) 4/2박자

Samba는 브라질 흑인계 주민의 토속 춤곡 및 리듬 등을 일컫는 2박자계의 빠른 템포입니다. 처음에는 집단으로 원무를 한다던가 또는 행렬에서 사용되었다가 1910년대에 대중화되기 시작했습니다. 이 리듬이 미국에 들어온것은 1940년대였으며, 그 후 재즈와 결합해서 보사노바를 탄생하게 합니다

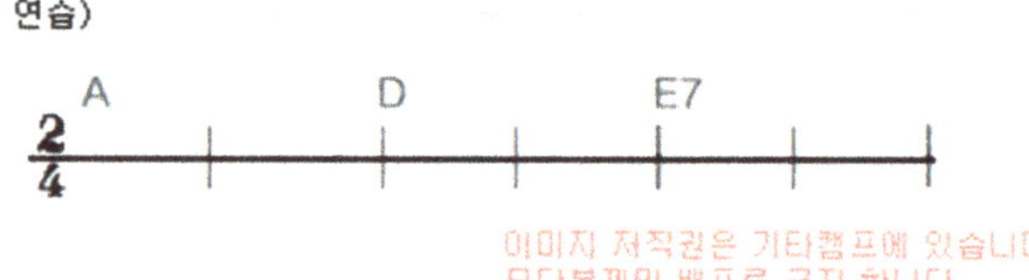

기타현 4,5,6번(저음부)현을 엄지 핑거로 다운으로 연주함

기타현 1,2,3번(고음부)현을 손바닥을 펴주며 다운으로 연주함
(피크 사용 연주시에도 업다운 스트로크는 같습니다.)

연습)

A　　　D　　　E7

51강 - 트로트(Trot)리듬 알아보기

Trot(트로트) (4/2)박자(한마디에 2박자를 연주함)

가장 단순한 형태의 리듬이지만 무시할 수 없을 정도로 아주 많은 곡에 쓰이는 것으로 우리가 흔히 말하는 '뽕짝'이라는 리듬의 형태가 바로 이것입니다.
'뽕짝'은 이 리듬의 느낌을 의성어로 발음한 것이라고 합니다. 아래에 리듬의 형태를 보시면 이해가 가실 것입니다.

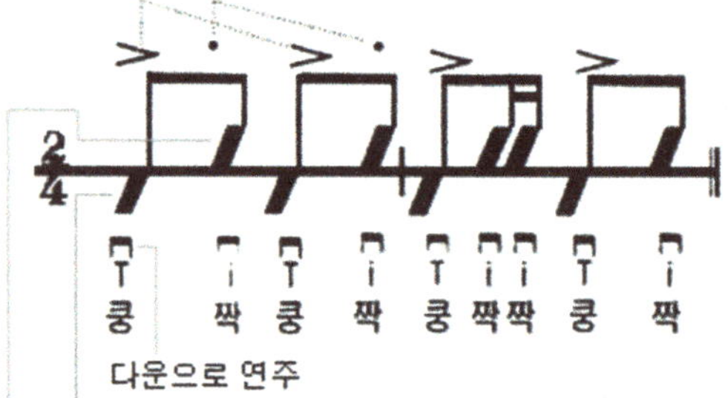

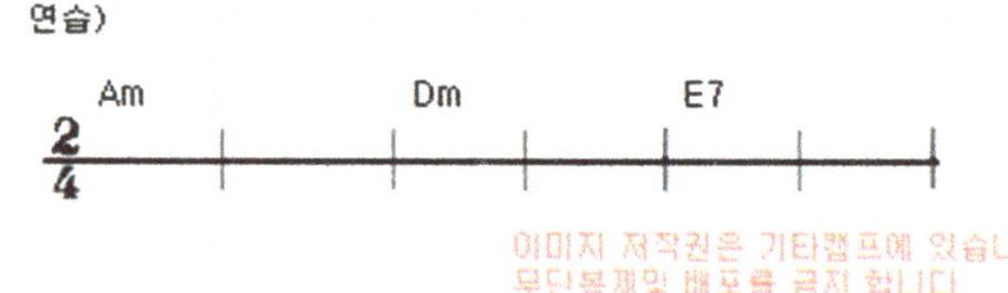

기타현 4,5,6번(저음부)현을 엄지 핑거로 다운으로 연주함

기타현 1,2,3번(고음부)현을 손바닥을 펴주며 다운으로 연주함
(피크 사용 연주시에도 업다운 스트로크는 같습니다.)

연습)

Am　　　Dm　　　E7

52강 - 비긴(Beguine)리듬 알아보기

비긴(Beguine) 4/4박자

카리브 제도의 마르티니크와 세인트루치아에서 생겨난, 원래는 프랑스 계통의 빠른 춤곡입니다.
칼립소가 중간 박자에 생겨나는 싱코페이션이 특징이라면, 비긴 리듬은 첫박자에 생겨나는 싱코페이션이 특징입니다.
(베이스와 리듬을 합친 패턴입니다.)

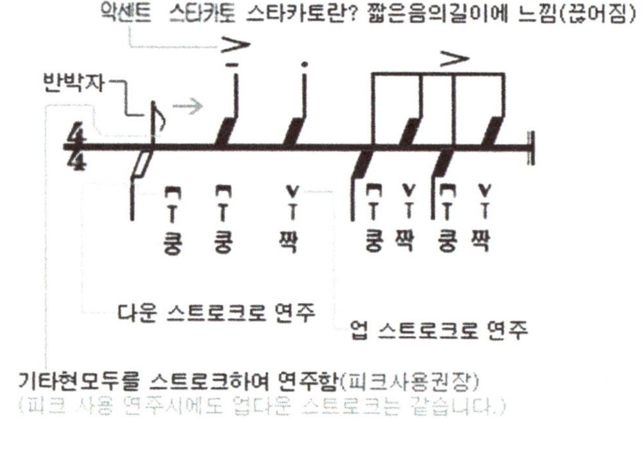

기타현모두를 스트로크하여 연주함(피크사용권장)
(피크 사용 연주시에도 업다운 스트로크는 같습니다.)

연습)

G　　　Em　　　Am

53강 - 마치(March)리듬 알아보기

마치(March) 4/2, 4/4박자

마치는 행진곡을 말합니다. 트로트와 같은 2비트의 리듬이지만, 트로트 보다는 빠르게, 폴카보다는 조금 느린 템포로 연주합니다. 마치는 보통 박자 또는 박자로 적지만 약간 템포가 느린 웅장한 행진곡에서는 박자를 사용하는 경우도 많습니다. 각 박자마다 저음부분은 강한 악센트를 넣어 힘있게 연주하고 리듬은 짧게 끊어 칩니다.

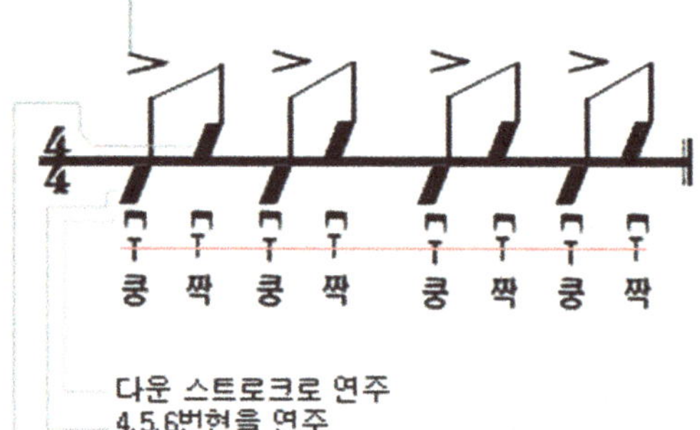

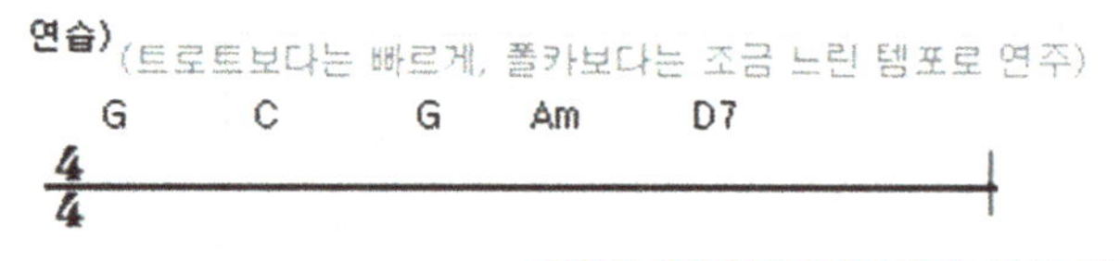

다운 스트로크로 연주
4,5,6번현을 연주

1,2,3번현을 스트로크하여 연주함(피크사용권장)
(피크 사용 연주시에도 업다운 스트로크는 같습니다.)

연습) (트로트보다는 빠르게, 폴카보다는 조금 느린 템포로 연주)

G　　C　　G　　Am　　D7

54강 - 락앤롤(Rock & Roll)리듬

록큰롤(Rock'n Roll) 4/4박자

1950년 중반에 컨트리 음악에 R&B의 비트를 추가시켜서 생겨난 로큰롤은 전 세계의 팝 음악 속으로 파고들어 현 시대에 우리가 듣는 거의 모든 음악 많건 적건 록의 영향을 받고 있다 할 수 있습니다. 보다 근본적인 발생은 흑인 영가나 블루스에 맞추어서 손뼉을 치던 것이 리듬의 시작이었으며, 그 후로 악기 등에 의해 연주되면서 오늘날과 같은 록 리듬의 기본을 이루게 된 것입니다.

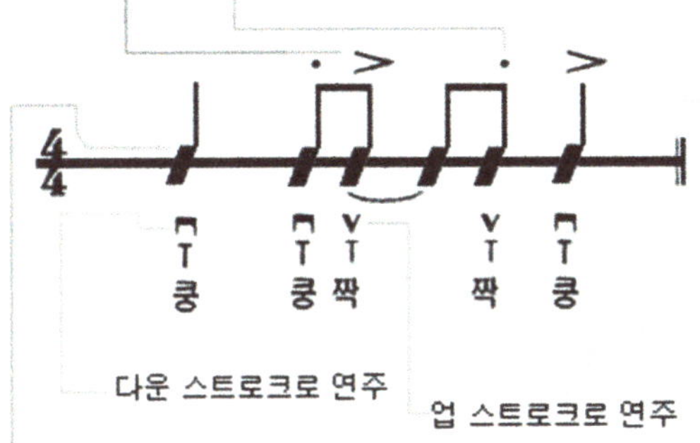

기타현모두를 스트로크하여 연주함(피크사용권장)
(피크 사용 연주시에도 업다운 스트로크는 같습니다.)

연습)　(칼립소의 리듬 패턴에 악센트만 변화시킨 것입니다.)

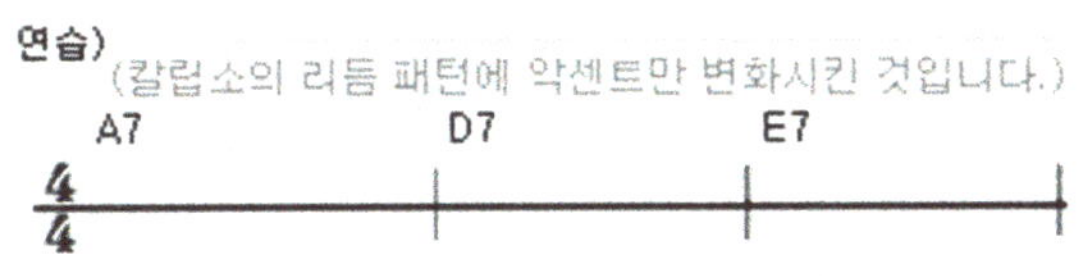

56강 - 차차차(Cha Cha Cha)리듬

차차차(Cha Cha Cha) 4/4박자

쿠바의 민속 음악인 탄손이 기본이 되어 1950년대에 대중적인 리듬으로 발전했습니다.
'차차차'라는 이름은 곡를 마칠 때 흥에 겨운 연주자들이 '차차차'라고 외치는 데서부터 시작되었습니다

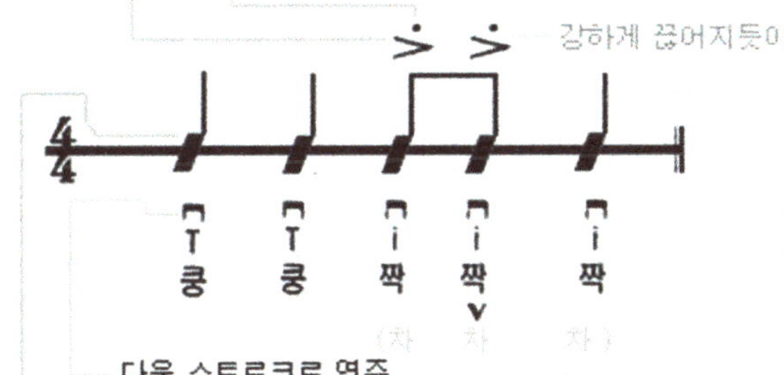

기타현모두를 스트로크하여 연주함(피크사용권장)
(피크 사용 연주시에도 업다운 스트로크는 같습니다.)

연습)　(한마디안에 코드2개를 2박자씩 연주함)

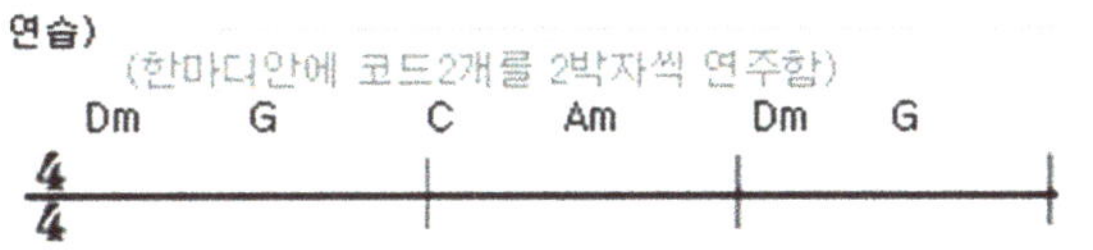

55강 - 룸바(Rumba)리듬 알아보기

룸바(Rumba) 4/4박자(퀵 룸바)

19세기 초 쿠바의 아프리카계 주민들 사이에서 시작된 댄스 리듬으로 1930년대를 전후하여 미국과 유럽에 보급되어 사교춤의 표준이 된 리듬입니다. 빠르고 활기 있는 Quick Rumba와 템포가 느린 Slow Rumba의 두 가지로 발전되었습니다.
원래는 박자의 16비트였으나박자의 8비트로 단순화시키면서 대중화된 리듬입니다. 악센트　스타카토　스타카토란? 짧은음의길이에 느낌(끊어짐)

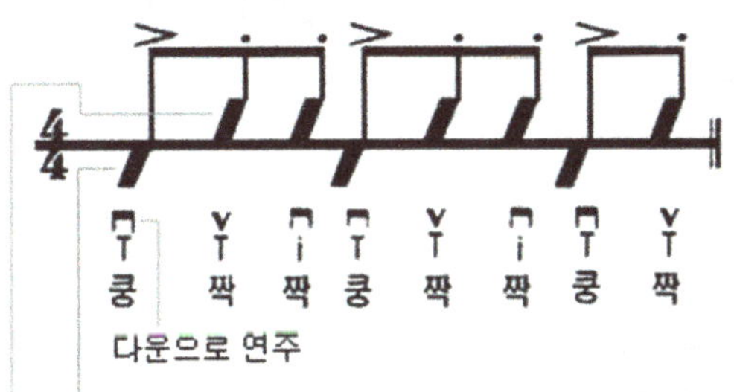

기타현 4,5,6번(저음부)현을 엄지 핑거로 다운으로 연주함

기타현 1,2,3번(고음부)현을 손바닥을 펴주며 다운으로 연주함
(피크 사용 연주시에도 업다운 스트로크는 같습니다.)

연습)

C　　　　F　　　G7
4/4

57강 - 탱고 4/2박(Tango 4/2)리듬

탱고(Tango) 4/2박자

탱고는 19세기 후반에 아르헨티나의 수도 부에노스아이레스 근교에 있는 라플라타 강가의 보가 지방에서 생겨난 민속 음악이던 것을 20세기에 들어와서 도시인의 기호에 맞게 개량하였고 유럽을 거쳐 전세계적으로 알려졌습니다

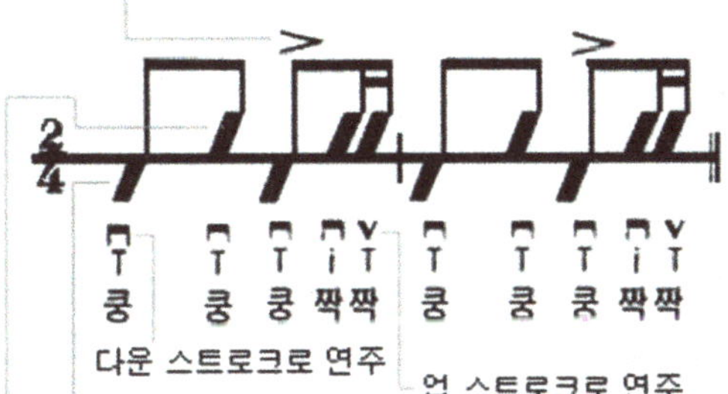

기타현 4,5,6번(저음부)현을 엄지 핑거로 다운으로 연주함

기타현 1,2,3번(고음부)현을 손바닥을 펴주며 다운으로 연주함
(피크 사용 연주시에도 업다운 스트로크는 같습니다.)

연습)

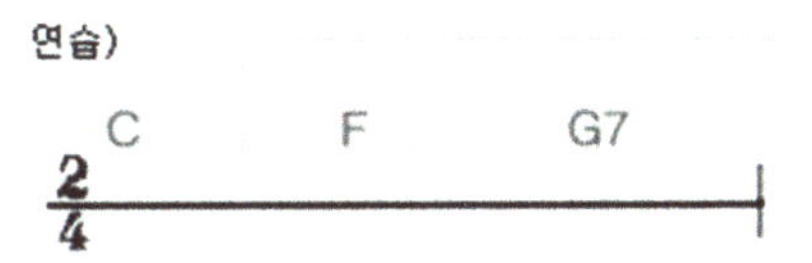

58강 - 레게(Reggae)리듬 알아보기

레게(Reggae) 4/4박자

미국에서 생겨나지 않은 리듬 중에서 최근 전 세계적으로 유행했었던
리듬이 바로 Reggae입니다. 1960년대 중반, 자마이카에서 생겨난 레게는
스카(SKA) 사운드가 발전하여만들어진 것입니다. 자마이카의 연주인들이
방송을 통하여 청취했던 미국의 R&B 음악이 1950년대 중반에
스카사운드를 만들어냈습니다.

업 스트로크로 연주
다운 스트로크로 연주
쉼표 반박자를 쉼(기초부문참조)(웃)

기타현모두를 스트로크하여 연주함(피크사용권장)
(피크 사용 연주시에도 업다운 스트로크는 같습니다.)

연습)

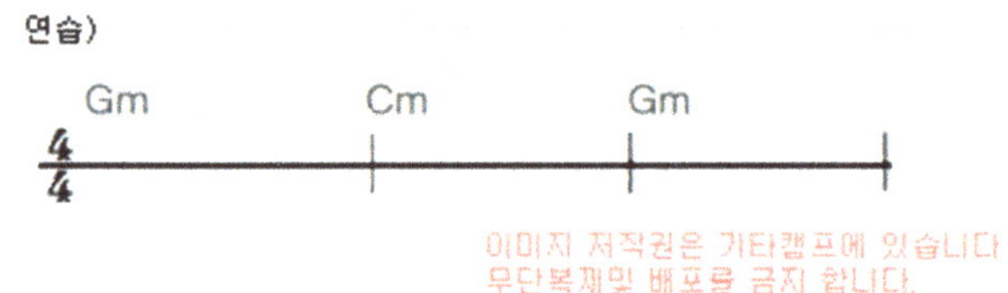

59강 - 보사노바(Bossanova)리듬

보사노바(Bossanova) (4/4)박자

1960년대 초기에 브라질의 조안 질베르토(Joan Gilberto)나 루이스 본파
(Luis Bonfa)등의 젊은 작곡가 그룹에서 미국 재즈의 자극을 받아 새롭게
만들어낸 리듬이 보사노바입니다. 처음에는 재즈 삼바(Jazz Samba)라
불렀는데 미국으로 건너와 보사노바라는 이름으로 전 세계에
알려졌습니다. 참고로, 보사노바의 리듬에 록의 비트를 가미시킨 리듬을
보사 록(Bossa-Rock) 이라고 합니다.

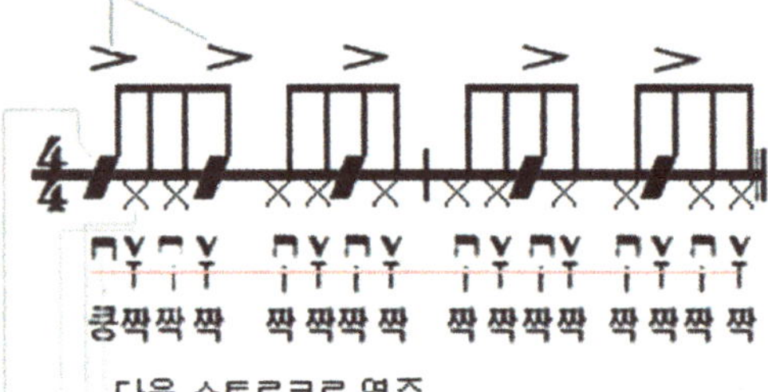

다운 스트로크로 연주
업 스트로그 연주
기타현을 왼손뮤트(묵음)테크닉으로 연주함(기초부문참조)

기타현모두를 스트로크하여 연주함(피크사용권장)
(피크 사용 연주시에도 업다운 스트로크는 같습니다.)

연습)

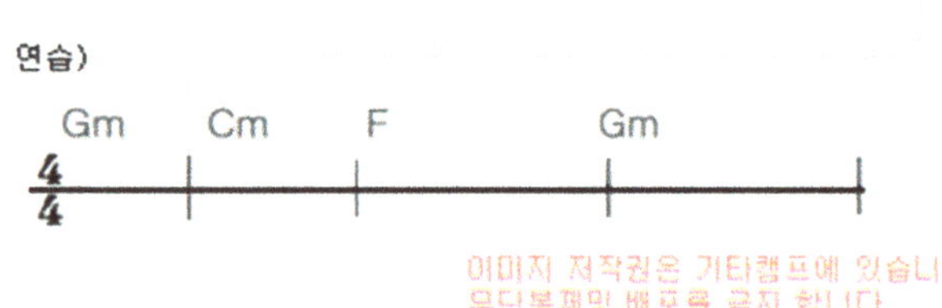

60강 - 아르페이지오 주법 알아보기

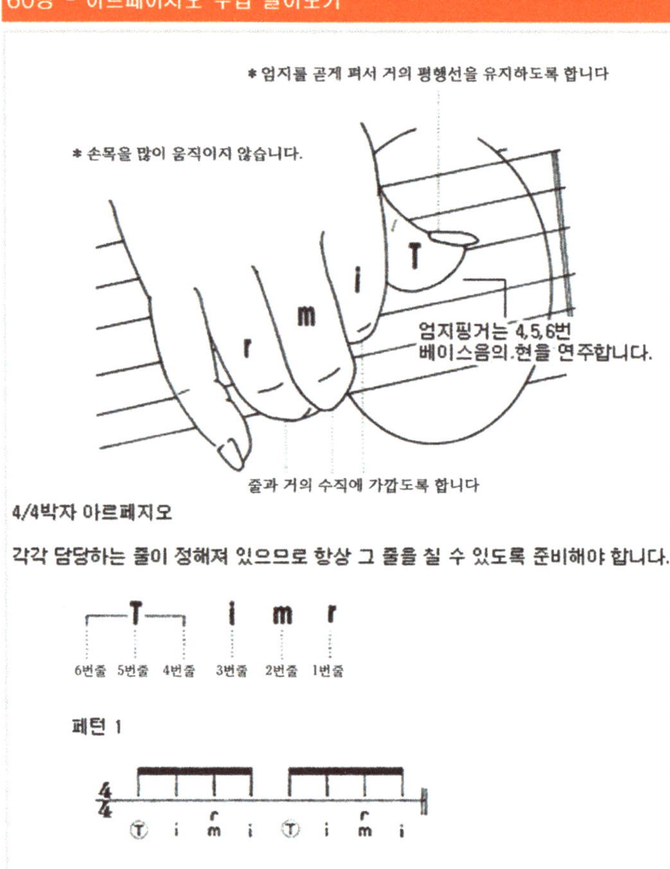

4/4박자 아르페지오

각각 담당하는 줄이 정해져 있으므로 항상 그 줄을 칠 수 있도록 준비해야 합니다.

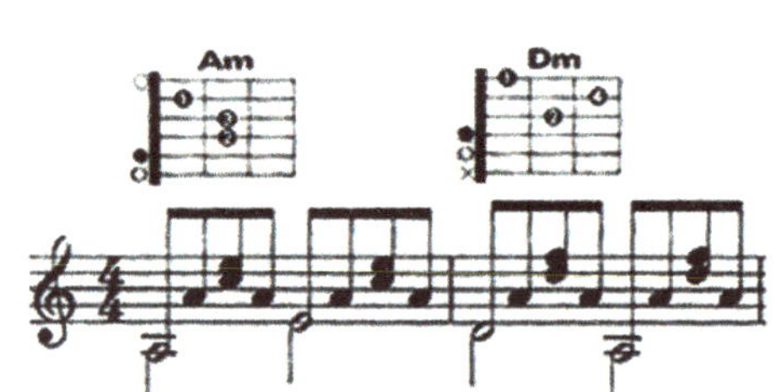

페턴 1

4/4 박자의 전형적인 아르페지오 패턴입니다
2박과 4박에서 기타의 2번줄과 1번줄을 동시에 튕기는 점에 유의 하세요

패턴 2

61강 - 4/3박자 왈츠(Waltz)아르페이지오 패턴 1 알아보기

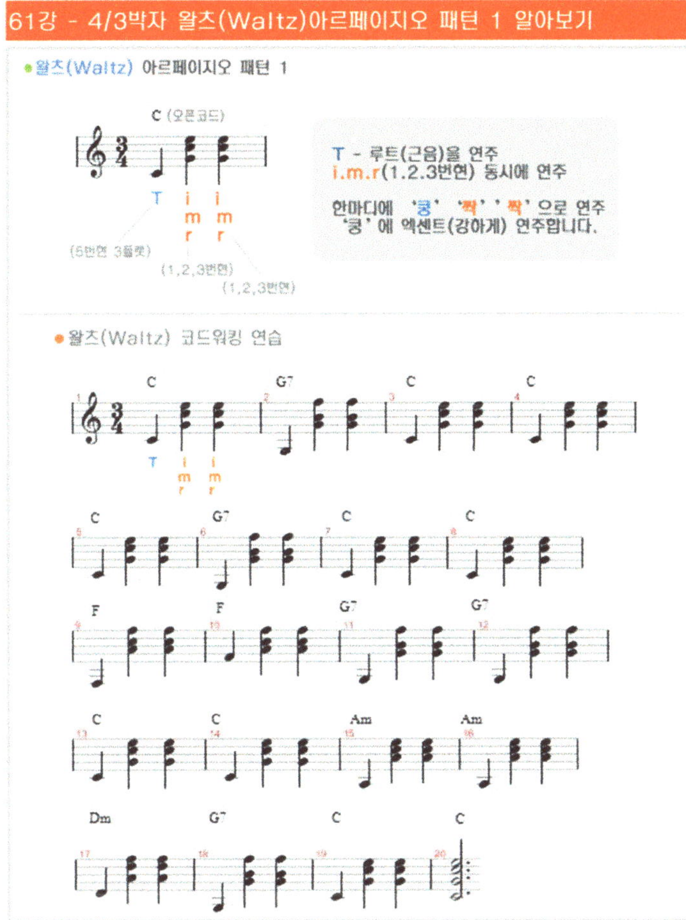

62강 - 4/3박자 왈츠(Waltz)아르페이지오 패턴 2 알아보기

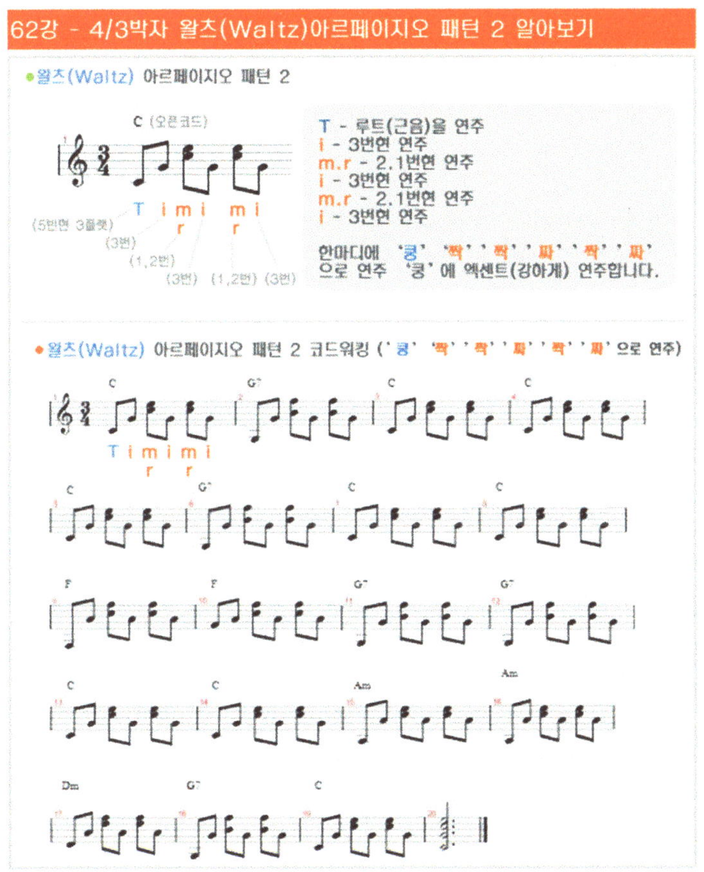

63강 - 4/3박자 왈츠 & 8/6박자 아르페이지오 패턴 3 알아보기

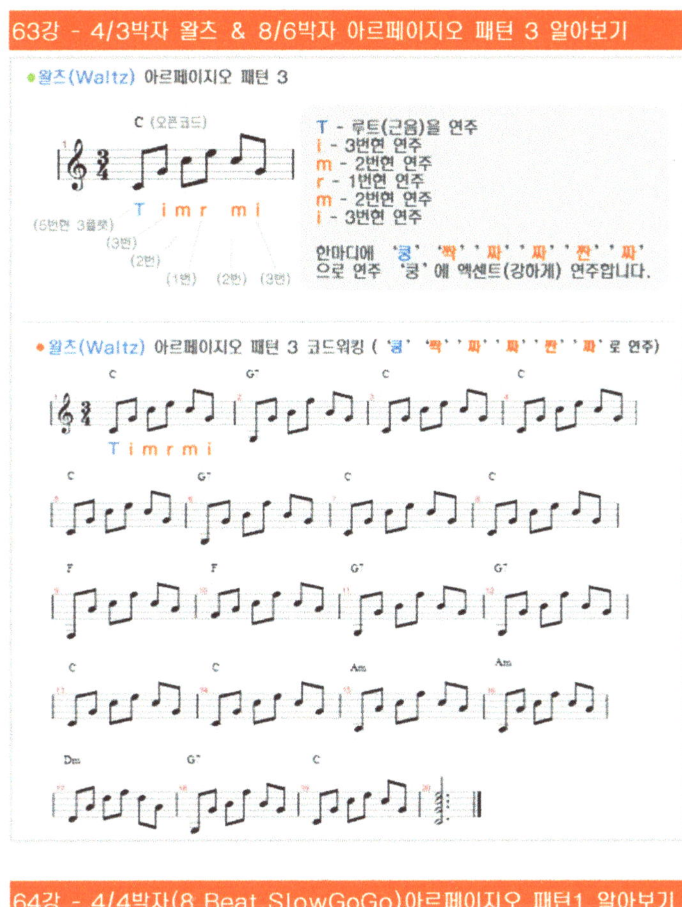

64강 - 4/4박자(8 Beat.SlowGoGo)아르페이지오 패턴1 알아보기

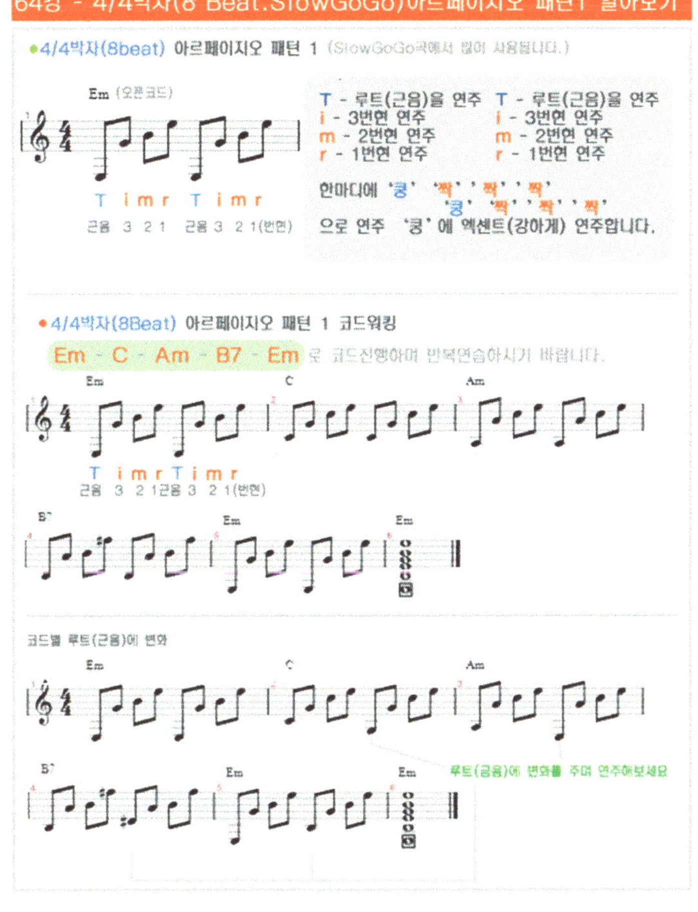

65강 - 4/4박자(8 Beat. SlowGoGo)아르페이지오 패턴2 알아보기

● 4/4박자(8beat) 아르페이지오 패턴 2 (SlowGoGo곡에서 많이 사용됩니다.)

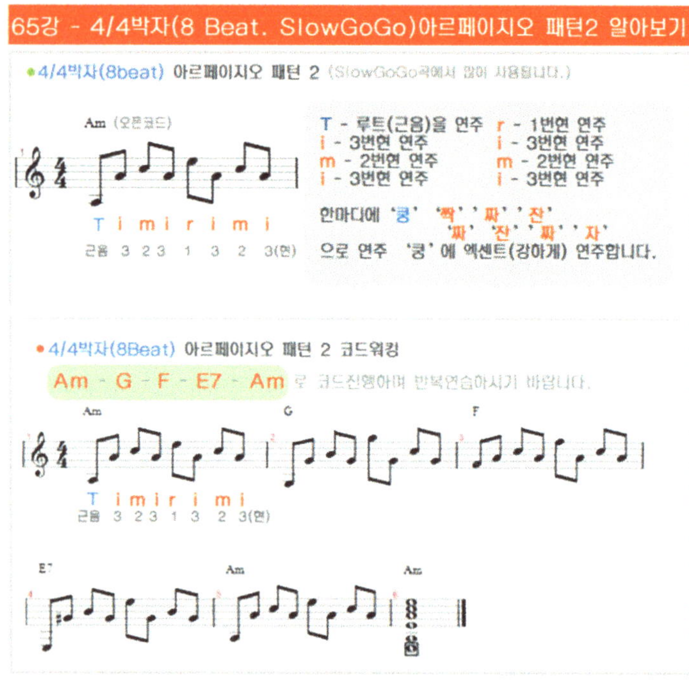

● 4/4박자(8Beat) 아르페이지오 패턴 2 코드워킹

Am - G - F - E7 - Am 로 코드진행하며 반복연습하시기 바랍니다.

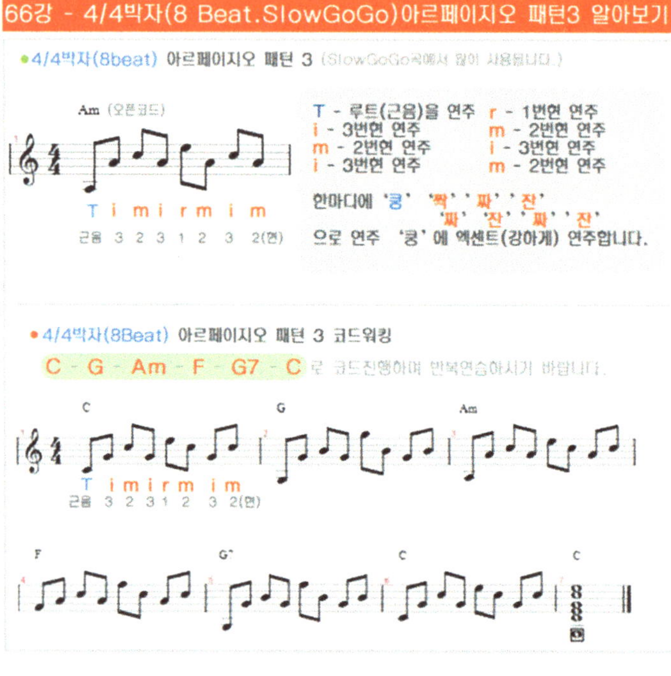

66강 - 4/4박자(8 Beat.SlowGoGo)아르페이지오 패턴3 알아보기

● 4/4박자(8beat) 아르페이지오 패턴 3 (SlowGoGo곡에서 많이 사용됩니다.)

● 4/4박자(8Beat) 아르페이지오 패턴 3 코드워킹

C - G - Am - F - G7 - C 로 코드진행하며 반복연습하시기 바랍니다.

67강 - 4/4박자(8 Beat.SlowGoGo)아르페이지오 패턴4 알아보기

● 4/4박자(8beat) 아르페이지오 패턴 4 (GoGo곡에서 많이 사용됩니다.)

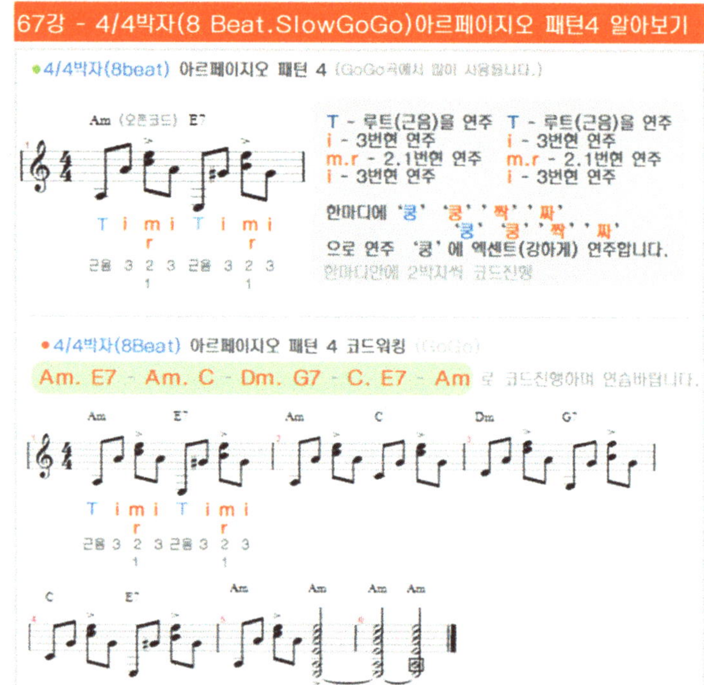

● 4/4박자(8Beat) 아르페이지오 패턴 4 코드워킹 (GoGo)

Am. E7 - Am. C - Dm. G7 - C. E7 - Am 로 코드진행하며 연습바랍니다.

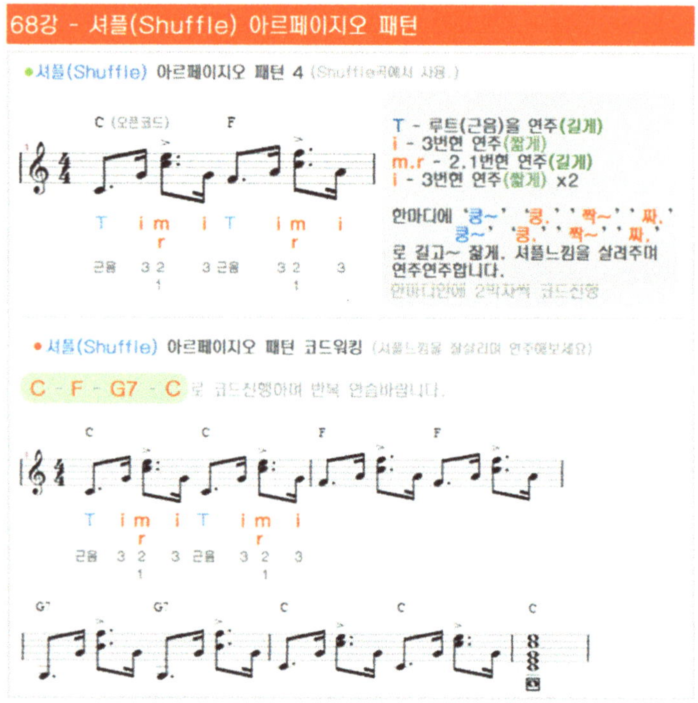

68강 - 셔플(Shuffle) 아르페이지오 패턴

● 셔플(Shuffle) 아르페이지오 패턴 4 (Shuffle곡에서 사용.)

● 셔플(Shuffle) 아르페이지오 패턴 코드워킹 (셔플느낌을 잘살리며 연주해보세요)

C - F - G7 - C 로 코드진행하며 반복 연습바랍니다.

통기타 리듬부문 강좌

69강 - 슬로우록(SlowRock) 아르페이지오 패턴 알아보기

- 슬로우록(SlowRock) 아르페이지오 패턴 (3현음전형 곡명서 사용.)

T - 루트(근음)을 연주
i - 3번현 연주
m - 2번현 연주
i - 3번현 연주
m - 2번현 연주
i - 3번현 연주   x2

한마디에 '쿵' '짝' '짜'
'짜' '짠' '짜'
로 한박자에 3잇단음으로 연주

- 슬로우록(SlowRock) 아르페이지오 패턴 코드워킹 (셋잇단음 느낌을 잘살리며 연주해보세요)

F - C - Bb - F 로 코드진행하여 반복 연습바랍니다.

71강 - D&A장조(Major)베이스런(Bass Running)패턴 알아보기

- D Major Key 베이스런(Bass Running) 패턴 폴카(Polka) 4/2,4/4/ 리듬으로 연주

D - G - D - A7 - D 로 코드진행하며 연습바랍니다.

▷ 폴카(Polka)리듬은 좌측하단에 리듬이미지를 참조하시기 바랍니다.

- A Major Key 베이스런(Bass Running) 패턴 폴카(Polka) 4/2,4/4/ 리듬으로 연주

A - D - A - E7 - A 로 코드진행하며 연습바랍니다.

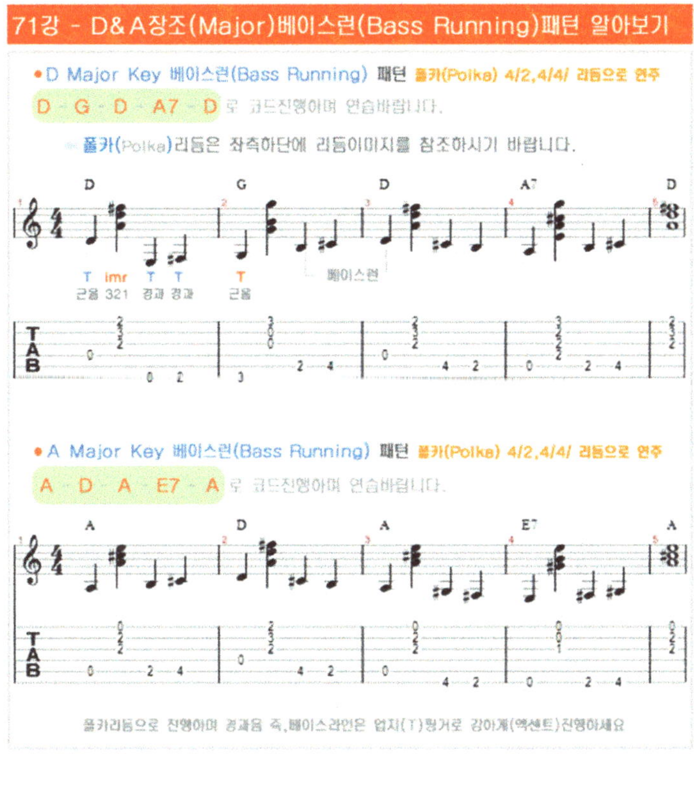

폴카리듬으로 진행하며 경과음 즉,베이스라인은 업지(T)핑거로 강아게(액센트)진행하세요

70강 - C장조(Major)베이스런 (Bass Running)패턴 알아보기

- 베이스런(Bass Running) 패턴 1

베이런이란 코드와 코드 진행시 각음의 기본음사이에 경과음을 추가하여 베이스라인을 부드럽게해주어 기타연주를 돋보이게 해주는 테크닉 중에 하나이입니다.

C 장조(Major)음계를 예들들어 루트(근음)과 경과음에 대해 알아보면 아래와 같습니다.

- 베이스런(Bass Running) 패턴 1 코드워킹 폴카(Polka) 4/2,4/4/ 리듬으로 연주

C - C - Am - Am - Dm - Dm - G7 - G7 - C 로 코드진행하며 연습바랍니다.

▷ 폴카(Polka)리듬은 좌측하단에 리듬이미지를 참조하시기 바랍니다.

폴카리듬으로 진행하며 경과음 즉,베이스라인은 업지(T)핑거로 강아게(액센트)진행하세요

72강 - 왼손(Cutting) & 오른손(Muting)테크닉 알아보기

- 왼손(Cutting) 테크닉

왼손뮤트는 왼손핑거로 현을 누르지 많고 힘을 뺀상태에서 기타현(줄)위에 핑거를 살짝 올려놓아 목음(뮤트)을 냄으로써 리듬의 액센트를 주는 테크닉임

코드를 잡은 상태에서
커팅을 행때 손목스냅을 아래로
내려주며 동시에 힘음살짝 빼며
현을 뮤트시켜 커팅해 줍니다.

- 오른손(Muting) 테크닉

다운스트로크를 연주할과 동시에 오른손바닥면을 현에 수간적으로 밀착시켜 목음(뮤트)음을 내어 리듬의 액센트를 주는 테크닉임

피크 및 핑거로 다운스트로크을
연주시 손바닥으로 현을 잡아줍니다.

- 왼손(Cutting) & 오른손(Muting) 테크닉 코드워킹

✔ 코드에 2박자씩 8비트 다운스트로크 3번째 리듬에서 커팅 및 뮤트로 연습 진행하시기 바랍니다.

73강 - LET IT BE - by. Beatles (연습곡) - 응용연주 1부

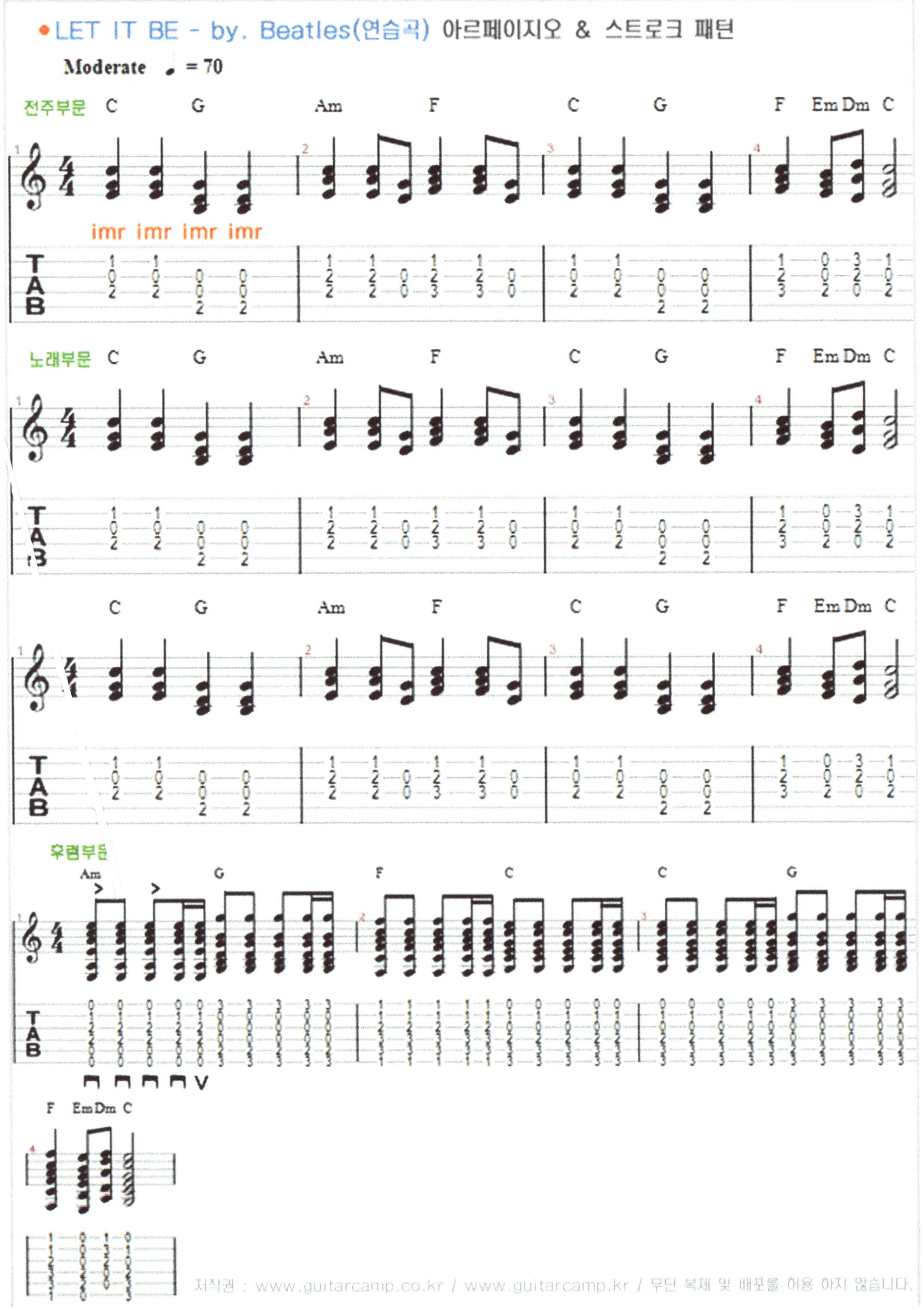

1/통기타
- 너에게 난 나에게 넌 -
자전거탄 풍경 1집 '자전거탄 풍경' (2001.10) 수록곡
작사 : 송봉주
작곡 : 송봉주
노래 : 자전거탄 풍경
편곡 : GuitarCamp
강좌파트 - 1 . 인트로부분(intro)
♩ = 74
G   D   Em   Bm   C   G   Am   D
AG. 1
G   D   Em   G7   C   G   Am   D
강좌파트 - 2 . 노래부분
G   D   Em   Bm   C   G   Am   D
너에게난 -   해질 녘 노을 - 처럼 -   한편의아 - 름다 - 운   추억 이 - 되 고 -
저작권 : www.guitarcamp.co.kr / www.guitarcamp.kr / 무단 복제 및 배포를 허용 하지 않습니다.

너에게 난 나에게 넌

강좌파트 - 3 . 후렴부분

소중했던- 우리 푸 르던-날 을- 기억-하 며 - 음 후 회없-이 그림 처-럼 남 아주-기 를 -
나에게넌-   초록의슬-픈 노-래 로 - 내작은가- 슴속-에 이렇 게-남 아-

너에게 난 나에게 넌

G   D   Em   G7   C   G
소중했던 -   우리 푸르던 - 날 을 - 기억 - 하며 -   음 후 회없 - 이
소 - 중 했 던   우 - 리   기 억 해 -

강좌파트 - 4 . 후주(엔딩)부분(Outro)

Am   D   C   Em/B Am G   D/F# Em   G
그림 처 - 럼   남 아주 - 기 를 -
그림 처 - 럼   남 아주 - 기 를 -)

- 내사랑 내곁에 -

작사 : 오태호
작곡 : 오태호
노래 : 김현식
편곡 : GuitarCamp

김현식의 6집 '추억 만들기' (1991.02)수록곡

내사랑 내곁에

힘 겨운날에- 너 마 저떠-- 나-면 비 틀거-릴 내가 안길 곳 은 어디에-
여 린 가 지 사 이로- 혼 자 안날- 느낄-때 이렇 게 아픈- 그대 기 억이- 날까 -
저

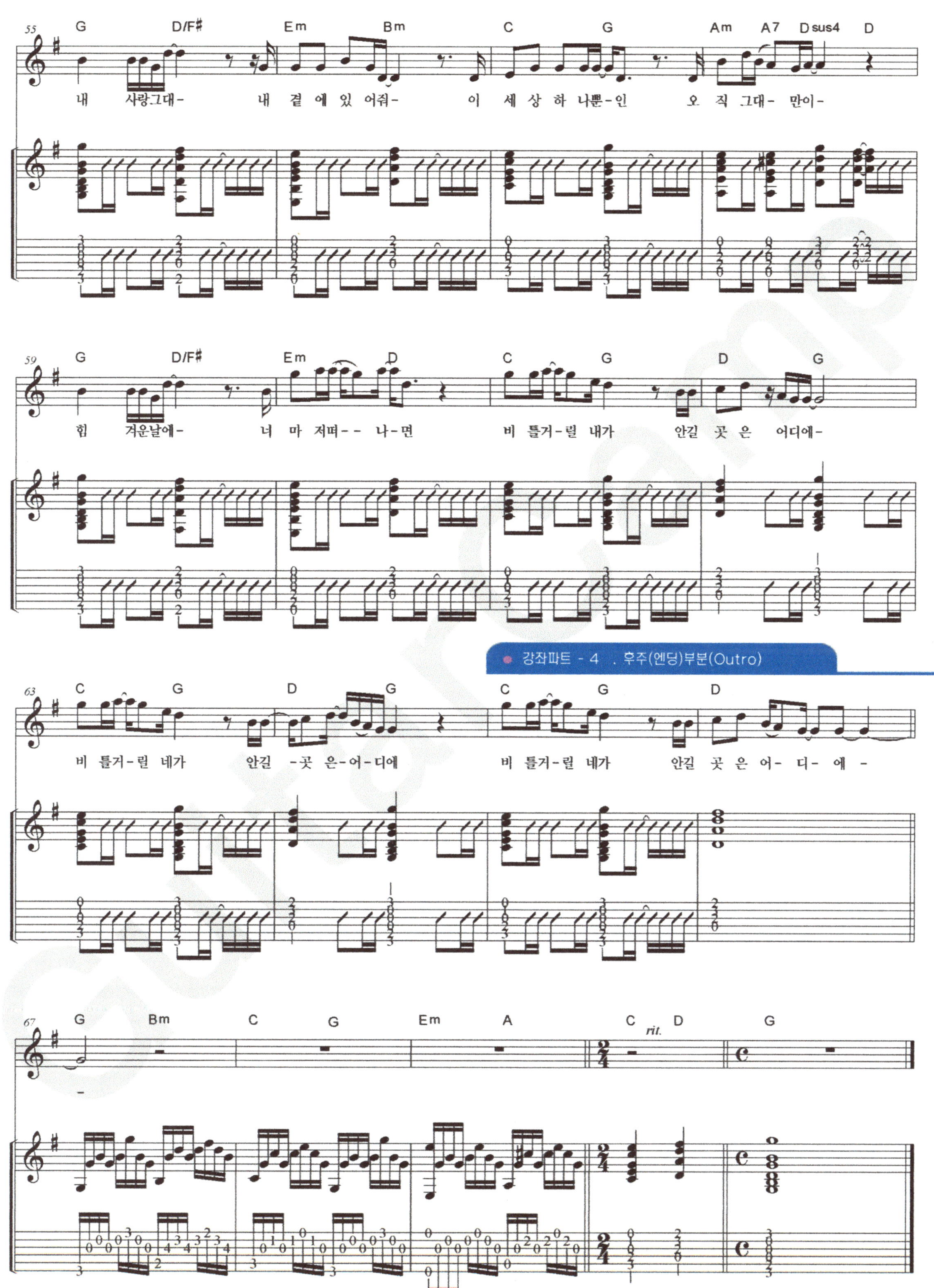

4/통기타
내사랑 내곁에
55
G   D/F#   Em   Bm   C   G   Am   A7   Dsus4   D
내 사랑그대- 내 곁에 있어줘- 이 세상하 나뿐-인 오 직 그대- 만이-
59
G   D/F#   Em   D   C   G   D   G
힘 겨운날에- 너 마 저뗘-- 나-면 비 틀거-릴 내가 안길 곳은 어디에-
강좌파트 - 4 . 후주(엔딩)부분(Outro)
63
C   G   D   G   C   G   D
비 틀거-릴 네가 안길 -곳 은-어-디에 비 틀거-릴 네가 안길 곳 은 어- 디- 에-
67
G   Bm   C   G   Em   A   C   rit.   D   G

- 잊어야 한다는 마음으로 -

작사 : 김광석
작곡 : 김광석
노래 : 김광석
편곡 : GuitarCamp

김광석의 3집 '나의노래' (1992.3) 수록곡

잊어야 한다는 마음으로

G D Em Bm C G D G
아직도 남아있-는 너의 향기- 내 텅 빈-방 안에- 가 득 한데-

G D Em Bm C G D G
이렇게 홀로 누워 천 정을 보니 눈 앞에-글썽 이는 너 의 모 습

G D Em Bm C G D G
잊으려 돌아 누운 내 눈 가에- 말없이- 흐르 는 이슬방울들

강좌파트 - 3 . 후렴부분

G D/F# Em C Am G D
지 나-간 시 간-은 추 억-속에- 묻 히 면 그 만 인 -것을-
밤 하-늘에 빛 나-는 수 많은 별-들 저 마다 아름 답 -지만-

나 는- 왜 이 렇-게 긴 긴- 밤을- 또 잊 지 못 해 새 - 울- 까
내 맘- 속에 빛 나 는 별 - - 하-나 오 직 너 만 있을 - 뿐이 야
창 틈에 기 다 -던 새 벽이 오면- 어 제 보- 다 커진 - 내 방 안에 -
하 얗게 밝 아온 유 리 창에- 썼 다- 지 운 다- 널 사 랑해 -

잊어야 한다는 마음으로

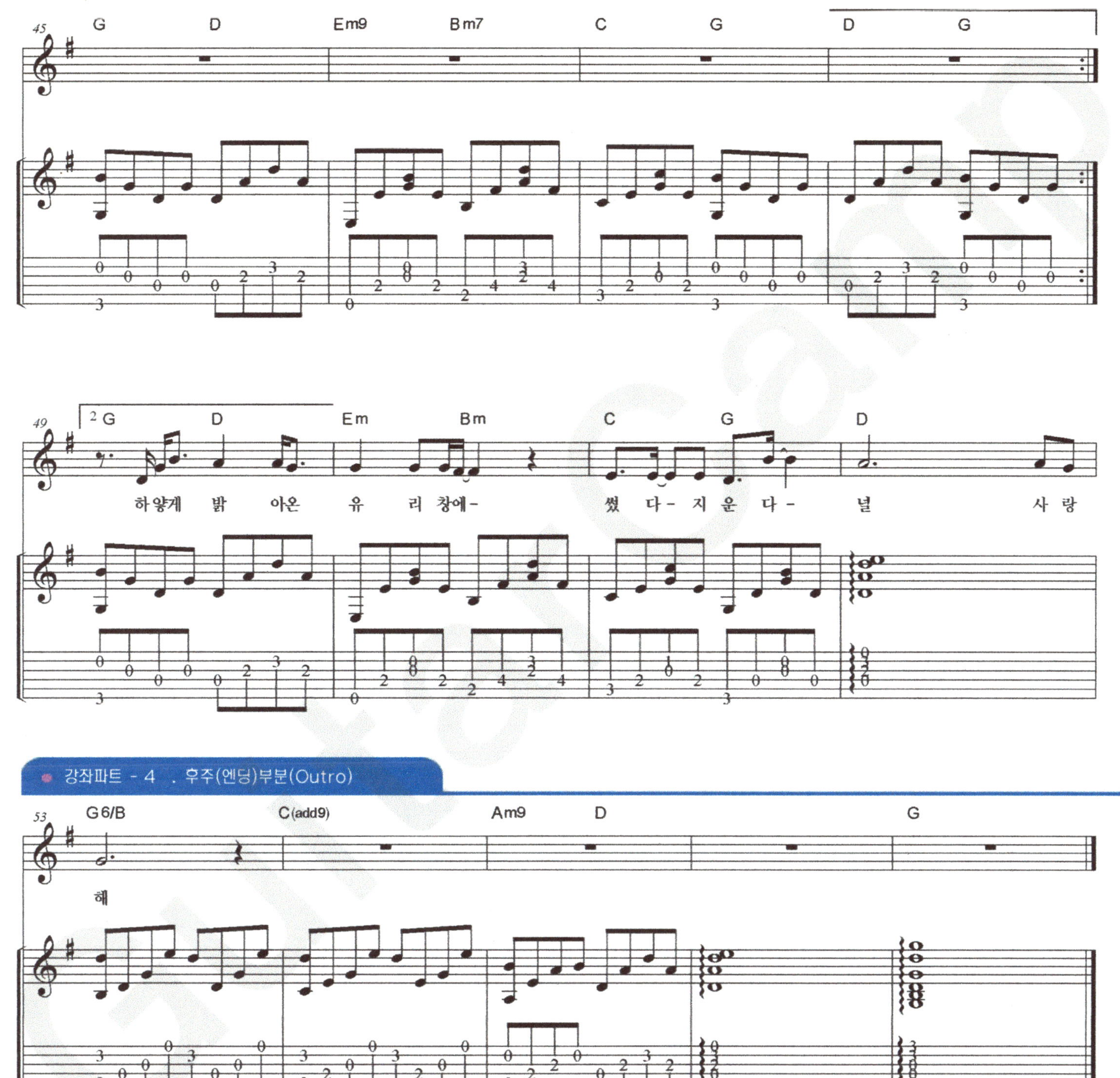

- 여수 밤바다 -

버스커 버스커의 '버스커 버스커 1집' (2012.03) 수록곡

작사 : 장범준
작곡 : 장범준
노래 : 버스커버스커
편곡 : GuitarCamp

● 강좌파트 - 1 . 인트로부분(intro)

● 강좌파트 - 2 . 노래부분(첫번째)

여수 밤바다

여수 밤바다
3/통기타
E(add9) G♯m13 A(add9) Bsus4
다 이바람에걸린 알수없는 향-기가-있어 네게 전-해주-고파 전활 걸-
E(add9) G♯m13 A(add9) Bsus4
어 뭐하고있나고 나는지금 여-수밤-바다 여-수밤-바다
A(add9) G♯m13 F♯m11 A(add9) G♯m13 C♯sus4 C♯
아 - - - 아 - - - 아 - - -
F♯m11 G♯m13 A(add9) F♯m11 G♯m13 A(add9)
너 -와함께 걷고싶 다 이바다를 너 -와함께 걷고싶 어 이거리를

여수 밤바다
F#m11 G#m13 A(add9) F#m11 G#m13 C#sus4 C#
너 -와함께 걷고싶 다 이바다를 너 -와함께 너와함 께- -오 바
A(add9) G#m13 F#m11 E
다 이조명에담긴 아름다운 애-기가-있어 네게 들-려주-고파 전화 걸-
A(add9) G#m13 F#m11 E
어 뭐하고있냐고 나는지금 여-수밤-바다 여-수밤-바다 아, 바
A(add9) G#m13 F#m11 E
다- - - -하- -하- - -

허 － － － － 허 어 － － － －
뭐 하 고 있 냐 고 나 는 지 금 여 － 수 밤 － 바 다

- Falling Slowly -

영화 'Once'(2007.09)OST 수록곡

♩ = 68

작사 : Glen Hansard, Marketa Irglova
작곡 : Glen Hansard, Marketa Irglova
노래 : Glen Hansard, Marketa Irglova
편곡 : GuitarCamp

● 강좌파트 - 1 . 인트로부분(intro)

● 강좌파트 - 2 . 노래부분

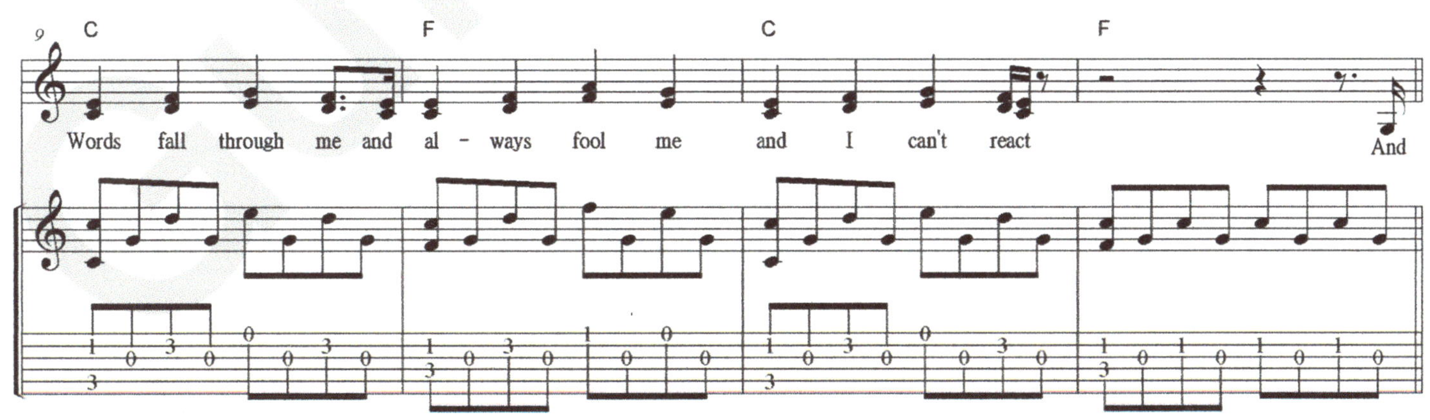

Falling Slowly

C F C F
moods that take me and e - rase me and I'm pain - ted black
Am G F G Am G F
You have suffered e - nough and warred with your - self It's time that you won -
C F Am F
Take this sin - king boat and point it home We've still got time -
C F Am F
Raise your hope - ful voice you have a choice You've made it now -

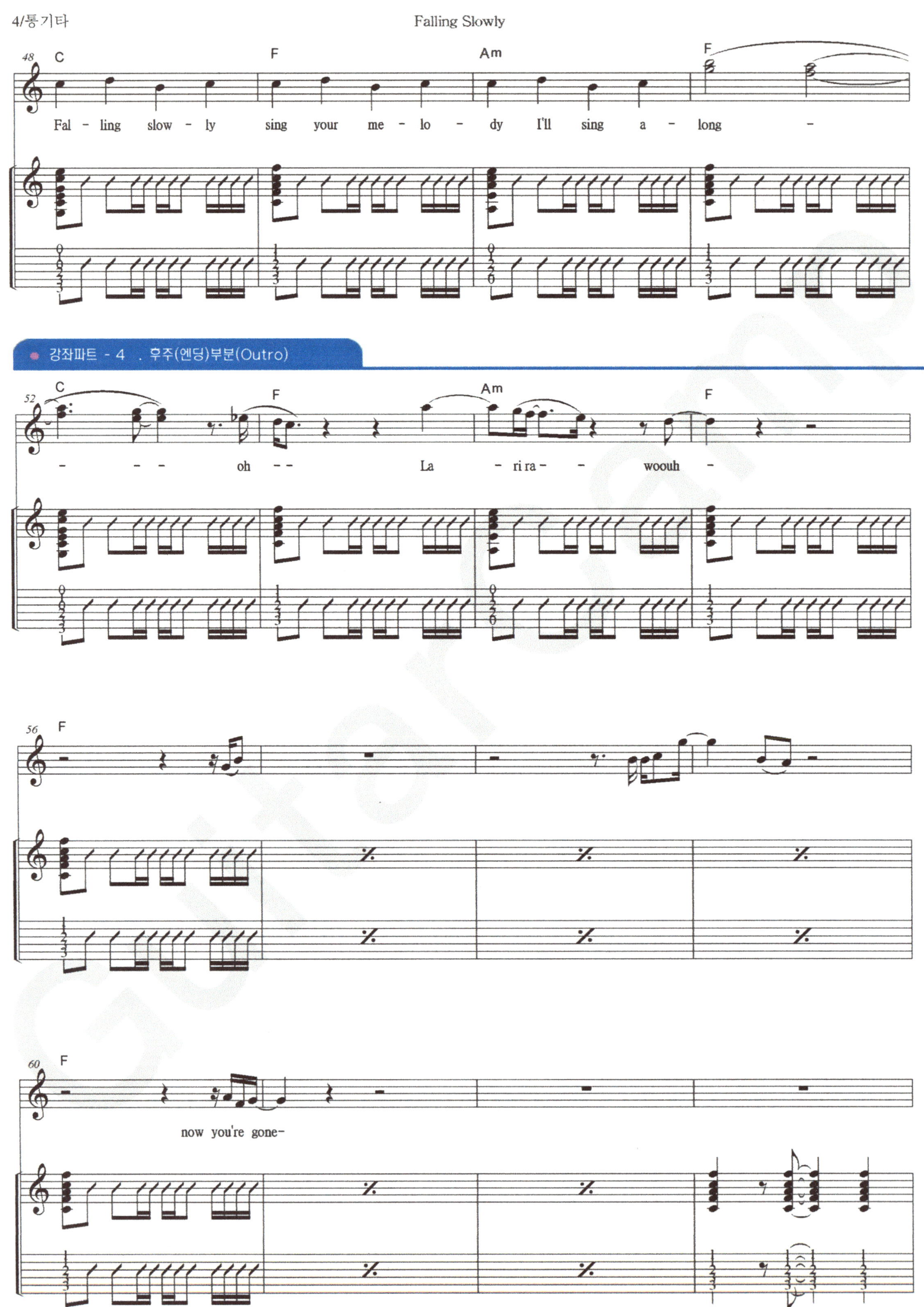
강좌파트 - 4 . 후주(엔딩)부분(Outro)
Fal - ling slow - ly sing your me - lo - dy I'll sing a - long -
- - - oh - - La - ri ra - - woouh -
now you're gone-

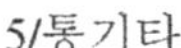

일렉기타교본 스마트폰 거치대 설치안내! & 스마트폰 동영상강좌 안내!

1

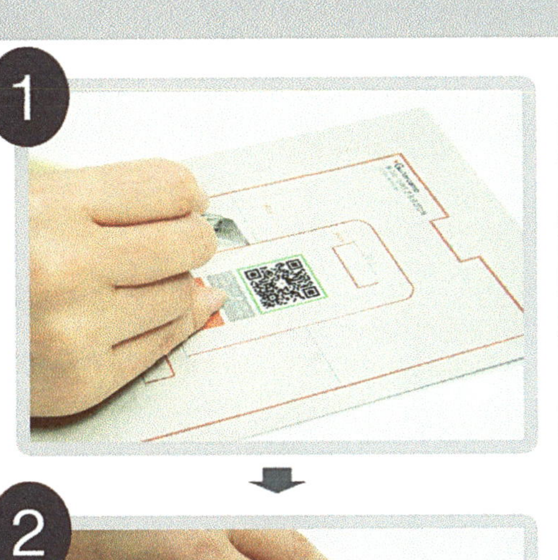

적색선을 따라 준비된 칼을 이용해
절단하세요!
이때 접는선표시(----)는
절단하시 마세요!
(주의)절단시 손을 다치지않게
주의 하시기 바랍니다.
아래 그림순서와 같이 설치하세요!

2

3

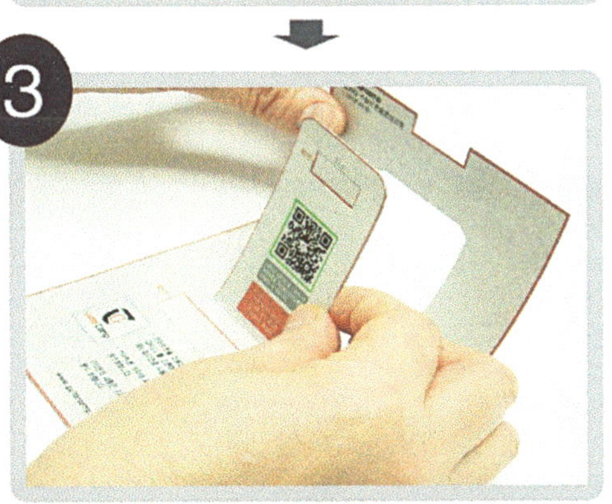

4

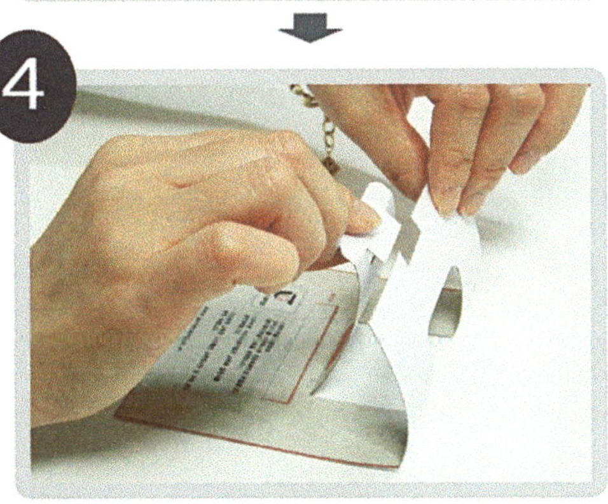

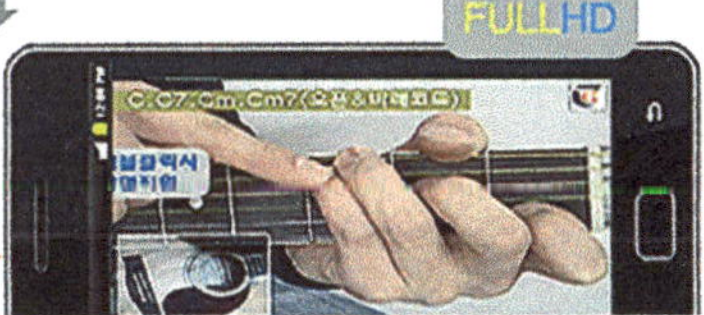

"일렉기타교본" 버튼터치 후
인증번호 입력페이지에서
인증번호를 입력하세요!
(와이파이 연결을 권장합니다)

인증번호 : 65807382

인증 후 강좌리스트 페이지로 연결됩니다.
강좌리스트 제목을 터치하면
동영상강좌를 이용 하실 수 있습니다.
(단, 스마트폰모델과 설정관계로 인하여
강좌가 다운로드 될 수 있습니다.
강좌다운로드시 내파일에서 이용가능 합니다.)

5

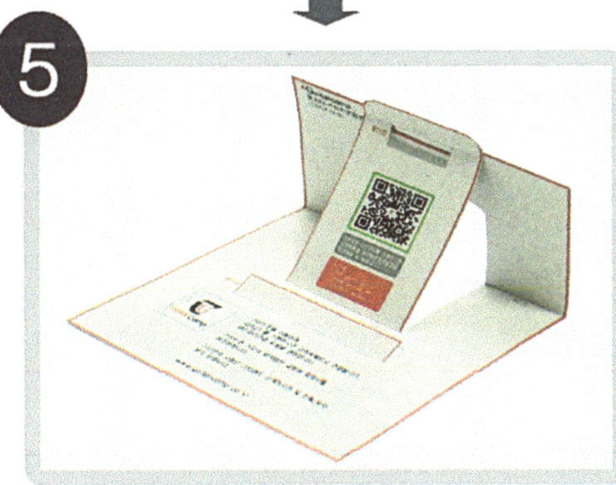

(주의)설치가 완료된 거치대에
스마트폰은 세로가 아닌
가로로 꼭 거치하시기 바랍니다.
세로로 거치시 쓰러질 수 있습니다.

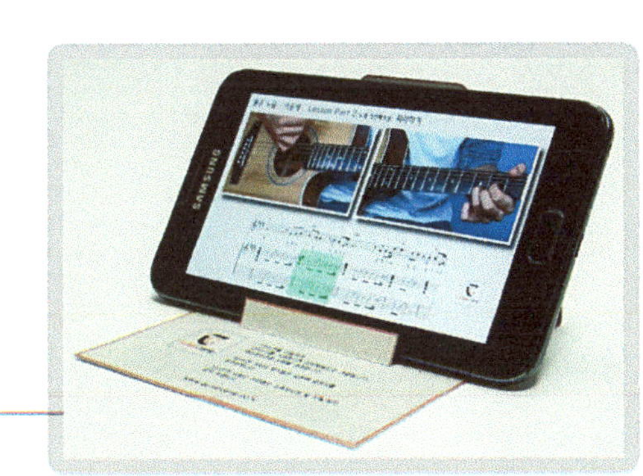

- 강좌리스트 -

일렉기타 기초부문
01. 본강좌 이용전 기타 key튜닝 및 사용안내(필독)
02. 각부분 명칭 및 역할 알아보기
03. 각부분 명칭 및 역할 중 픽업셀렉터 픽업사운드 알아보기
04. 일렉기타 & 엠프연결 및 사운드세팅 알아보기
05. 일렉기타 & 이펙터 & 엠프연결 및 사운드세팅알아보기
06. 각현의 개방현(음)과 왼손핑거링(크로메틱) 알아보기
07. 튜너를 사용한 튜닝법(음조율) 알아보기
08. 청음를 사용한 네츄럴튜닝법(음조율) 알아보기
09. 플로이드로즈(형)브릿지 튜닝법(음조율) 알아보기
10. 악보보는법(음표/쉼표/타블레쳐(TAB))악보 알아보기
11. 싱크로나이즈(형)브릿지 기타줄교체 알아보기
12. 플로이드로즈(형)브릿지 기타줄교체 알아보기

일렉기타 코드부문
13. C - C7 - Cm - Cm7(오픈.바레)코드 알아보기
14. D - D7 - Dm - Dm7(오픈.바레)코드 알아보기
15. E - E7 - Em - Em7(오픈.바레)코드 알아보기
16. F - F7 - Fm - Fm7(오픈.바레)코드 알아보기
17. G - G7 - Gm - Gm7(오픈.바레)코드 알아보기
18. A - A7 - Am - Am7(오픈.바레)코드 알아보기
19. B - B7 - Bm - Bm7(오픈.바레)코드 알아보기
20. C - Power (파워)코드 알아보기
21. D - Power (파워)코드 알아보기
22. E - Power (파워)코드 알아보기
23. F - Power (파워)코드 알아보기
24. G - Power (파워)코드 알아보기
25. A - Power (파워)코드 알아보기
26. B - Power (파워)코드 알아보기

일렉기타 리듬부문
27. 리듬부문강좌 이용전 기타 key 튜닝 및 사용안내(필독)
28. 피크잡는법 & 오른손 스트로크 알아보기
29. 왈츠(Waltz)리듬(4/3박) 알아보기
30. 4비트(4beat)리듬 알아보기
31. 8비트(4beat)리듬 알아보기
32. 8비트(8beat)디스토션사운드 리프(Rliff) 알아보기
33. 16비트(4beat)리듬 알아보기
34. 슬로우락(Slow Rock)리듬 알아보기
35. 슬로우고고(Slow GoGo)리듬 알아보기
36. 고고(GoGo)리듬 알아보기
37. 트로트(Trot)리듬 알아보기
38. 셔플(Shuffle)리듬 알아보기
39. 칼립소(Calypso)리듬 알아보기
40. 스윙(Swing)리듬 알아보기
41. 디스코(Disco)리듬 알아보기
42. 아르페이지오(arpeggio)주법 알아보기

일렉기타 스케일부문
43. 스케일 오른손피킹법(Scale pickings) 알아보기
44. C 메이져 펜타토닉 스케일 알아보기
45. E 메이져 펜타토닉 스케일 알아보기
46. Cm 마이너 펜타토닉 스케일 알아보기
47. Em 마이너 펜타토닉 스케일 알아보기

일렉기타 테크닉부문
48. 헤머링온 & 풀링오프 & 트릴 테크닉 알아보기
49. 슬라이드 & 글리산도 테크닉 알아보기
50. 벤딩(쵸킹) & 비브라토 테크닉 알아보기
51. 왼손뮤팅 & 오른손뮤트 테크닉 알아보기
52. 네츄럴 하모닉스 테크닉 알아보기
53. 테핑(라이트핸드) 테크닉 알아보기
54. 피크 스크래치 테크닉 알아보기
55. 피킹하모닉스 테크닉 알아보기
56. 볼륨 & 트레몰러암 테크닉 알아보기

일렉기타 연습곡부문
57. A7 Key 12마디 Rock & Roll(락앤롤) 알아보기 1부
58. A7 Key 12마디 Rock & Roll(락앤롤) 알아보기 2부
59. A7 Key 12마디 Rock & Roll(락앤롤) 전체 따라하기
60. 신해철 - 그대에게(전체연주)
61. 신해철 - 그대에게(인트로부분) 알아보기
62. 신해철 - 그대에게(인트로부분) 알아보기
63. 신해철 - 그대에게(후렴부분) 알아보기
64. 신해철 - 그대에게(엔딩부분) 알아보기
65. 홍서범(옥슨80) - 불놀이야(전체연주)
66. 홍서범(옥슨80) - 불놀이야(인트로부분) 알아보기
67. 홍서범(옥슨80) - 불놀이야(노래부분) 알아보기
68. 홍서범(옥슨80) - 불놀이야(후렴부분) 알아보기
69. 홍서범(옥슨80) - 불놀이야(엔딩부분) 알아보기
70. 안치환 - 사람이 꽃보다 아름다워(전체연주)
71. 안치환 - 사람이 꽃보다 아름다워(인트로부분) 알아보기
72. 안치환 - 사람이 꽃보다 아름다워(노래부분) 알아보기
73. 안치환 - 사람이 꽃보다 아름다워(후렴부분) 알아보기
74. 안치환 - 사람이 꽃보다 아름다워(엔딩부분) 알아보기
75. 데이브레이크 - 좋다(전체연주)
76. 데이브레이크 - 좋다(인트로부분) 알아보기
77. 데이브레이크 - 좋다(노래부분) 알아보기
78. 데이브레이크 - 좋다(후렴부분) 알아보기
79. 데이브레이크 - 좋다(엔딩부분) 알아보기
80. Nirvana - Smells like teen spirit(전체연주)
81. Nirvana - Smells like teen spirit(인트로부분) 알아보기
82. Nirvana - Smells like teen spirit(노래부분) 알아보기
83. Nirvana - Smells like teen spirit(후렴부분) 알아보기
84. Nirvana - Smells like teen spirit(엔딩부분) 알아보기

01. 본강좌 이용전 기타 key튜닝 및 사용안내(필독)

● 튜너(음조율기)로 기타현음정맞추기(튜닝)

03. 각부분 명칭 및 역할 중 픽업셀렉터 픽업사운드 알아보기

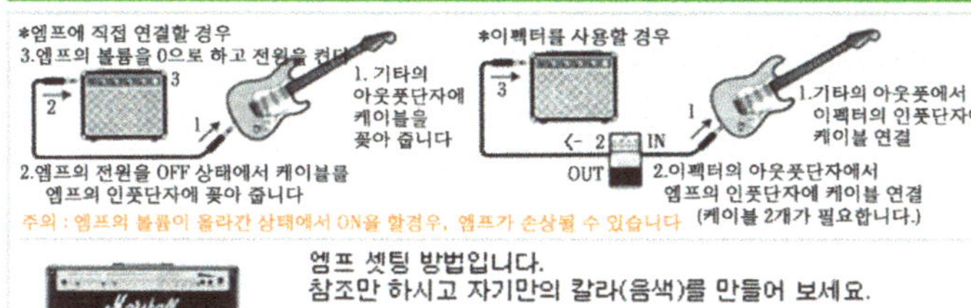

02. 각부분 명칭 및 역할 알아보기

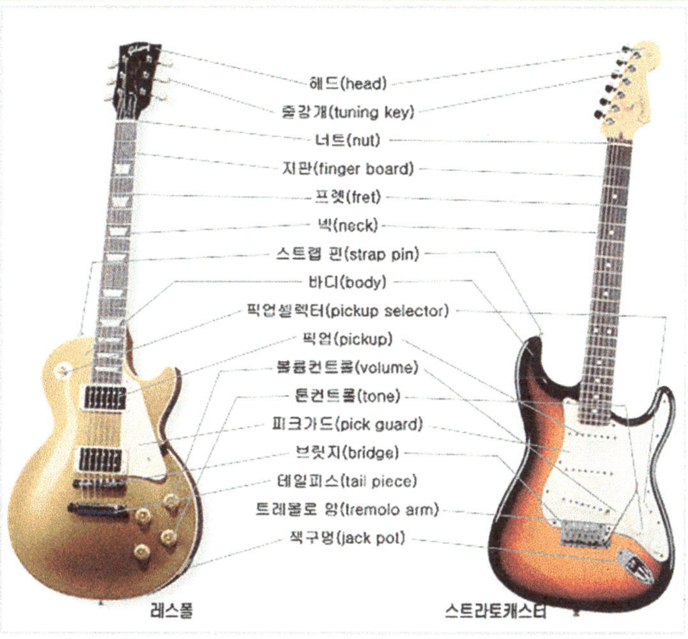

05. 일렉기타 & 이펙터 & 엠프연결 및 사운드세팅 알아보기

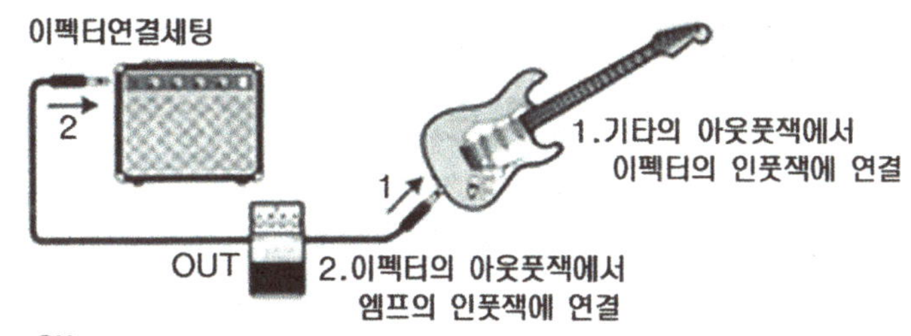

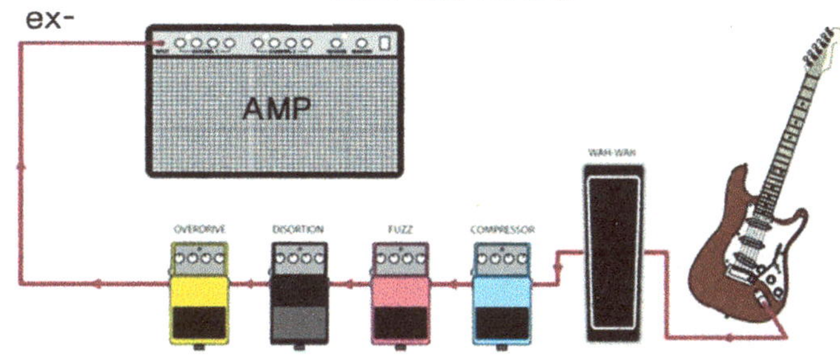

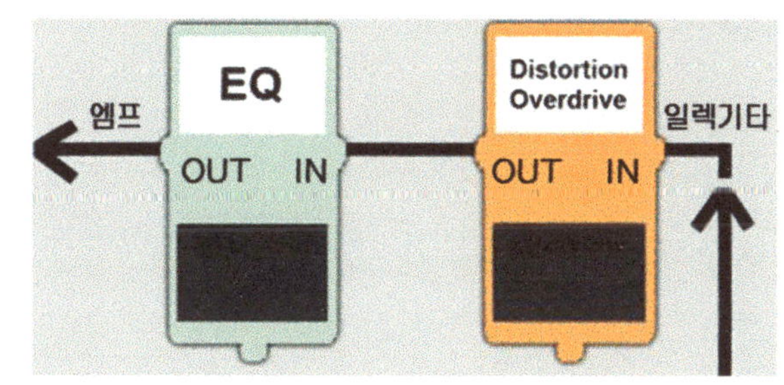

04. 일렉기타 & 엠프연결 및 사운드세팅 알아보기

*엠프에 직접 연결할 경우
3.엠프의 볼륨을 0으로 하고 전원을 켠다.
1. 기타의 아웃풋단자에 케이블을 꽂아 줍니다
2.엠프의 전원을 OFF 상태에서 케이블을 엠프의 인풋단자에 꽂아 줍니다

*이펙터를 사용할 경우
1.기타의 아웃풋단자에 이펙터의 인풋단자에 케이블 연결
OUT   IN
2.이펙터의 아웃풋단자에서 엠프의 인풋단자에 케이블 연결
(케이블 2개가 필요합니다.)

주의 : 엠프의 볼륨이 올라간 상태에서 ON을 할경우, 엠프가 손상될 수 있습니다.

(기타 엠프)

(기타엠프 헤드형)

(기타엠프 케비넷)

(이펙터)사운드효과를 줌

(기타와 엠프 연결 케이블)

엠프 셋팅 방법입니다.
참조만 하시고 자기만의 칼라(음색)를 만들어 보세요.

싱글코일픽업일 경우.....
(클린톤 셋팅)
오버드라이브 OFF 상태에서
GAIN (7), TREABLE (5), BASS (6),
MIDDLE (5), MASTER VOLUME (8), PRESENCE (5)

(ROCK 톤 셋팅)
오버드라이브 ON 상태에서
GAIN (6), TREABLE (4), BASS (6), MIDDLE (5),
MASTER VOLUME (8), PRESENCE (6)

(메탈 톤 셋팅)
오버드라이브 ON 상태에서 GAIN (8), TREABLE (5),
BASS (6), MIDDLE (4), MASTER VOLUME (8),
PRESENCE (7)

험버커 픽업일 경우.....
(클린톤 셋팅)
오버드라이브 OFF 상태에서 GAIN (5), TREABLE (6),
BASS (4), MIDDLE (6), MASTER VOLUME (7),
PRESENCE (6)

(ROCK 톤 셋팅)
오버드라이브 ON 상태에서 GAIN (4), TREABLE (6),
BASS (4), MIDDLE (5), MASTER VOLUME (6) PRESENCE (6)

(메탈 톤 셋팅)
오버드라이브 ON 상태에서 GAIN (7), TREABLE (6),
BASS (4), MIDDLE (6), MASTER VOLUME (6)
PRESENCE (7)

06. 각현의 개방현(음)과 왼손핑거링(크로메틱) 알아보기

개방현음 - 왼손으로 현을 누르지 않은 내츄럴상태에 음을 말함..
가장 기본이 되는 음으로써 숙지하는 것이 좋습니다.

예) 6번현부터 - 미,라,레,솔,시,미
1번현부터 - 미,시,솔,레,라,미

6번현 ——————————— 미(E)
5 ——————————— 라(A)
4 ——————————— 레(D)
3 ——————————— 솔(G)
2 ——————————— 시(B)
1 ——————————— 미(E)

6번현과 1번현의 개방현음은 똑같은 "미"음을 갖는다.

집게손가락 1
(검지)

가운뎃손가락 2
(장지)

약손가락 3
(약지)

새끼손가락 4
(소지)

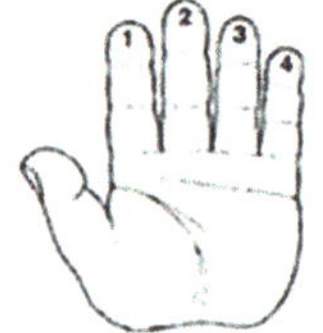

왼손은 기타의 넥에 핑거보드에 있는 현을 누르는데 사용
왼손은 그림과같이 집게손가락 부터
1번에서 ~ 4번까지구성
엄지손가락은 0번이 됩니다.
(왼손은 기타넥을 공을 쥐듯이 자세를 잡습니다.)
손가락의 마디끝으 세운뒤 기타현(줄)을 누릅니다.
기타 핑거보드 1플렛은 1번손가락이 담당.
(플렛번호에 맞게 4개단위씩 잡아줍니다.)

왼손 명칭

오른손은 기타의 리듬,피킹,아르페이지오등 주법에 사용
아르페이지오(분산화음)에서는 T, i m r s 로 표기
  T 손가락은 6,5,4번 현 담당
  i 손가락은 3번 현 담당
  m 손가락은 2번 현 담당
  r 손가락은 1번현 현 담당
피크사용시 T와 i 손가락 사용

오른손 명칭

07. 튜너를 사용한 튜닝법(음조율) 알아보기

● 튜너(음조율기)로 기타현음정맞추기(튜닝)

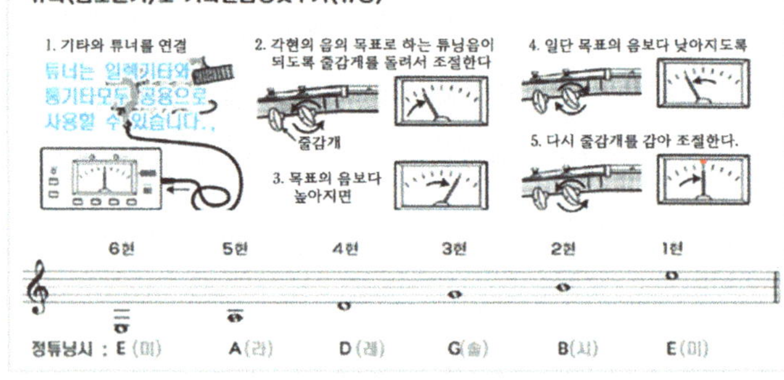

08. 청음를 사용한 네츄럴튜닝법(음조율) 알아보기

(튜닝은 여러방법이 있습니다. 예를 들어 네츄럴하모닉스 튜닝 튜닝기계를 이용한
튜닝 등이 있지만 이번시간엔 기본이 되는 개방현을 청음(음을듣기)튜닝 방법을
알아 보겠습니다.)(청음튜닝은 많은 노력이 필요함을 알려드립니다.)

5프렛 튜닝법
가장 많이 쓰이는 튜닝법으로 여기서는 피치 파이프(Pitch Pipe)를
통한 튜닝 방법을 설명하겠다. (다른 악기를 통한 튜닝도 같은 방법으로 하면 된다.)
또한 튜너를 사용하여 튜닝(조율)할 수 있다

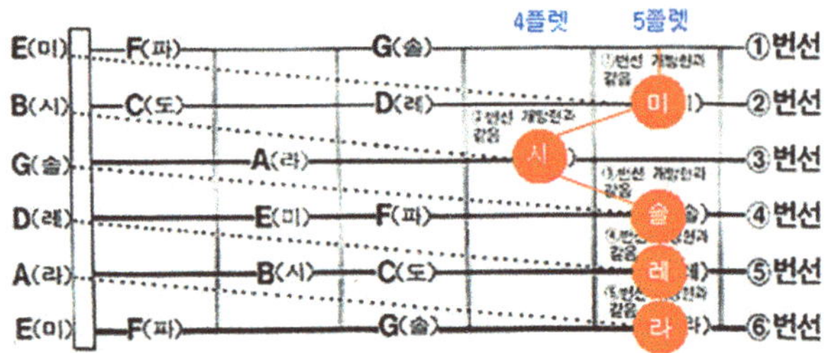

위 그림을 간단히 글로 정리해 보면....
1. 피치 파이프를 이용하여 ⑤번선 개방음을 정확히 A(음)으로 맞춘다.
2. ⑥번선의 5프렛 음정으로 D음이 나오는데 이 음을 ④번선 개방현에 맞춘다.
3. ④번선의 5프렛 음정으로 G음이 나오는데 이 음을 ③번선 개방현에 맞춘다.
4. ③번선의 5프렛 음정으로 B음이 나오는데 이 음을 ②번선 개방현에 맞춘다.
5. ②번선의 5프렛 음정으로 E음이 나오는데 이 음을 ①번선 개방현에 맞춘다.
6. ①번선의 개방음(E음)에 ⑥번선의 개방음(E음)을 맞춘다.
7. ⑥번선이 정확한 음으로 조율됐는지 확인하려면
   ⑥번선 5프렛을 누르고 ⑤번선 개방음과 비교해 본다.
8. 1~7까지 한두 차례 확인해 보도록 하자.

09. 플로이드로즈(형)브릿지 튜닝법(음조율) 알아보기

10. 악보보는법(음표/쉼표/타블레춰(TAB))악보 알아보기

● 기타기초 테크닉 악보기호 설명

기호	설명
⊓	다운피킹 - 현을 위에서 아래로 내려치는 피킹
V	업피킹 - 현을 아래에서 위로 올려치는 피킹
cho	쵸킹(밴딩) - 현을 위또는 아래로 올려 연주함
- C -	쵸킹(밴딩) 종류 - 한음반/한음/반음/쵸킹다운/더블/유니즌/ 쿼터/쵸킹비브라토 등이 있음
C/D	쵸킹다운 - 쵸킹 후 현을 위또는 아래로 음을 계속 음을유지하며 움직여 처음 쵸킹전의 음으로 돌아오는 쵸킹연주
- H -	에머링 온 - 왼손핑거를 피킹없이 망치로 현을 내려지듯 연주
- P -	풀링오프 - 왼손핑거를 피킹없이 아래로 현을 핥키듯 뛰어주며 연주
- S -	슬라이드 - 시작음과 끝나는음이 정해진상태에서 미끄러지듯이 연주
geiss	글리스 - 시작음과 끝나는음이 비정확한 상태에서 미끄러지듯이 연주
Vib^^^	비브라토 - 위라래로 또는 좌우로 현의 떨림을 주어 연주 (예 보이스 바이브레리션 효과와같음)
- M -	뮤트 - 원음사운드에 손을 현에 살짝대어 연주 (즉, 묵음을 말함)
Tr	트릴 - 에머링온과 풀링오프 테크닉을 반복적으로 사용해 연주
•	스타카토 - 끊어지듯이 연주
Arm	트레몰로암 - 트레몰로암을 위아래 또는 상하로 움직여 연주
Pick griss	피크 글리스(포리타멘토) - 피크의 한면을 세워 현에 대고 미끄러져 연주
Hr	네추럴 하모닉스 - 지정된 핑거보드 플렛 현위에서 연주
P.hr	피킹하모닉스 - 피크와 오른손 업지핑거를 사용해 현을 내려침과 동시에 현에서 엄지핑거를 살짝대고 떼어주며 연주

이외 다수이 테크닉이 있습니다 (라이트핸드/레카토/스윕피킹등등)
밴딩 - 미국식 쵸킹 - 일본식 명칭

원음- 피아노의 하얀건반 도레미파솔라시도를 원음이라고 합니다.
그리고 이러한 게이름은 각 나라마다 다르게 부르고 있습니다.
아래 그림을 참고 하세요.

이탈리아	Do(도)	Re(레)	Mi(미)	Fa(파)	Sol(솔)	La(라)	Si(시)	Do(도)
미국,영국	C	D	E	F	G	A	B	C
한 국	다	라	마	바	사	가	나	다

온음과 반음
서양음악은 7음계 이며 도레미파솔라시에서 미파와 시도는 반음입니다.
피아노 건반에서 미파와 시도 사이에는 검정건반이 없습니다.
즉 계단으로 보면은 미파와 시도는 반계단을 올라가는것입니다

사이음이란?
피아노의 검정건반음을 사이음이라고 합니다.

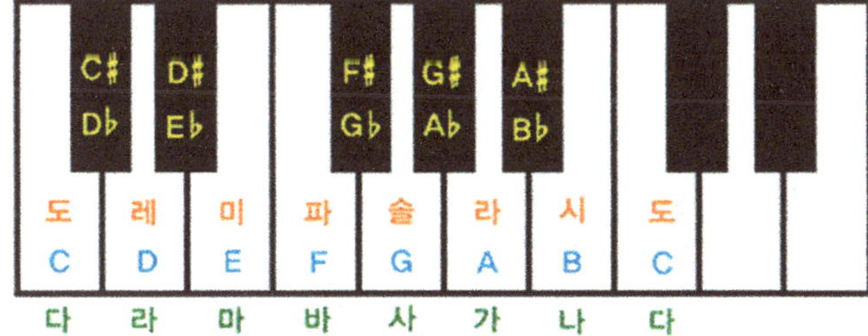

옥타브- 기준음에서 8번째 음가지를 1옥타브라고 합니다.
도를 기준으로 한다면 낮은도와 높은도사이가 1옥타브가 되겠지요.

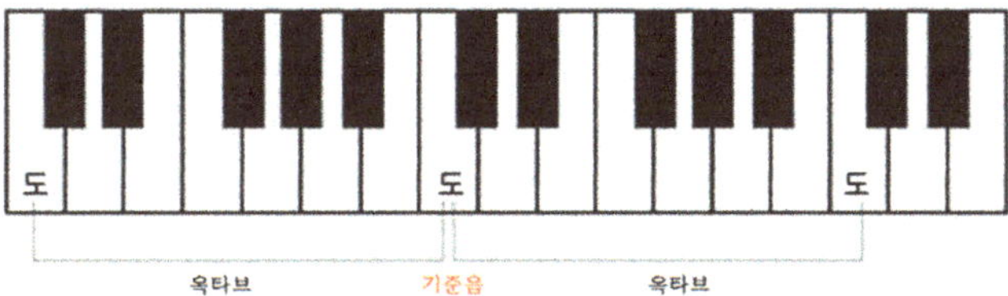

보표
음표를 기입하기 위해서는 오선지를 사용합니다.
여기에 음자리표를 기입한 것을 보표라고 합니다.
즉 악보를 그리기위한 원고지 입니다.

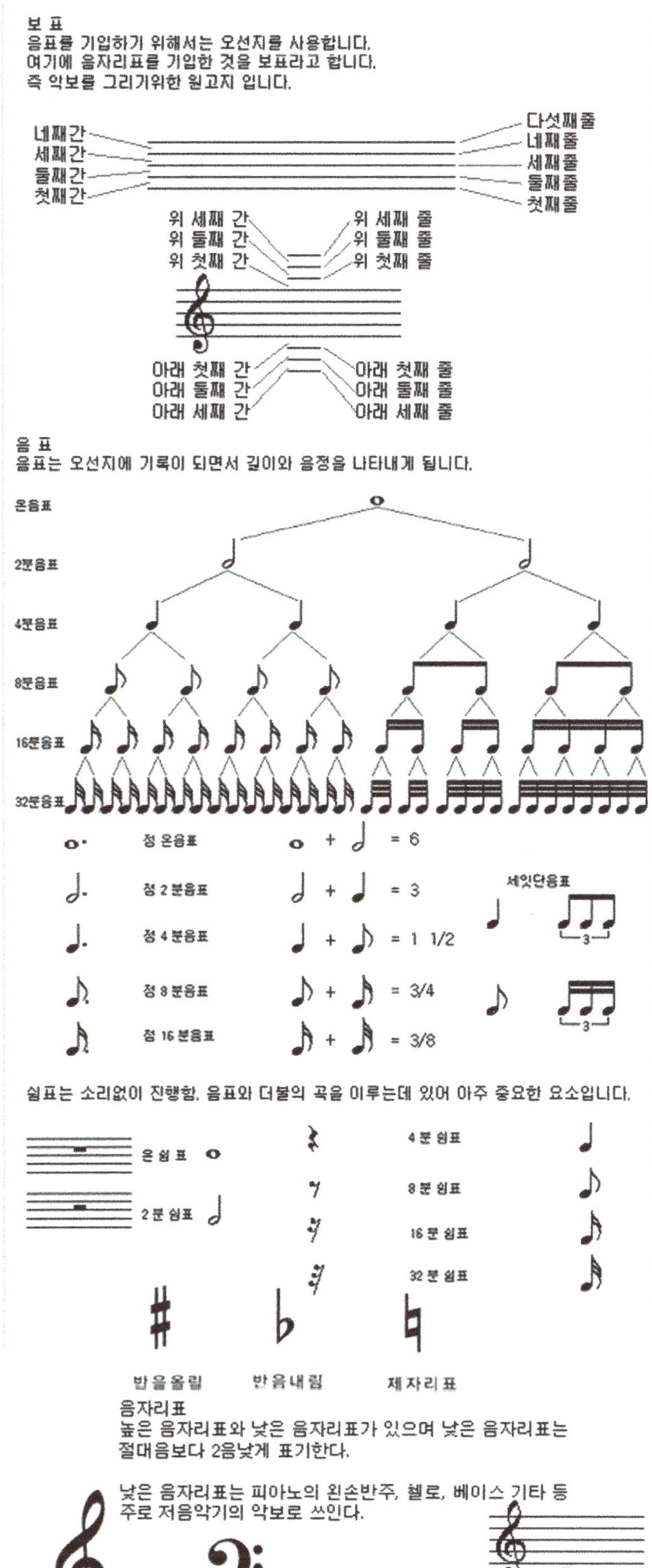

음표
음표는 오선지에 기록이 되면서 길이와 음정을 나타내게 됩니다.

쉼표는 소리없이 진행함. 음표와 더불어 곡을 이루는데 있어 아주 중요한 요소입니다.

음자리표
높은 음자리표와 낮은 음자리표가 있으며 낮은 음자리표는
절대음보다 2음낮게 표기한다.

낮은 음자리표는 피아노의 왼손반주, 첼로, 베이스 기타 등
주로 저음악기의 악보로 쓰인다.

마디
마디는 세로줄로 구분이 됩니다. 4/4박자 이면 1마디안에 4분음표가
4개가 들어갑니다.
즉 1마디안에서 음표와 쉼표에 의한 박자의 합이 정확하게 맞아야 됩니다.

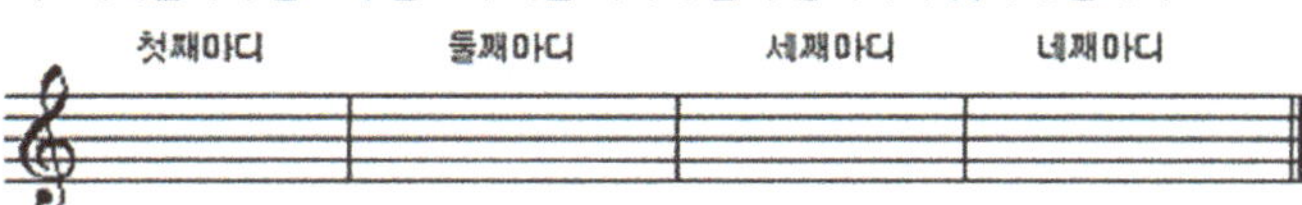

10. 악보보는법(음표/쉼표/타블레춰(TAB))악보 (Page-3과 연결)

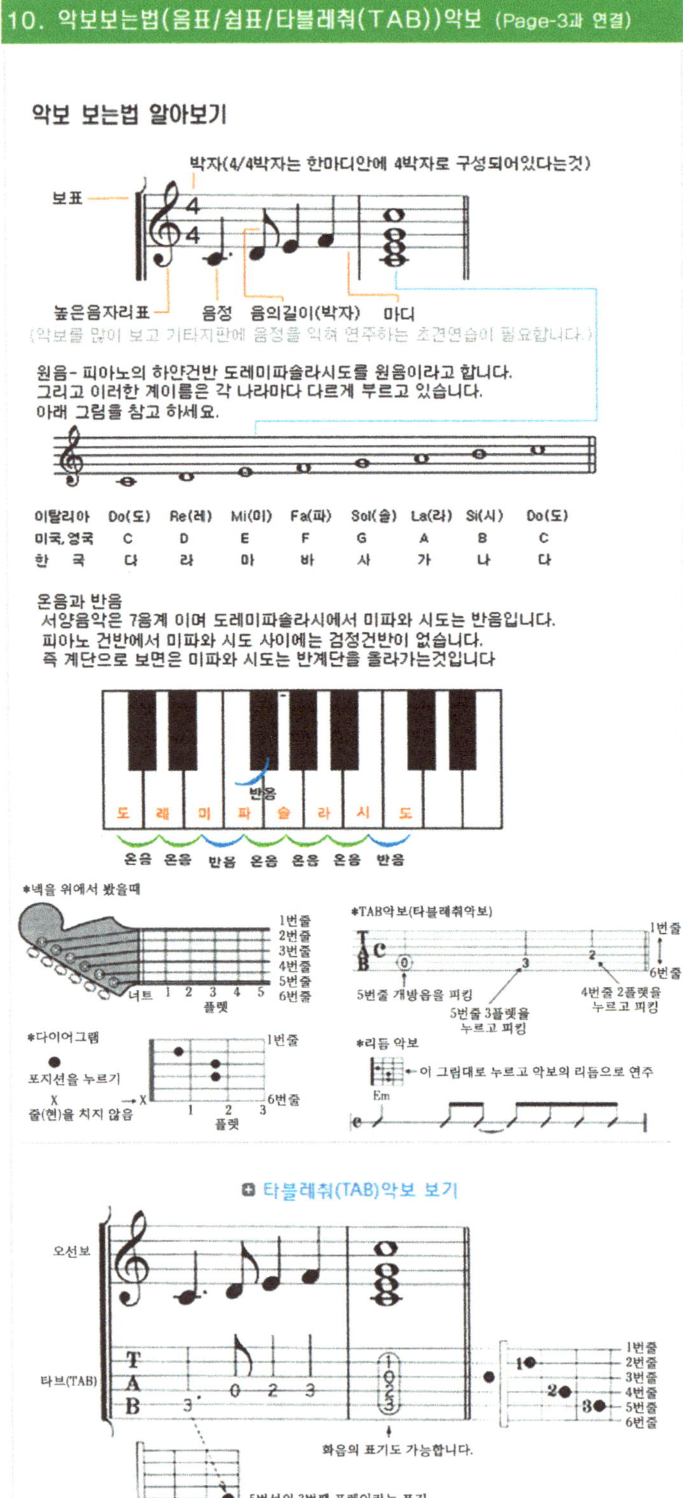

11. 싱크로나이즈(형)브릿지 기타줄교체 알아보기

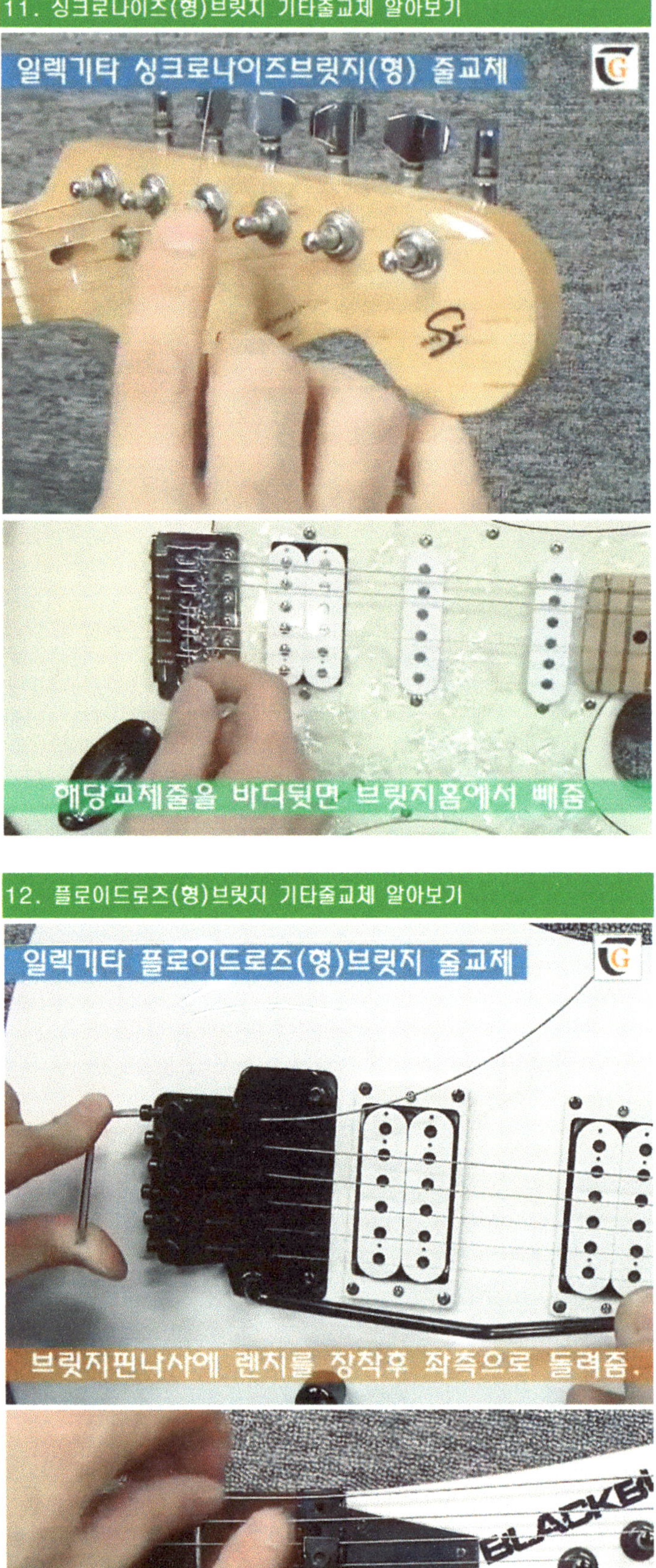

12. 플로이드로즈(형)브릿지 기타줄교체 알아보기

13. C - C7 - Cm - Cm7(오픈.바레)코드 알아보기

14. D - D7 - Dm - Dm7(오픈.바레)코드 알아보기

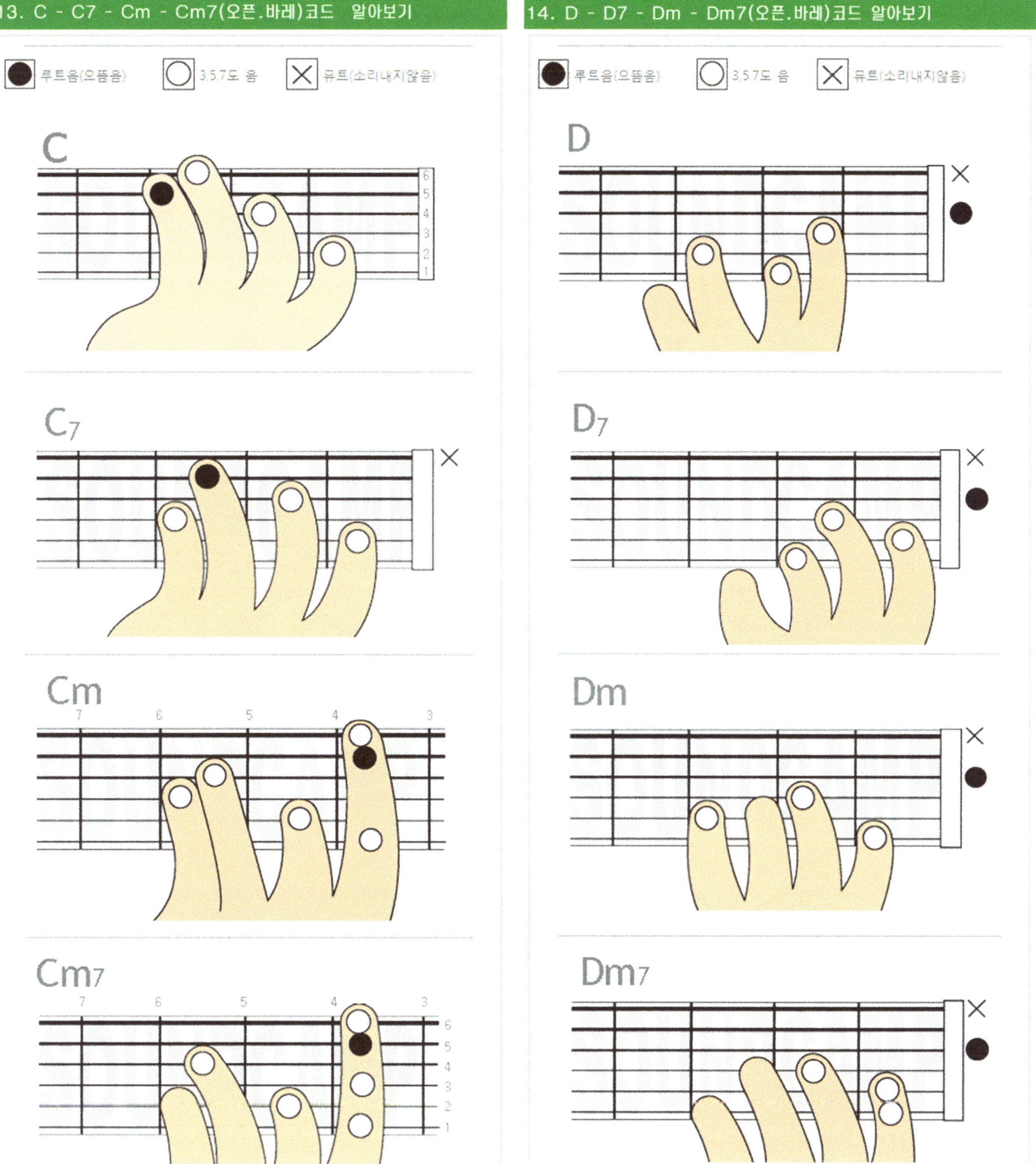

15. E - E7 - Em - Em7(오픈.바레)코드 알아보기

16. F - F7 - Fm - Fm7(오픈.바레)코드 알아보기

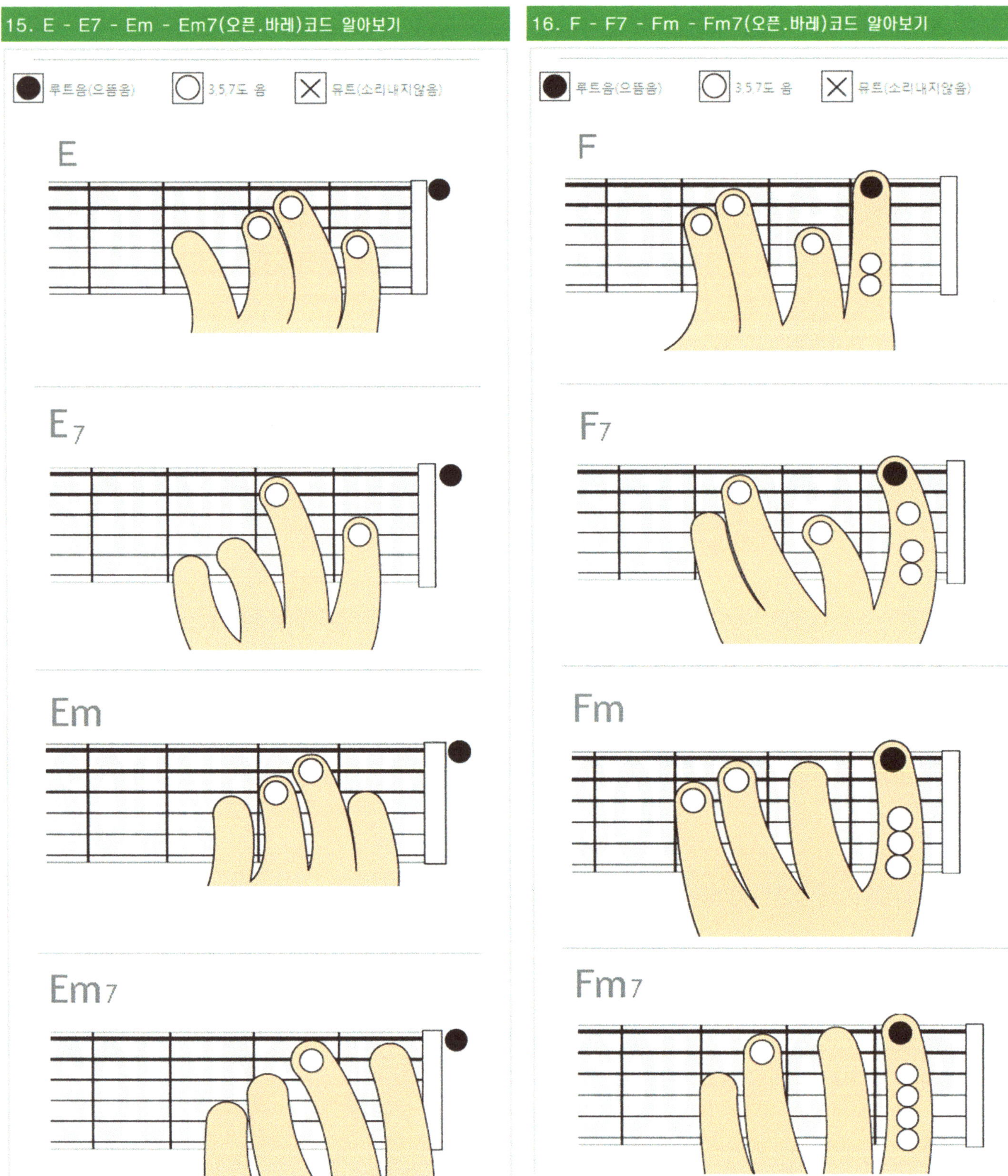

17. G - G7 - Gm - Gm7(오픈.바레)코드 알아보기

18. A - A7 - Am - Am7(오픈.바레)코드 알아보기

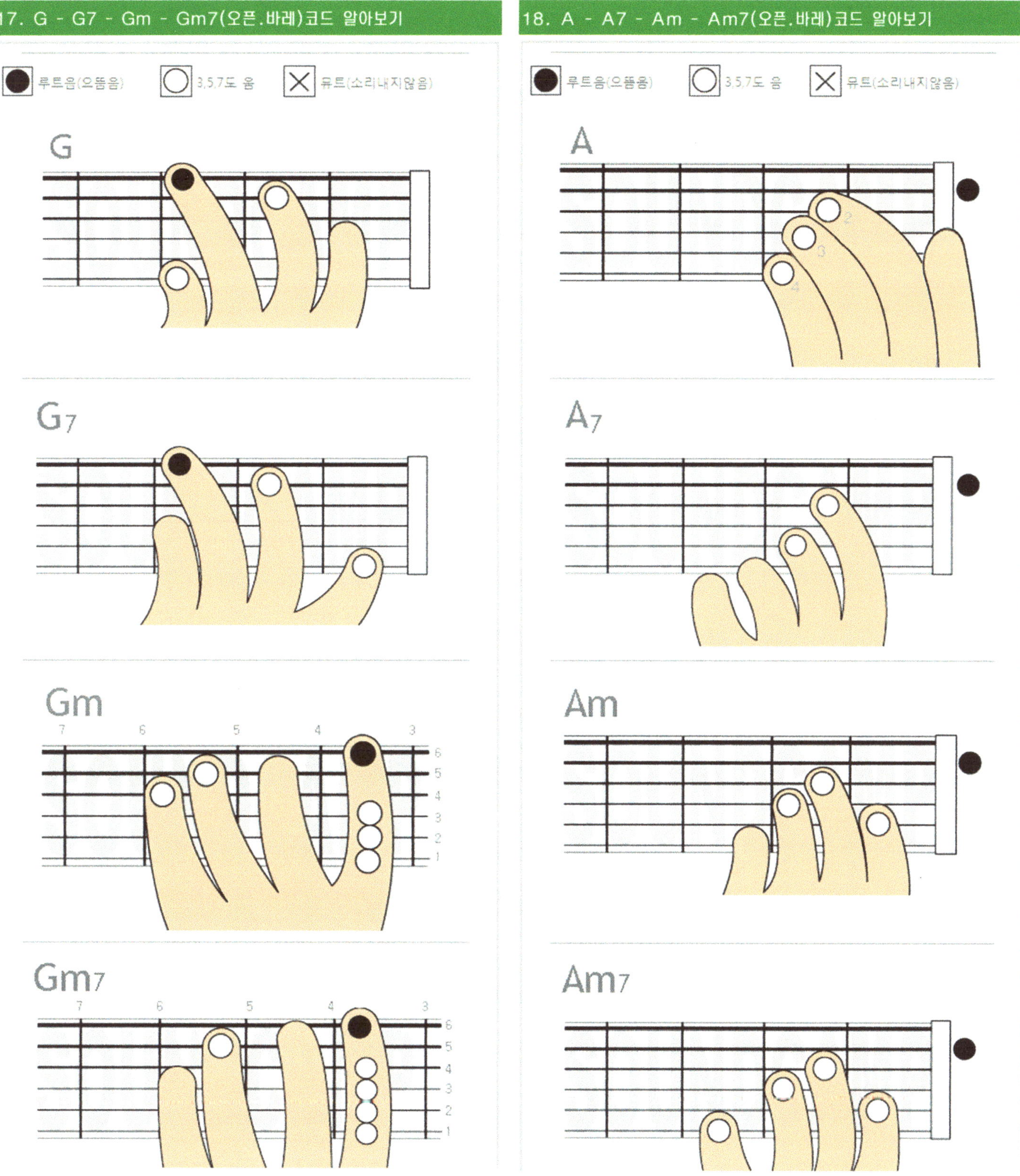

일렉기타 코드부문 강좌

19. B - B7 - Bm - Bm7(오픈.바레)코드 알아보기

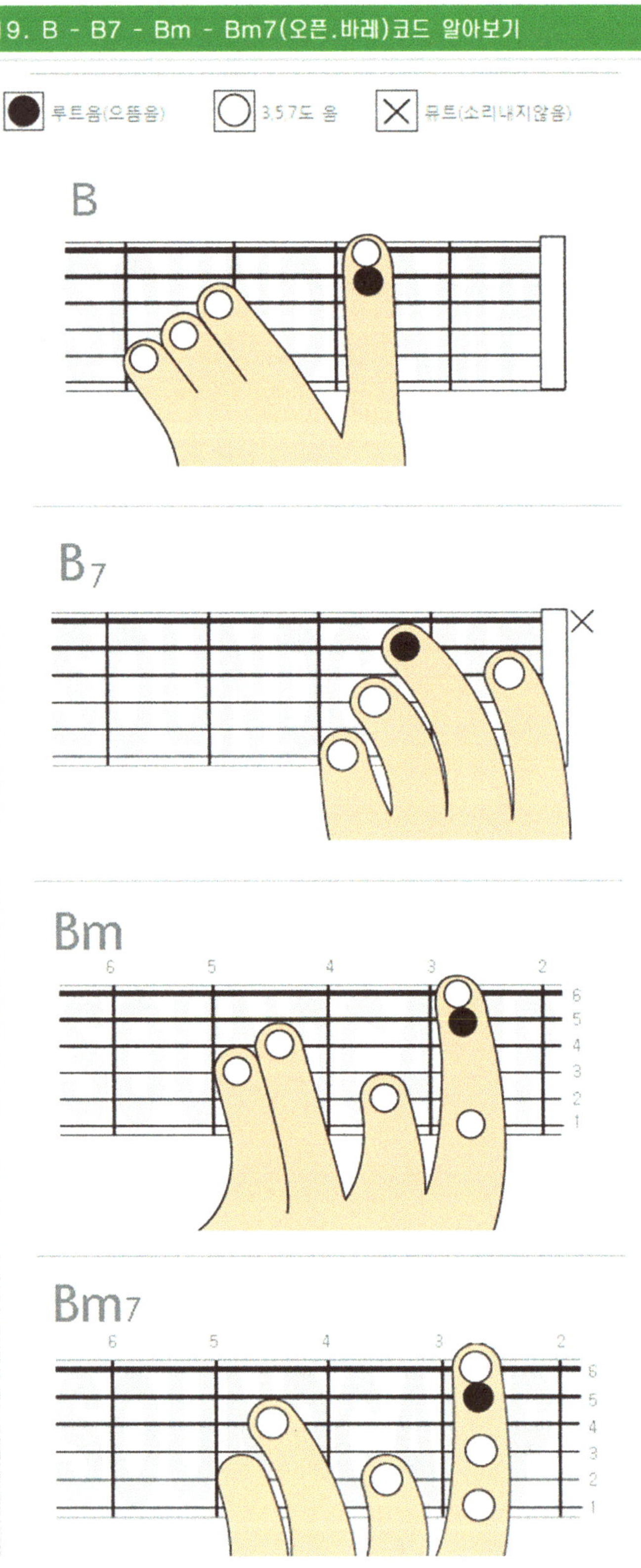

20. C - Power (파워)코드 알아보기

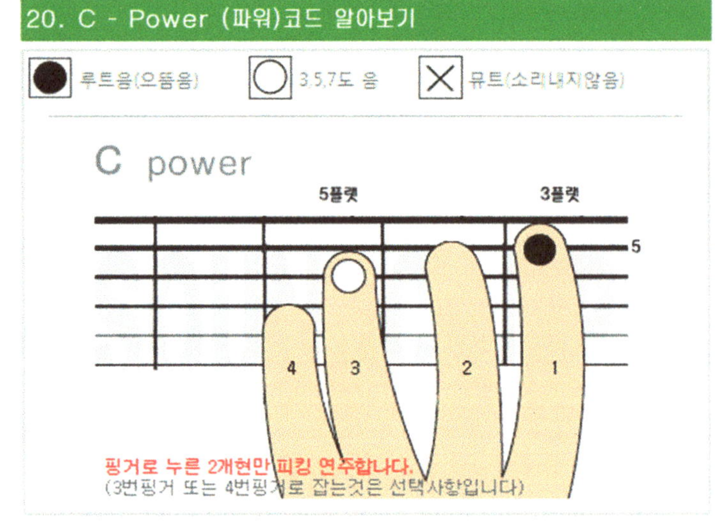

21. D - Power (파워)코드 알아보기

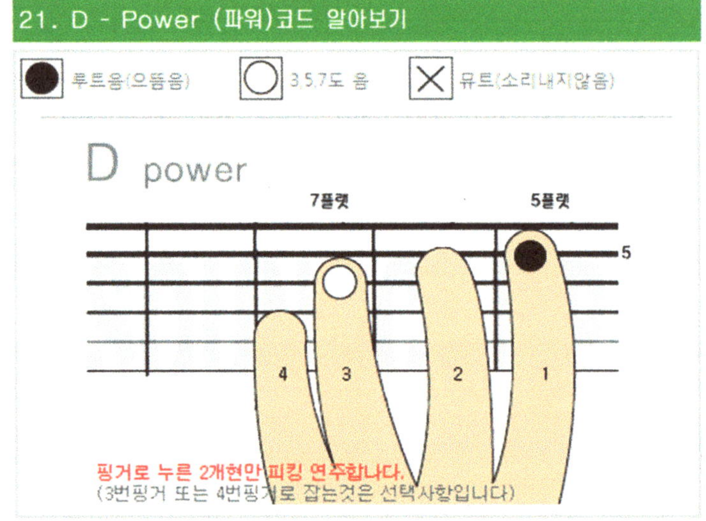

22. E - Power (파워)코드 알아보기

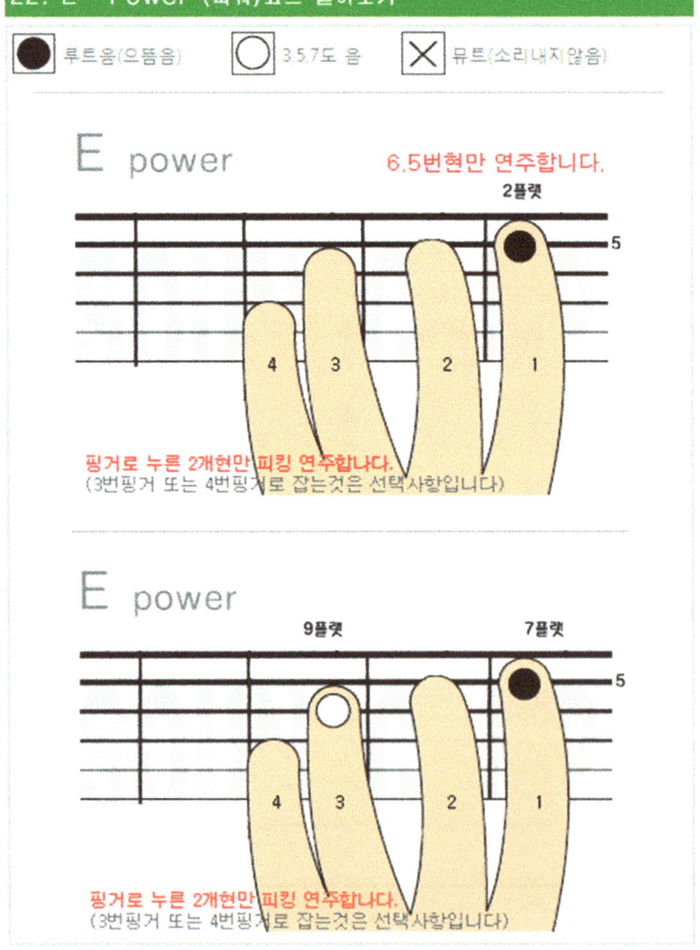

일렉기타 코드부문 강좌

23. F - Power (파워)코드 알아보기

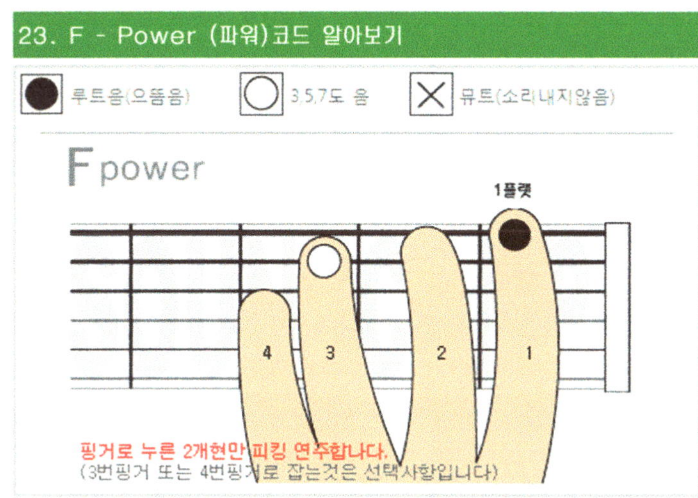

25. A - Power (파워)코드 알아보기

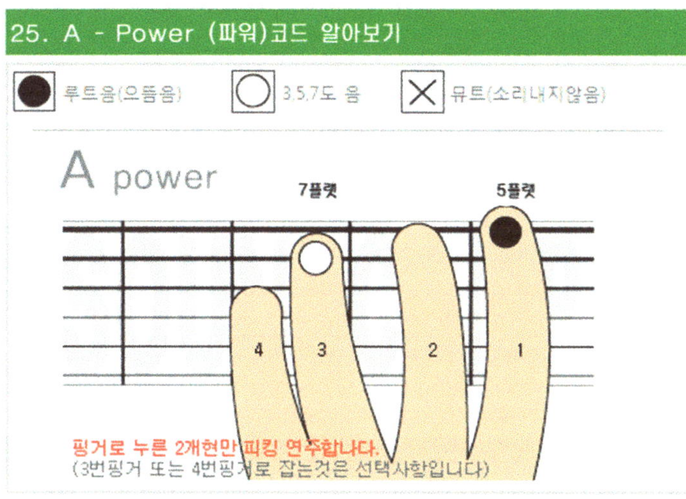

26. B - Power (파워)코드 알아보기

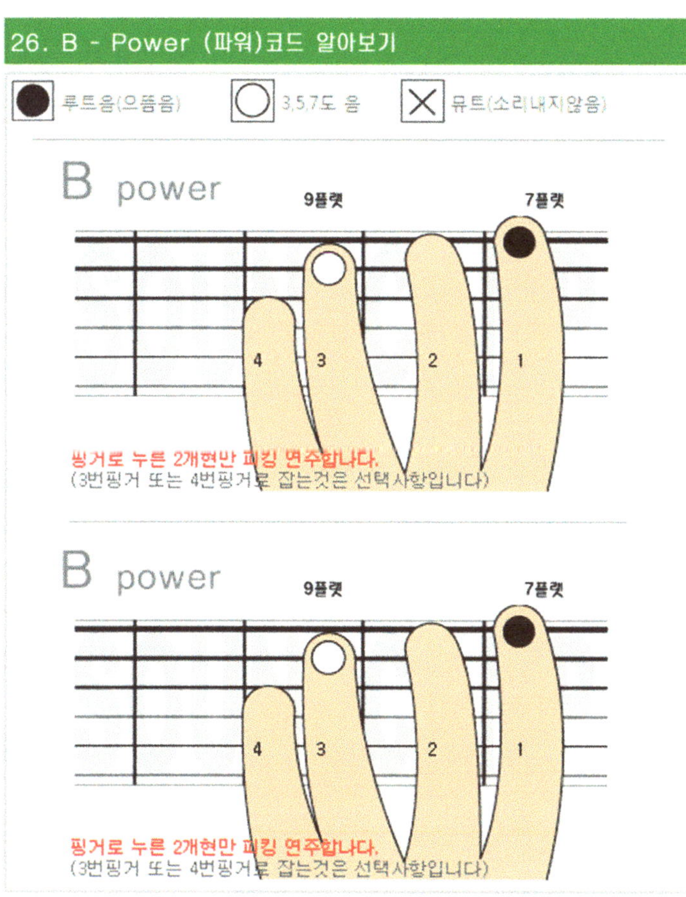

24. G - Power (파워)코드 알아보기

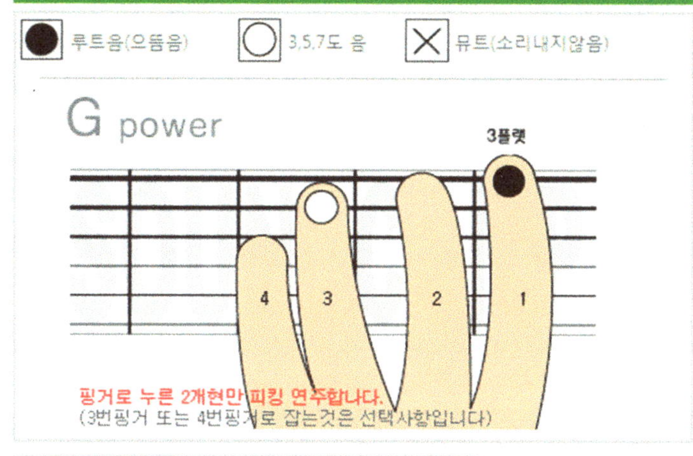

일렉기타 리듬부문 강좌

27. 리듬부문강좌 이용전 기타 key 튜닝 및 사용안내(필독)

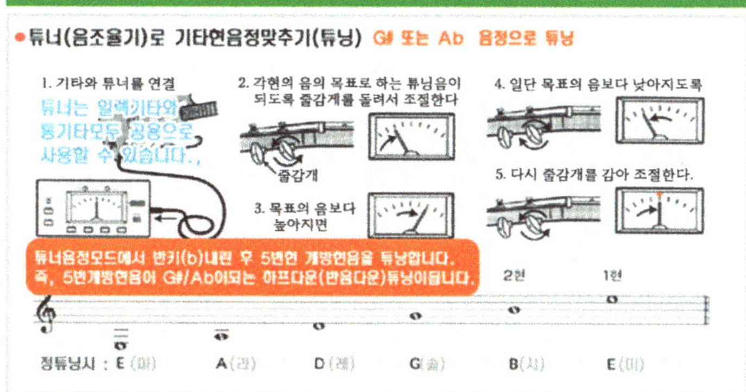

28. 피크잡는법 & 오른손 스트로크 알아보기

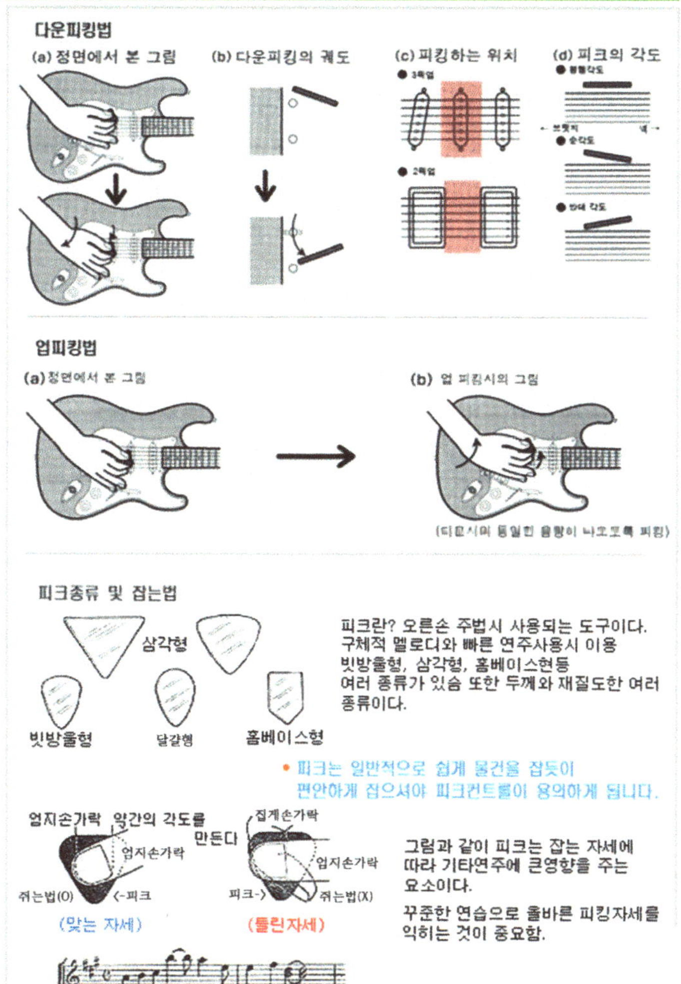

29. 왈츠(Waltz)리듬(4/3박) 알아보기

왈츠(Waltz) 4/3박자

18세기말에 오스트리아 바이에른 지방에서 독일 무곡의 영향으로 생겨난
보통 빠르기의 박자 춤곡입니다. 원래 왈츠는 남녀가 서로 끌어안고 원을
그리면서 추는 춤이었는데, 상류사회로 유행하기 시작한 것은 프랑스혁명
과19세기 사회구조의 변화 덕분이었습니다. 19, 20세기를 통하여 여러
가지 왈츠의 형식이 발전하였고, 오늘날에도 사교 댄스나 발레 음악에
없어서는 안될 춤과음악이 되었습니다.

악센트 스타카토 스타카토란? 짧은음의길이에 느낌(끊어짐)

쿵   짝   짝

다운 스트로크로 연주
4.5.6번현을 스트로크로 연주함

1.2.3번현을 스트로크하여 연주함(피크사용권장)
(피크 사용 연주시에도 업다운 스트로크는 같습니다.)

연습)

G   D7   G

$\frac{3}{4}$

31. 8비트(4beat)리듬 알아보기

8Beat(고고(Go Go)) 4/4박자

트위스트, 럼보, 몽키 등 60년대 중반에 유행한 댄스
뮤직의 총칭이 '고고'입니다라고 부르는 리듬은 정확히 얘기해서
8비트라고하는 것이 옳습니다

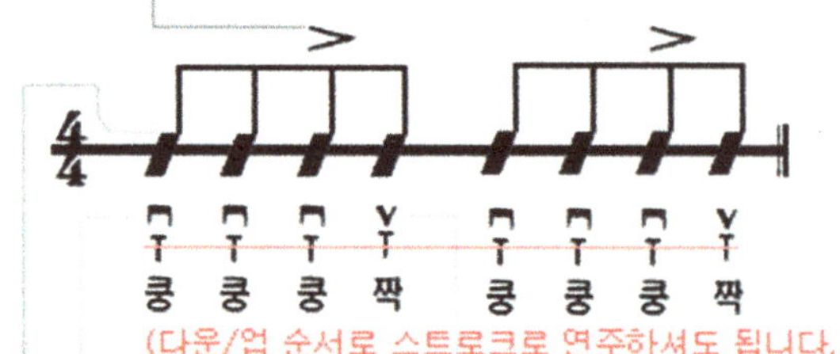

악센트 스타카토 스타카토란? 짧은음의길이에 느낌(끊어짐)

쿵 쿵 쿵 짝   쿵 쿵 쿵 짝

(다운/업 순서로 스트로크로 연주하셔도 됩니다.)

다운 스트로크로 연주   업 스트로크로 연주

기타현모두를 스트로크하여 연주함(피크사용권장)
(피크 사용 연주시에도 업다운 스트로크는 같습니다.)

연습) (엑센트부분에 컷팅을 하시면 더욱 좋습니다)

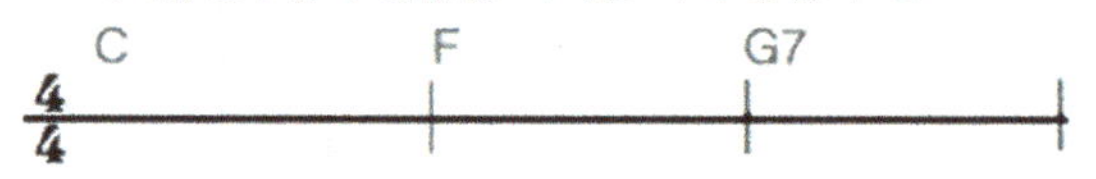

C   F   G7

$\frac{4}{4}$

30. 4비트(4beat)리듬 알아보기

4비트(4 Beat) 4/4박자

4비트는 곡의 템포가 빠른 것에서부터 느린 것에 이르기까지 넓게
사용되고 있으므로 꼭 익혀두어야 하는 기본적인 리듬의 한 종류입니다
둘째 박과 넷째 박에 악센트를 넣고, 첫 박과 셋째 박은 약간 스타카토를
시키는 기분으로 연주합니다. 각 박자 사이의 여운을 가볍게 커팅시키는
요령도 필요합니다.

악센트 스타카토 스타카토란? 짧은음의길이에 느낌(끊어짐)

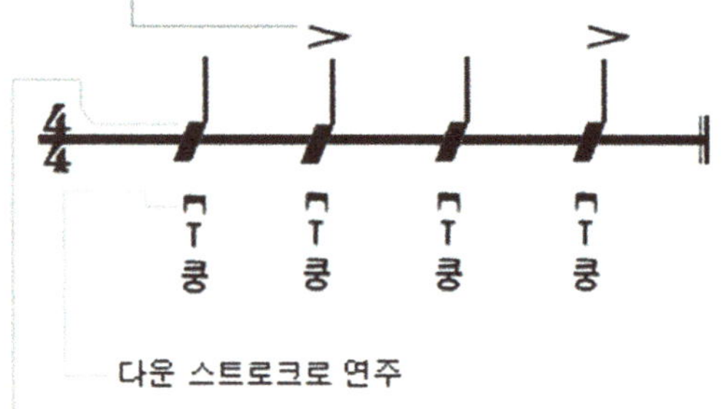

쿵   쿵   쿵   쿵

다운 스트로크로 연주

기타현모두를 스트로크하여 연주함(피크사용권장)
(피크 사용 연주시에도 업다운 스트로크는 같습니다.)

연습)

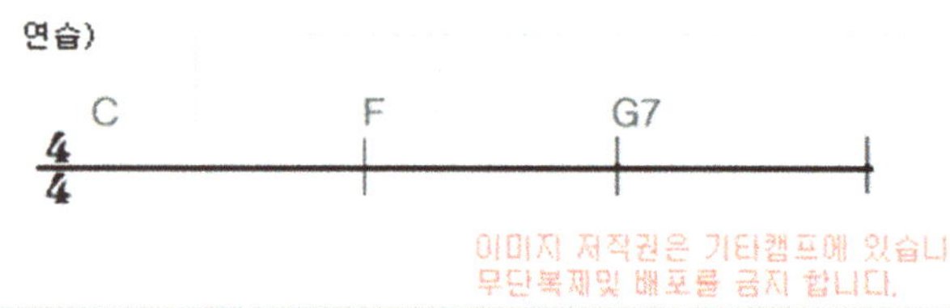

C   F   G7

$\frac{4}{4}$

32. 8비트(8beat)디스토션사운드 리프(Rliff) 알아보기

8비트 디스토션사운드뮤트 리프(Riff)

오버드라이브 또는 디스토션 사운드에서 오른손 뮤트주법을 이용해
비트를 만들거나 연주함.

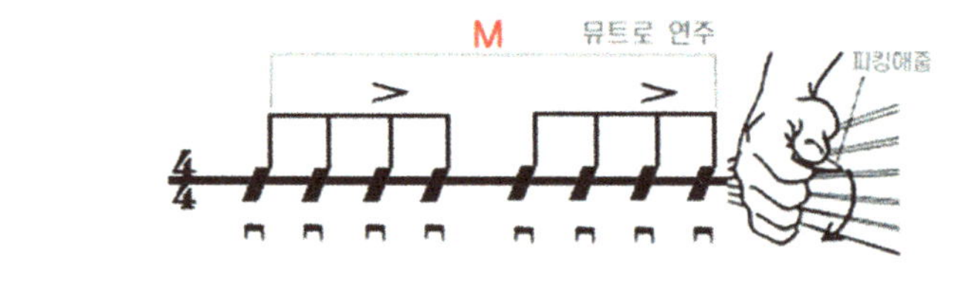

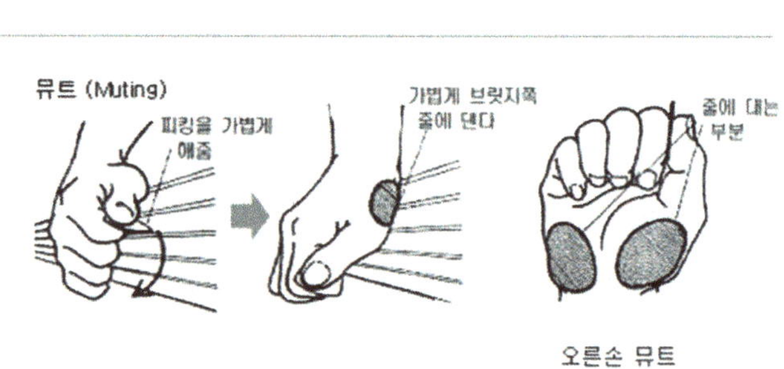

일렉기타 리듬부문 강좌

33. 16비트(4beat)리듬 알아보기

16비트(16 Beat) 4/4박자

8비트에서 쉐이크를 거쳐 16분 음표를 사용하는 16비트로, 이렇게 리듬은
복잡하게 발전해 나아가고 있습니다.
(첫박에 엑센트와 함께 빠르고 정확하게 연주하는 것이 중요합니다.)

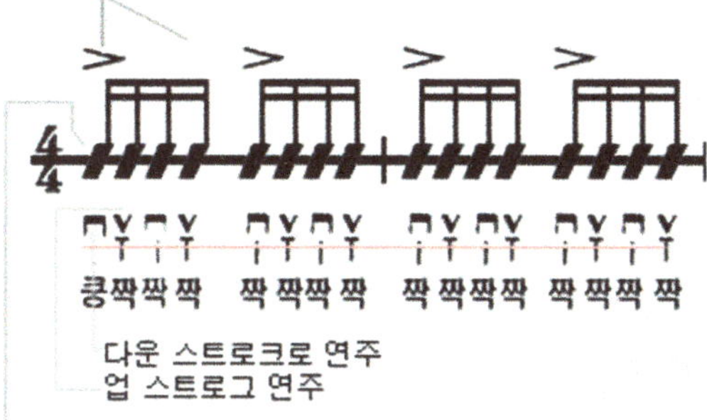

다운 스트로크로 연주
업 스트로그 연주

기타현모두를 스트로크하여 연주함(피크사용권장)
(피크 사용 연주시에도 업다운 스트로크는 같습니다.)

연습)   (빠르고 정확하게 연주하세요!)

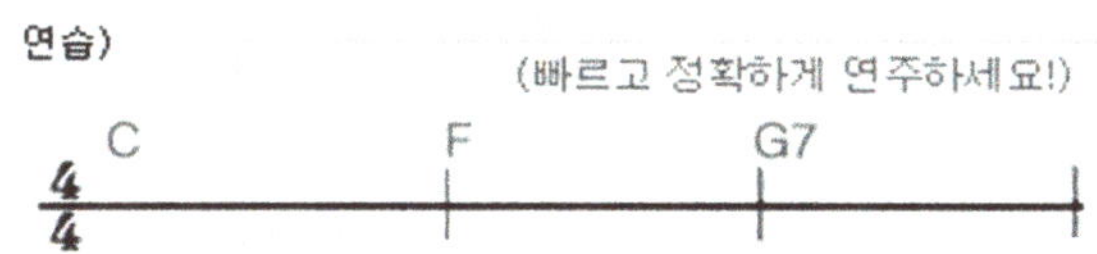

34. 슬로우락(Slow Rock)리듬 알아보기

슬로우 록(Slow Rock) 12비트(12 Beat)

1940년대에 이르러 블루스 음악은 부기우기와 셔플로부터 생겨난 강렬한
댄스 비트와 어울려서 R&B로 발전합니다. 그 후 R&B는 로큰롤을
낳았지만, 발라드하면서 조금 느린 록음악에서는 R&B의 리듬 패턴을
계속 사용하였습니다. 결국 R&B나 록 발라드나 슬로우 록은 같은 패턴의
리듬입니다. 록 블루스(Rock Blues)라고도 합니다.
리듬의 여러 가지 이름 중에서 비교적 비트가 약한 것이 슬로우 록입니다.

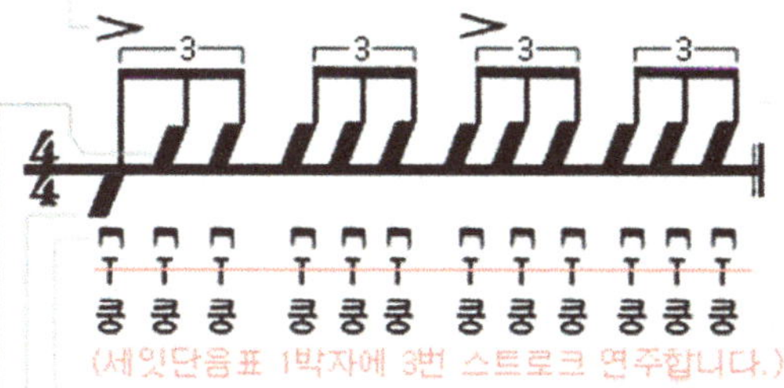

다운 스트로크로 연주
4.5.6번현을 스트로크로 연주함

1.2.3번현을 스트로크하여 연주함(피크사용권장)
(피크 사용 연주시에도 업다운 스트로크는 같습니다.)

연습)

35. 슬로우고고(Slow GoGo)리듬 알아보기

슬로우 고고(Slow GoGo) 4/4박자

조금 느린 템포의 8비트입니다.
통기타 리듬 연주 중 많이 사용되는 리듬입니다.
발라드 품의 느린템포의 곡을 연주시 많이 사용 됩니다.

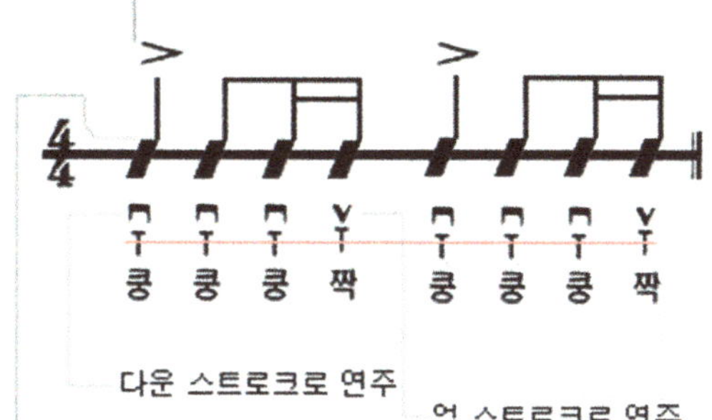

기타현모두를 스트로크하여 연주함(피크사용권장)
(피크 사용 연주시에도 업다운 스트로크는 같습니다.)

연습) (한마디에 2박자씩 코드 체인지)

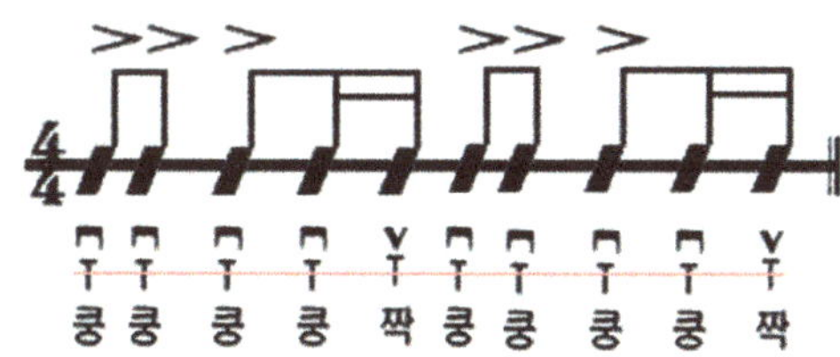

다른 패턴의 슬로우고고 Slow GoGo
(실제 연주시에 많이 사용되는 리듬입니다.)

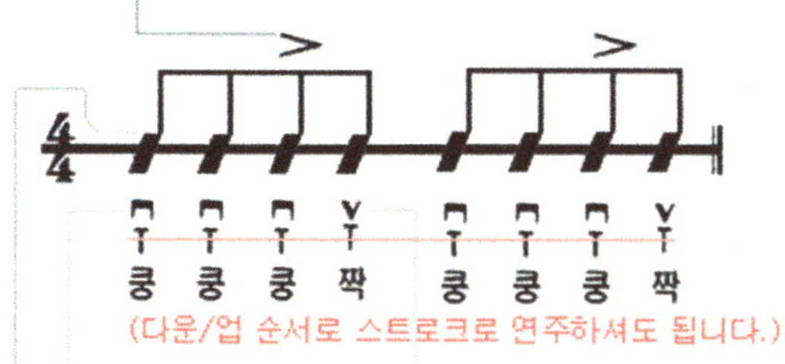

36. 고고(GoGo)리듬 알아보기

고고(Go Go) 4/4박자

트위스트, 림보, 몽키 등 60년대 중반에 유행한 댄스
뮤직의 총칭이 '고고'입니다라고 부르는 리듬은 정확히 얘기해서
8비트라고하는 것이 옳습니다

기타현모두를 스트로크하여 연주함(피크사용권장)
(피크 사용 연주시에도 업다운 스트로크는 같습니다.)

연습) (엑센트부분에 컷팅을 하시면 더욱 좋습니다)

37. 트로트(Trot)리듬 알아보기

Trot(트로트) (4/2)박자(한마디에 2박자를 연주함)

가장 단순한 형태의 리듬이지만 무시할 수 없을 정도로 아주 많은 곡에 쓰이는 것으로 우리가 흔히 말하는 '뽕짝'이라는 리듬의 형태가 바로 이것입니다.
'뽕짝'은 이 리듬의 느낌을 의성어로 발음한 것이라고 합니다. 아래에 리듬의 형태를 보시면 이해가 가실 것입니다.

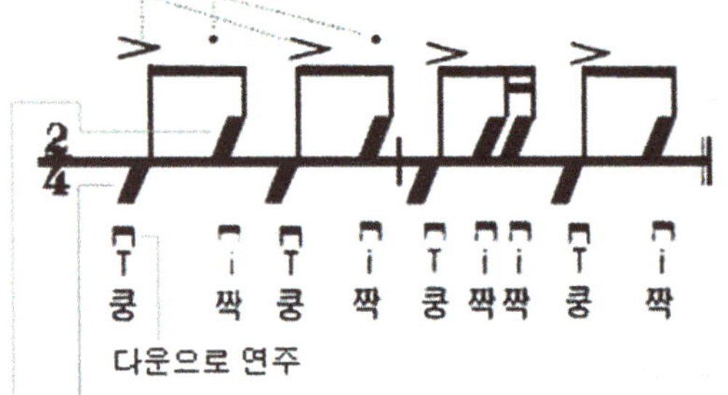

기타현 4,5,6번(저음부)현을 엄지 핑거로 다운으로 연주함

기타현 1,2,3번(고음부)현을 손바닥을 펴주며 다운으로 연주함
(피크 사용 연주시에도 업다운 스트로크는 같습니다.)

연습)

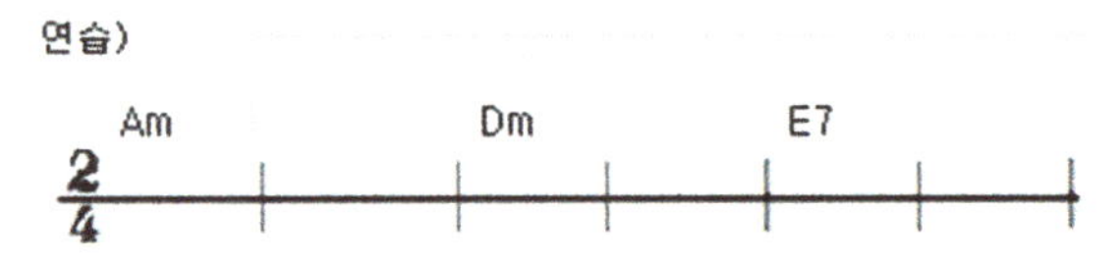

39. 칼립소(Calypso)리듬 알아보기

칼립소(Calypso) 4/4박자

팝 음악의 뿌리를 찾다보면 크게 유럽의 전통 음악과 아프리카의 흑인 음악으로 나눌 수가 있는데, 칼립소(Calypso), 삼바(Samba), 보사노바(Bossanova),레게(Reggae), 뿐만 아니라 재즈에서 사용되는 리듬의 거의 대부분은 아프리카 흑인들이 노예로 팔려나가서 세계 각 지역마다 독특한 리듬을 만들어 발전시킨것들입니다.(흑인 음악에서 비롯 미치고 있습니다.)

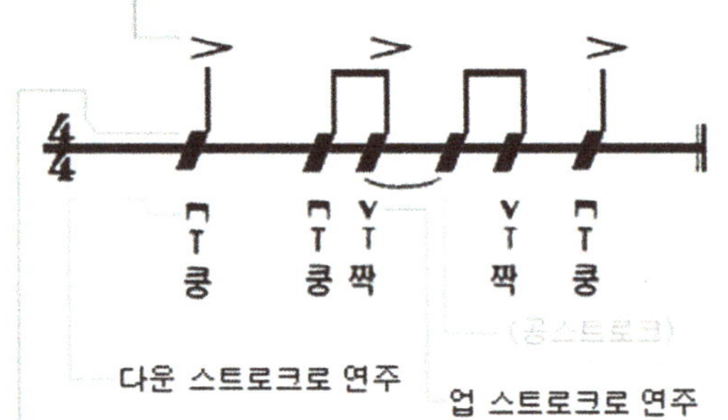

기타현모두를 스트로크하여 연주함(피크사용권장)
(피크 사용 연주시에도 업다운 스트로크는 같습니다.)

연습) (칼립소의 리듬은 많이 쓰이는 리듬입니다.)

38. 셔플(Shuffle)리듬 알아보기

셔플(Shuffle) 4/4박자

부기우기와 마찬가지로 미국 남부의 흑인들 사이에서 생겨나 1920년대에 재즈와 함께 유행하였으며, 1950년대에 이르러 흑인 음악 리바이벌 붐을 타고 팝 음악의 독립된 분야로서 크게 성행하기 시작한 리듬입니다.

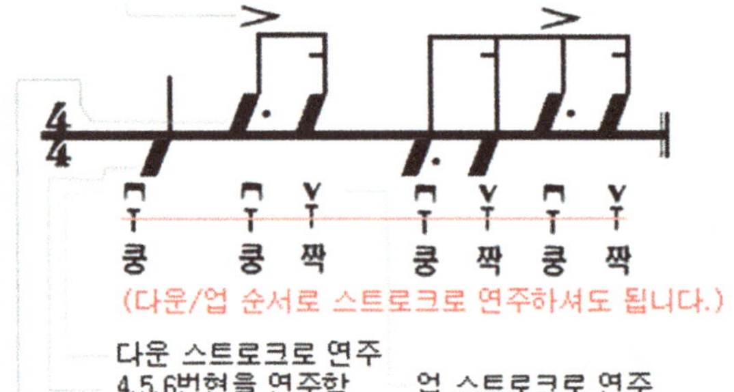

1.2.3번현을 스트로크하여 연주함(피크사용권장)
(피크 사용 연주시에도 업다운 스트로크는 같습니다.)

연습) (길고 짧은 음의 간격을 잘표현하셔야 합니다.)

40. 스윙(Swing)리듬 알아보기

스윙(Swing) 4/4박자

1930년대 베니굿맨악단 그들이 연주하는 음악을 스윙이라고 한데서 나온 말이다. 그들은 스윙음악으로 인기를 모아 스윙이라고 하면 곧 재즈를 가리킬 정도로 유명해졌다.
4/4박자의 노래이며 저음을 칠때의 여운을 유지하는 것이 중요하다.
스윙을 연주할때는 리듬을 따라 어깨가 들썩들썩하는 느낌을 가지면 좋습니다.

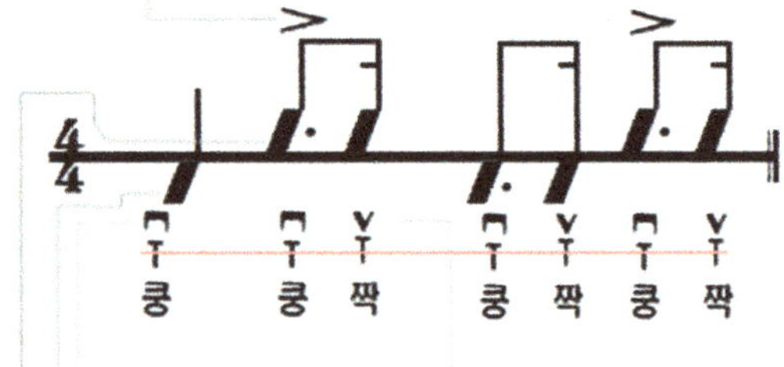

1.2.3번현을 스트로크하여 연주함(피크사용권장)
(피크 사용 연주시에도 업다운 스트로크는 같습니다.)

연습) (길고 짧은 음의 간격을 잘표현하셔야 합니다.)

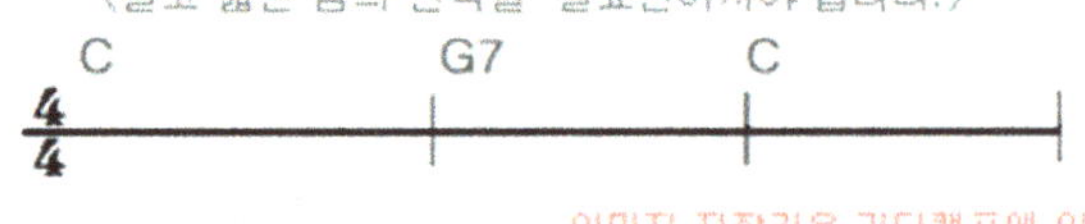

일렉기타 리듬부문 강좌

41. 디스코(Disco)리듬 알아보기

디스코(Disco) 4/4박자

디스코는 1970년대 중반부터 유행하기 시작한 댄스 리듬으로, 일정한 춤의 패턴이 없는 것처럼 리듬 역시 다양한 8비트나 16비트를 사용하고 있습니다.
기타의 리듬보다는 정확하게 규칙적으로 때려주는 드럼의 4비트가 특징입니다.

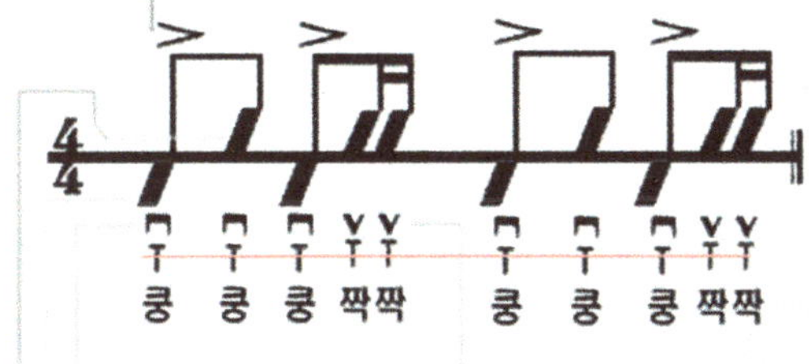

다운 스트로크로 연주

4.5.6번현 저음부 연주

업 스트로크로 연주

1.2.3번현 고음부를 스트로크하여 연주함(피크사용권장)
(피크 사용 연주시에도 업다운 스트로크는 같습니다.)

연습 (빠르게 스트로크 연주합니다.)

일렉기타 스케일부문 강좌

43. 스케일 오른손피킹법(Scale pickings) 알아보기

피크종류 및 잡는법

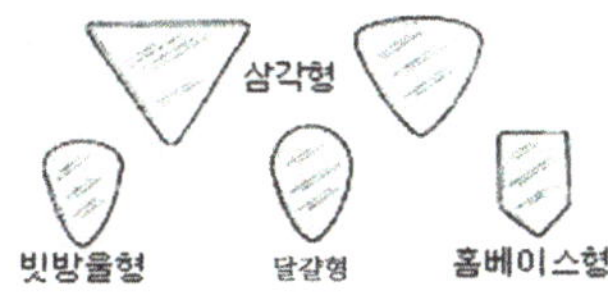

피크란? 오른손 주법시 사용되는 도구이다.
구체적 멜로디와 빠른 연주사용시 이용
빗방울형, 삼각형, 홈베이스형등
여러 종류가 있슴 또한 두께와 재질도한 여러 종류이다.

• 피크는 일반적으로 쉽게 물건을 잡듯이
편안하게 잡으셔야 피크컨트롤이 용이하게 됩니다.

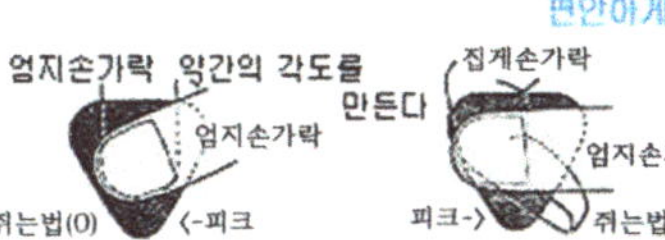

그림과 같이 피크는 잡는 자세에 따라 기타연주에 큰영향을 주는 요소이다.

꾸준한 연습으로 올바른 피킹자세를 익히는 것이 중요함.

42. 아르페이지오(arpeggio)주법 알아보기

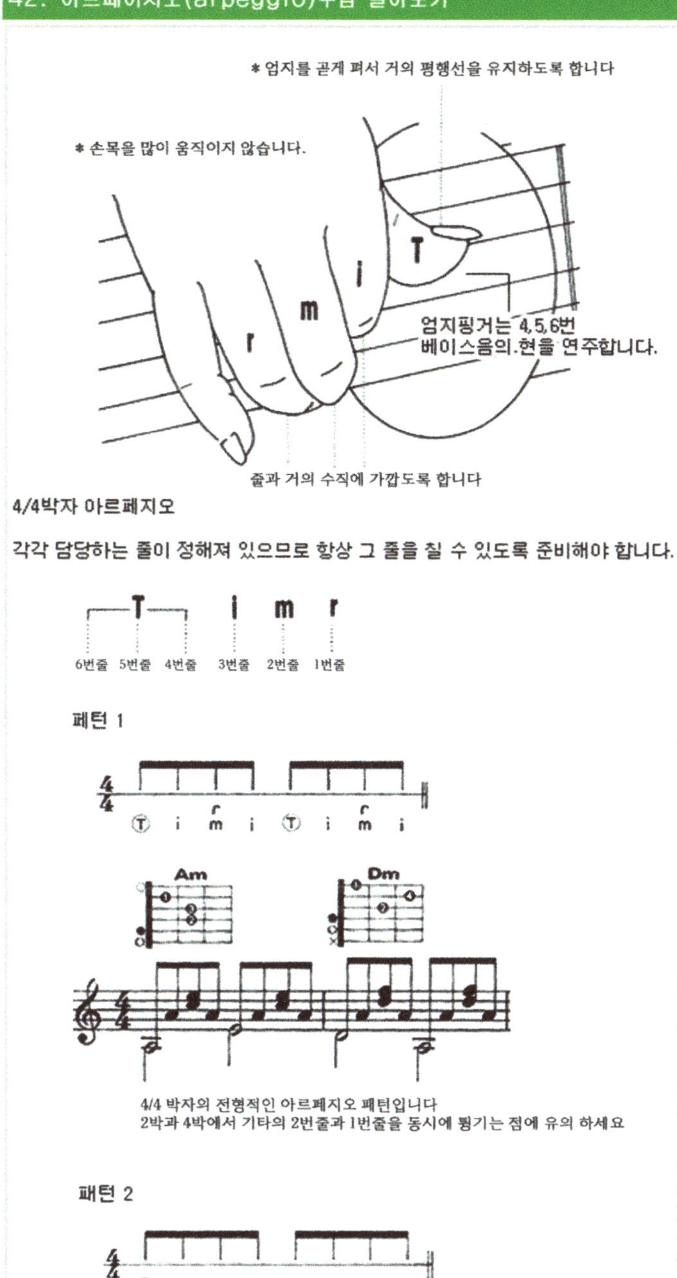

4/4박자 아르페지오

각각 담당하는 줄이 정해져 있으므로 항상 그 줄을 칠 수 있도록 준비해야 합니다.

페턴 1

4/4 박자의 전형적인 아르페지오 패턴입니다
2박과 4박에서 기타의 2번줄과 1번줄을 동시에 튕기는 점에 유의 하세요

패턴 2

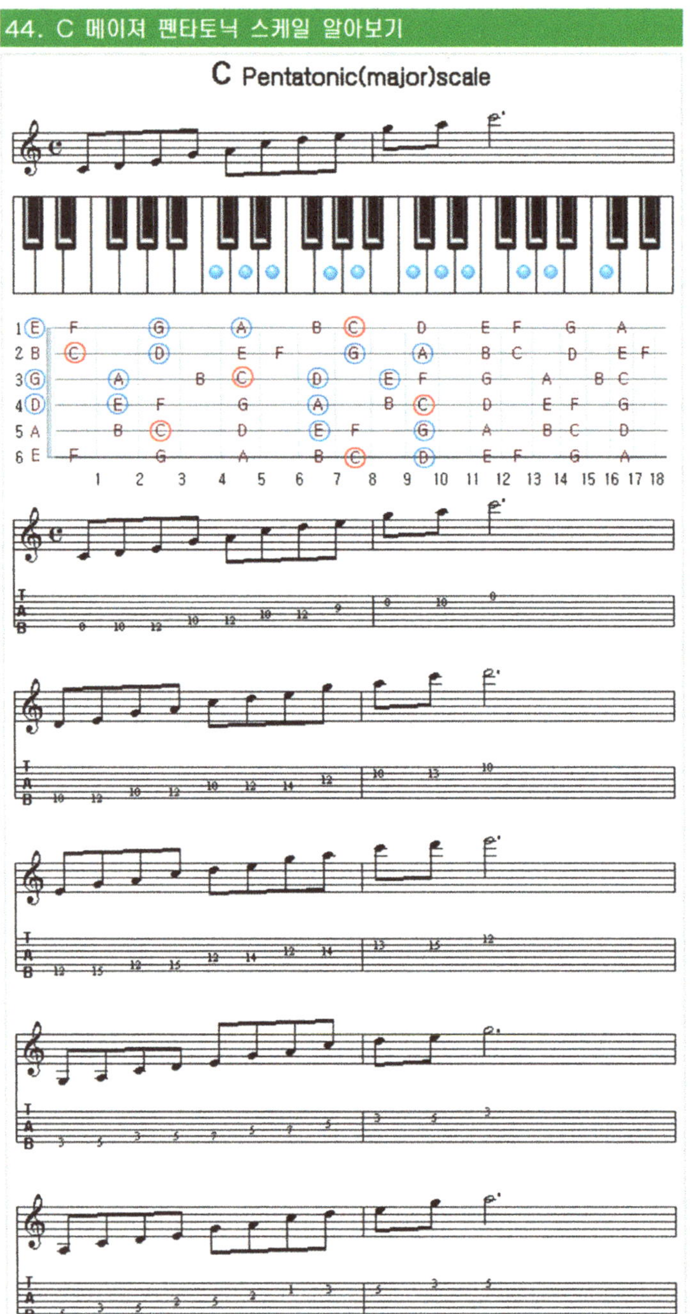

44. C 메이져 펜타토닉 스케일 알아보기
C Pentatonic(major)scale

45. E 메이져 펜타토닉 스케일 알아보기
E Pentatonic(major)scale

46. Cm 마이너 펜타토닉 스케일 알아보기

47. Em 마이너 펜타토닉 스케일 알아보기

48. 헤머링온 & 풀링오프 & 트릴 테크닉 알아보기

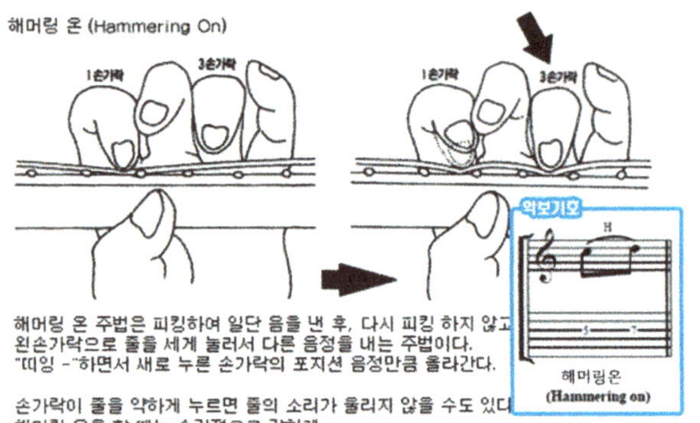

해머링 온 주법은 피킹하여 일단 음을 낸 후, 다시 피킹 하지 않고
왼손가락으로 줄을 세게 눌러서 다른 음정을 내는 주법이다.
"띠잉 -"하면서 새로 누른 손가락의 포지션 음정만큼 올라간다.

손가락이 줄을 약하게 누르면 줄의 소리가 울리지 않을 수도 있다
해머링 온을 할 때는 순간적으로 강하게
눌러야 앞의 여운이 사라지지 않고 고운 소리가 남는다.

망치로 내려치듯 느낌으로 함.

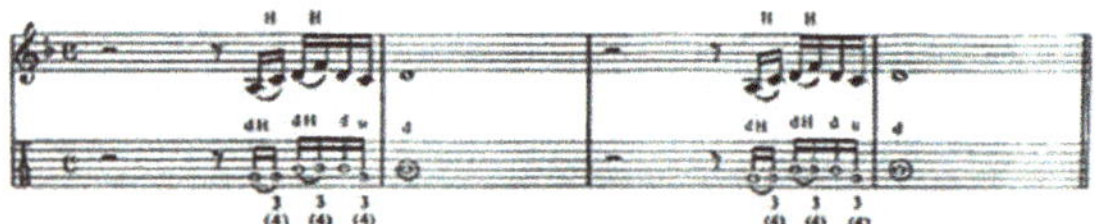

플링 오프 (Pulling Off)

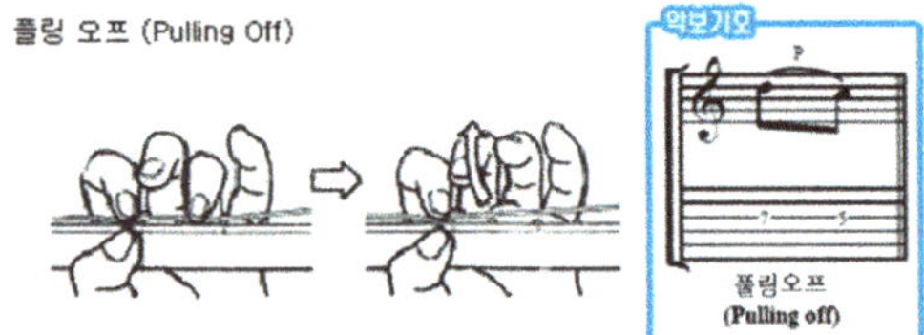

플링 오프는 해머링 온과는 반대로 음을 누른 상태에서 줄을 튕긴 후에,
줄을 눌렀던 왼손가락을 떼어서 다른 음정(처음 누른 음정)으로 바꾸는 주법을 말한다.

플링 오프를 하는 손가락의 끝으로 줄을 긁듯이 강하게 튕기면서
떼어야만 올바른 소리가 난다. 줄을 튕겨 주지 않고 그냥 손가락을 떼면
소리가 아주 작아져서 잘 들리지 않게 된다.

연습

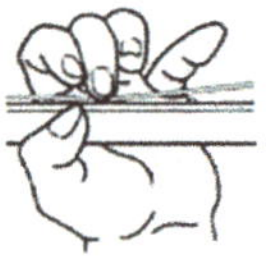
트릴테크닉은 해머링온과 플링오프 테크닉을
빠르게 반복적으로 움직여 사운드를 내는 테크닉
입니다.

49. 슬라이드 & 글리산도 테크닉 알아보기

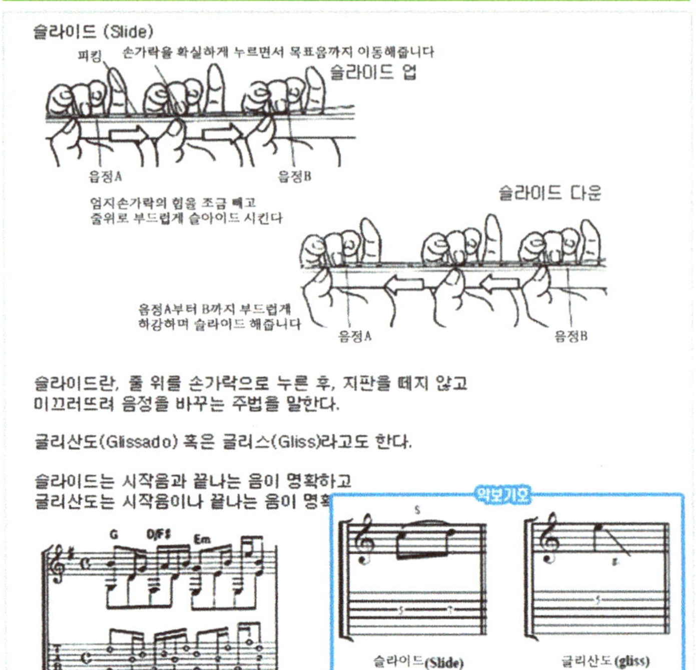

슬라이드란, 줄 위를 손가락으로 누른 후, 지판을 떼지 않고
미끄러뜨려 음정을 바꾸는 주법을 말한다.

글리산도(Glissado) 혹은 글리스(Gliss)라고도 한다.

슬라이드는 시작음과 끝나는 음이 명확하고
글리산도는 시작음이나 끝나는 음이 명확

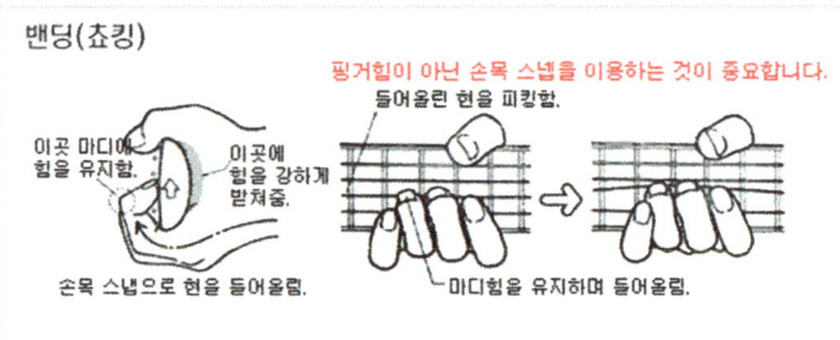

50. 벤딩(쵸킹) & 비브라토 테크닉 알아보기

밴딩(쵸킹)

초킹(또는 벤딩:Bending)은 누르는 프렛을 옮기지 않은 채 왼손가락 끝으로
줄을 밀어서 음정을 변화시키는 주법을 말한다. 왼손가락의 1·2·3·4 중
어느 손가락으로도 초킹이 가능하여야 한다.
어쿠스틱 기타의 경우에는 줄의 장력이 강해서 보통 1/2음이나 1음 정도의
초킹이 많이 사용되고 있지만 일렉 기타의 경우에는 2음까지도 초킹 하는 경우도 있다.
초킹을 할 때 정확한 음정이 나올 수 있도록 주의를 기울이자.
①②③④번선은 ⑥번선 방향으로 밀어 올리고, ⑤⑥번선은 ①번선 방향으로
끌어내리는 것이 보편적인 방법이다.

정확한 초킹음정을 내기 위해서는 정확한 음을 구분할 수 있는 귀가 필요하다.
쉽게 말하자면 초킹을 하게 되면 음정이 올라간다.
따라서 원하는 음정을 끌어올리면서 원하는 음정을 구분할 줄 알아야 한다.
연습 방법은 먼저 선택한 연습곡을 귀에 완전히 익히도록 많이 듣고나서 초킹 연습을 한다
초킹의 실력 차이는 자기가 원하는 음정을 깨끗하게 표현하는데 있다.
통기타에서는 잘 모르지만 앰프에 연결하여 연주해
보면 초킹과 릴리즈의 전후로 잡음이 생긴다.
이는 초킹과 릴리즈를 하면서 그 줄의 위, 아래를 건드리기 때문이다.
이 잡음을 막기 위해서는 어렵지만 잡음이 날 만한 줄을 뮤트 시키는 방법이
가장 효과적이다.

50. 벤딩(쵸킹) & 비브라토 테크닉 알아보기 (Page-16과 연결)

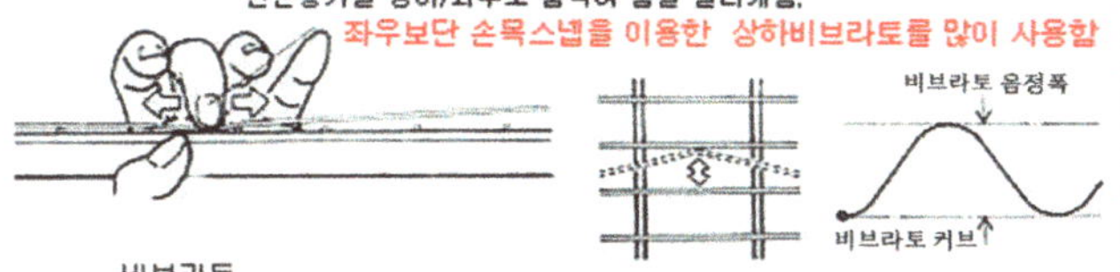

만약 멜로디나 프레이즈에 어떠한 표정도 덧붙이지 않는다고 한다면
그것은 음악이 아니라 단순한 신호음이 나열된 것과 같은 셈이다.

아무리 작은 프레이즈에도 반드시 거기에 어울리는 뉘앙스가
표현되어 있지 않으면 안된다. 여기서 다루는 비브라토는 음에
흔들림을 만드는 간단한 것인데, 많은 테크닉 중에서도 가장 정감적인
효과를 만드는 테크닉이라 할 수 있다. 기타 특유의 효과는
거의가 비브라토의 미묘한 움직임에서 생겨난다고 볼수 있다.

핸드 비브라토
줄을 누르고 피킹한 다음 누르고 있는 손가락을 지점으로 하여
왼손 전체를 좌우로 흔들어 음에 흔들림 만든다.
이 때 엄지는 가볍게 네크에 닿는 정도이거나 떼도록 하는 것이 좋다.
그리고 음이 흔들리는 속도는 왼손을 흔드는 빠르기로 조종하고
흔들림의 깊이는 누르고 손가락의 힘으로 조종한다.

초킹 비브라토
초킹 비브라토는 초킹과 릴리즈의 되풀이로
비브라토를 만드는 테크닉이다. 흔들림의 스피드는 초킹과 릴리즈의
빠르기로 흔들림의 깊이는 초킹의 크기로 한다.
기타 테크닉 중 중요한 요소중 하나이다.

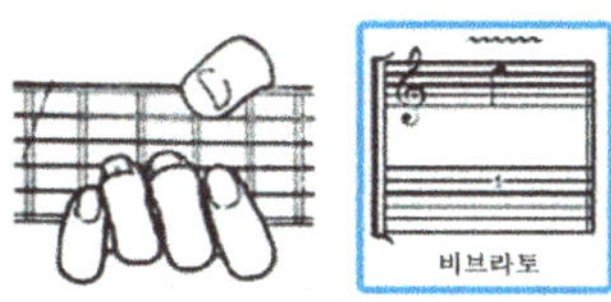

52. 네츄럴 하모닉스 테크닉 알아보기

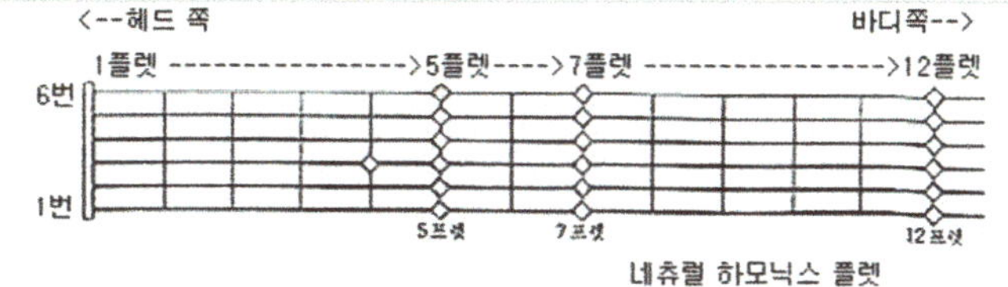

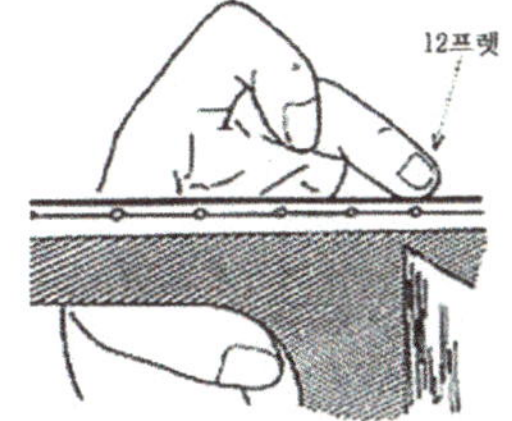

5변현을 튜너로 A음을 맞춘후 5번줄 5플렛에서
　　　　4번줄 7프렛에서 하모닉스 사용하여 튜닝
4번줄 5플렛에서 3번줄 7프렛에서 하모닉스 사용하여 튜닝
3번줄 4플렛에서 2번줄 5플렛에서 하모닉스 사용하여 튜닝
　(3,4번 하모닉스 튜닝시 잘안될경우 내츄널 튜닝 사용)
2번줄 5플렛에서 1번줄 7프렛에서 하모닉스 사용하여 튜닝
6번줄 5플렛(6번줄 페그를 돌려 맞춤)에서 5번줄 7프렛에서
하모닉스 사용하여 튜닝

전체적으로 확인함.

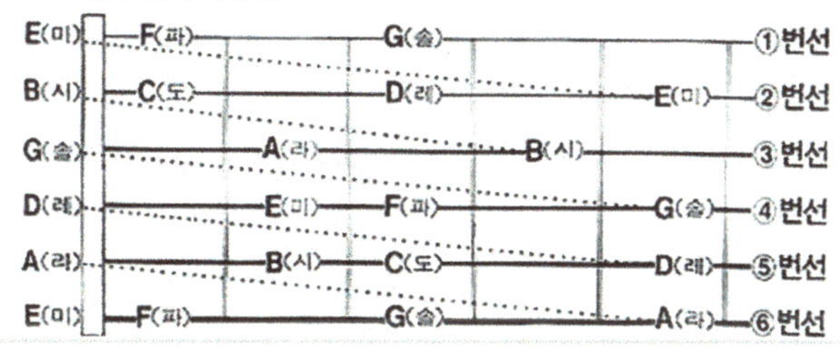

51. 왼손뮤팅 & 오른손뮤트 테크닉 알아보기

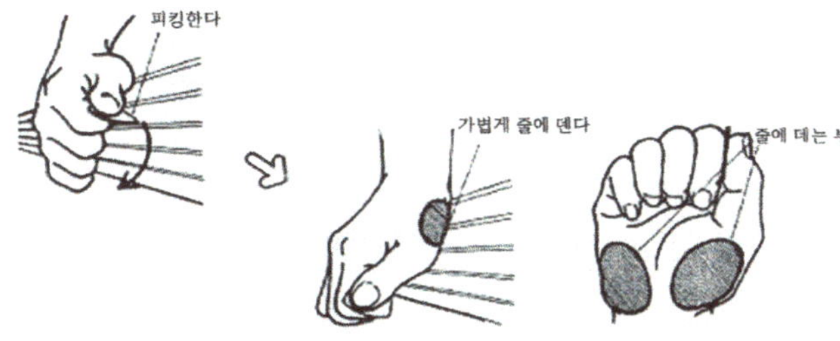

뮤트는 왼손가락이나 혹은 오른손의 새끼손가락 근처의 손바닥을 줄에 가볍게
대고 피킹하여 둔탁한 소리를 내는 주법이다.

머유 뮤트
오른손 테크닉으로 '쟈가쟈가하는 뮤트음을 만든다.
그 방법은 브리지 위에 가볍게 손을 얹고 피킹한다.
머프 뮤트는 오른손 손목을 고정시킨 부자연스런 피킹이기 때문에 빠른 패시지나
극단적인 음(줄)의 도약 등에는 상당한 연습이 필요하다.
노이즈 뮤트
왼손 테크닉으로 그 방법은 핑거 커팅과 동일하다.
즉 줄을 누르고 있는 손가락의 힘을 빼고 손가락이 줄에 가볍게 댄 채로 피킹한다.
이 때 음정이 없는 노이즈를 얻을 수 있다.

53. 테핑(라이트핸드) 테크닉 알아보기

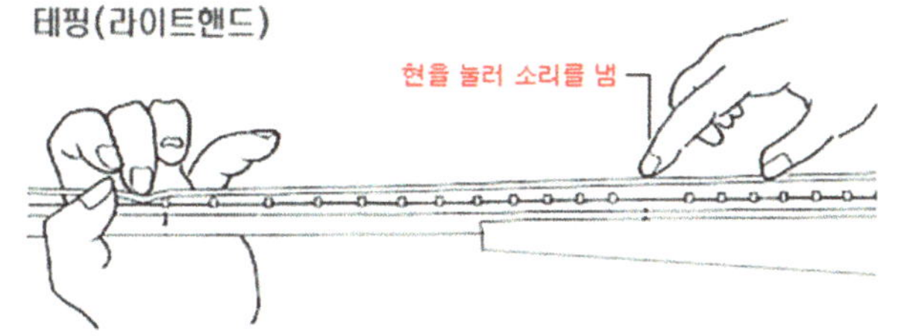

라이트 핸드 왼손으로 음정을 누른후 오른손으로 밀어내듯 연주함..

일렉기타 테크닉부문 강좌

54. 피크 스크래치 테크닉 알아보기

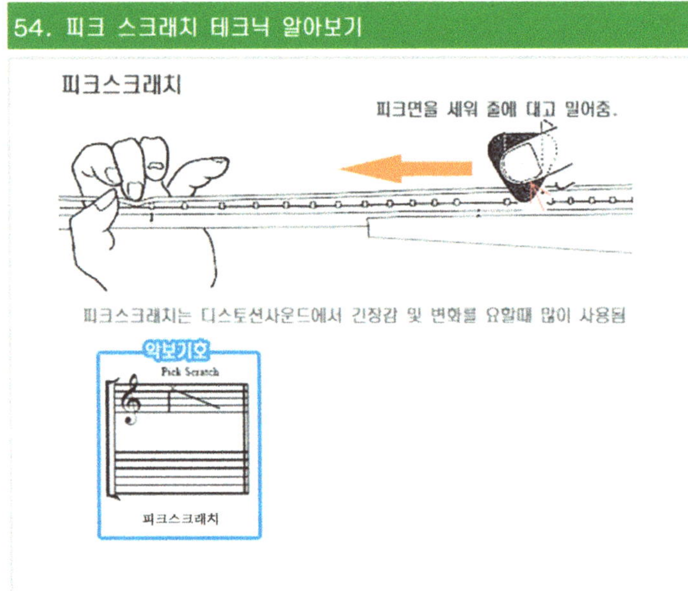

55. 피킹하모닉스 테크닉 알아보기

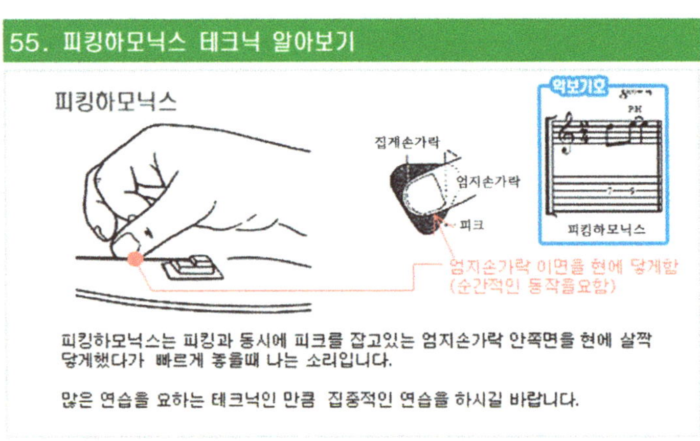

피킹하모닉스는 피킹과 동시에 피크를 잡고있는 엄지손가락 안쪽면을 현에 살짝 닿게했다가 빠르게 퉁을때 나는 소리입니다.

많은 연습을 요하는 테크닉인 만큼 집중적인 연습을 하시길 바랍니다.

56. 볼륨 & 트레몰러암 테크닉 알아보기

57. A7 Key 12마디 Rock & Roll(락앤롤) 알아보기 1부

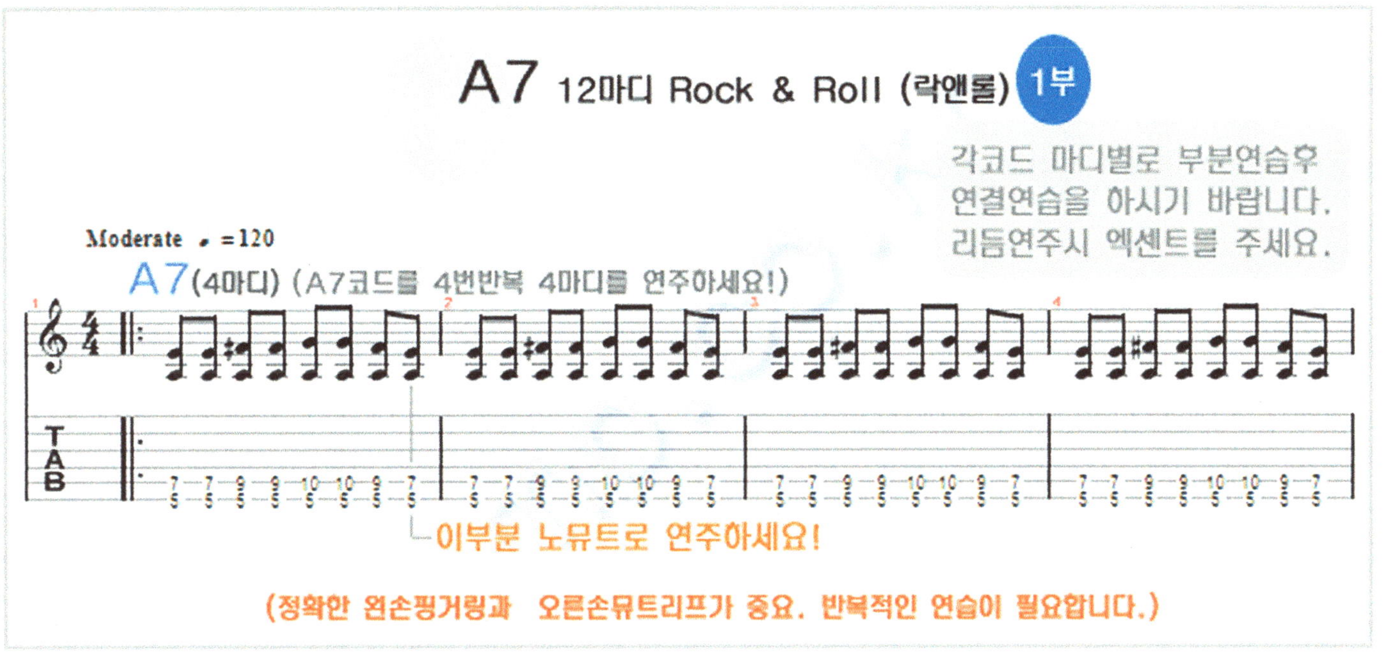

58. A7 Key 12마디 Rock & Roll(락앤롤) 알아보기 2부

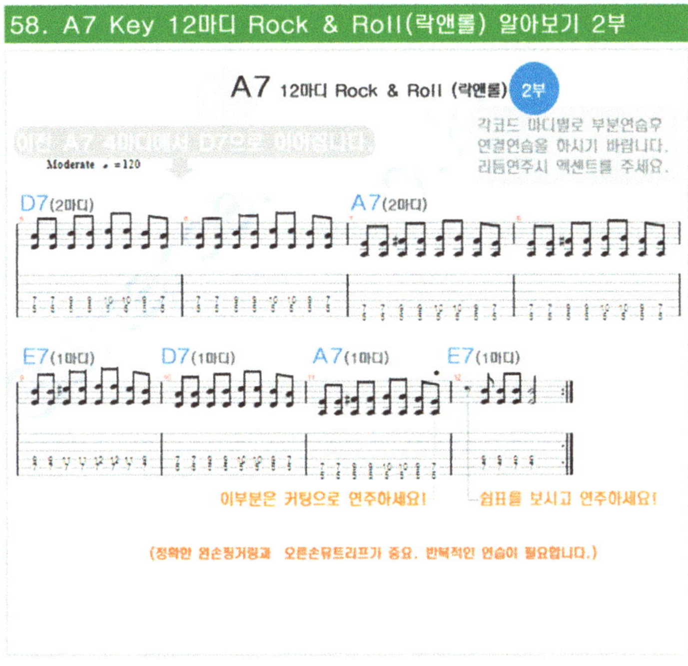

59. A7 Key 12마디 Rock & Roll(락앤롤) 전체 따라하기

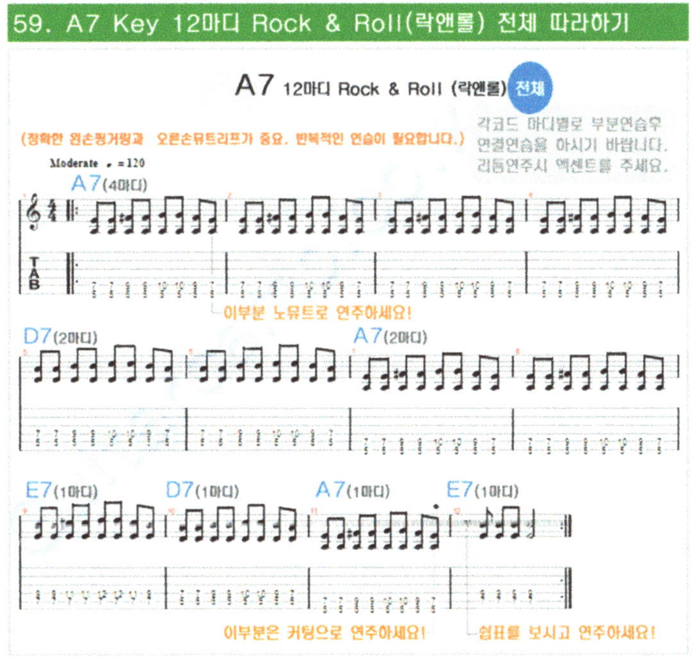

- 그대에게 -

신해철 2집 '재즈카페'(1991)수록곡

작사 : 신해철
작곡 : 신해철
노래 : 신해철
편곡 : GuitarCamp

● 강좌파트 - 1 . 인트로부분(intro)

그대에게

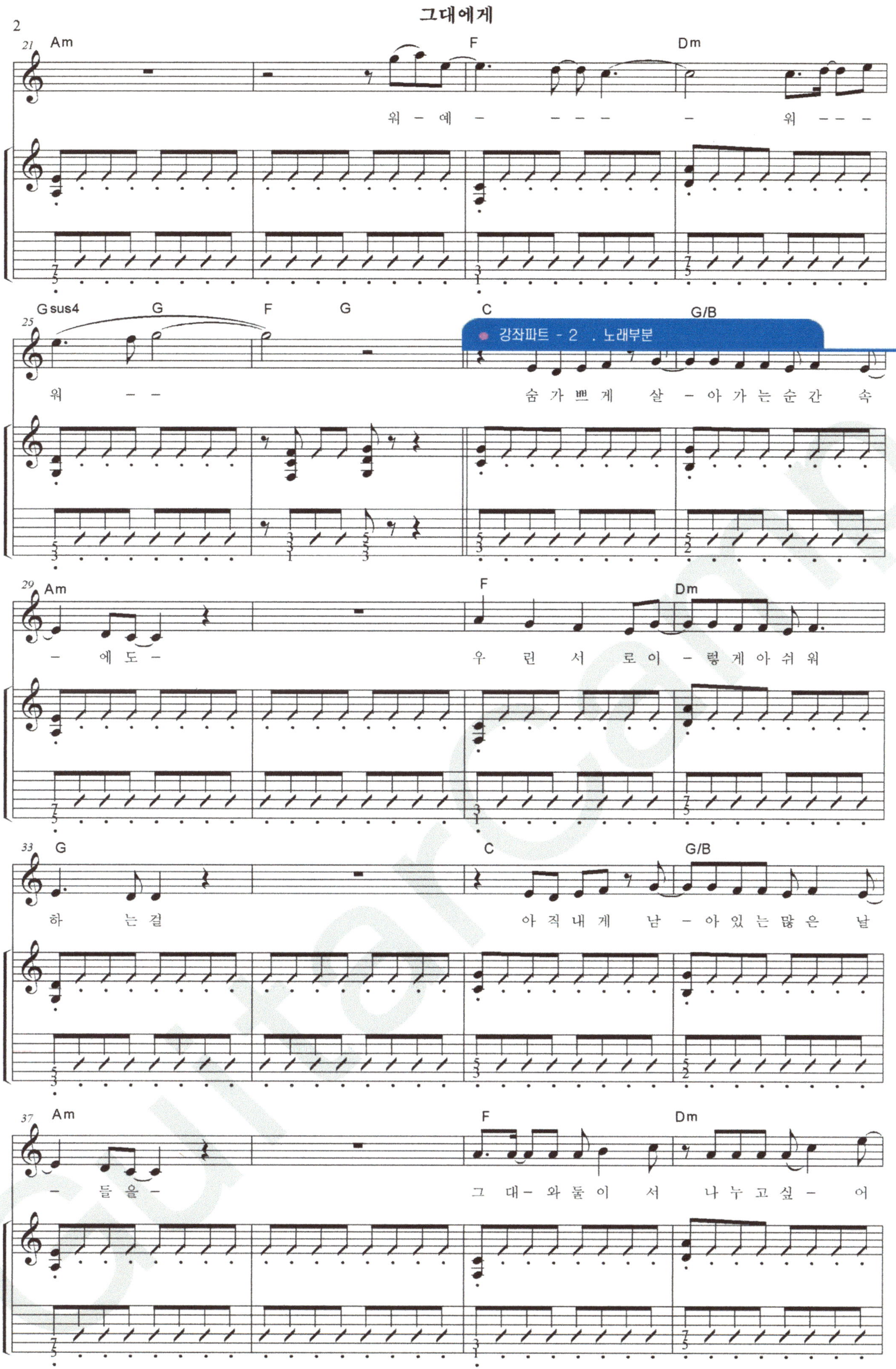

강좌파트 - 2 . 노래부분
워 - 예 - - - - - 워 - - -
워 - - 숨 가 쁘 게 살 - 아 가 는 순 간 속
- 에 도 - 우 린 서 로 이 - 렇 게 아 쉬 워
하 는 걸 아 직 내 게 남 - 아 있 는 많 은 날
- 들 을 - 그 대 - 와 둘 이 서 나 누 고 싶 - 어

G F G F G F
- - 요 - - 내 가 사랑 - 한 - 그 모든
Em Am G F
것 을 다 잃 는 다 해 도 그 대 를 포 기 - 할
Dm Gsus4 F G
순 - 없 - 어 요 -
C G/B Am
이 세 상 어 - 느 곳 에 서 - 도 -
F Dm Gsus4 G
나 는 그 대 - 숨 결 을 느 낄 - 수 있 어 요 -

그대에게
4
C   G/B   Am
내 삶 이 끝 - 나 는 날 까 - - 지 -
F   Dm   Gsus4   F   G
나 는 언 제 - 나 그 대 곁 에 - 있 겠 어 요 -
C   G/B   Am
F   Dm   Gsus4   G
C   G/B   Am
저작권 : www.guitarcamp.co.kr / www.guitarcamp.kr / 무단 복제 및 배포를 허용 하지 않습니다.

내 가 사랑 한 그 모 든 것을 다 잃는 다 해도 그 대
를
포 기 할 순 없 어
요
내 삶 이 끝 나 는 날 까
지
나 는 언 제 나 그 대 곁 에 있

그대에게

- 불놀이야 -

작사 : 홍서범
작곡 : 홍서범
노래 : 옥슨80
편곡 : GuitarCamp

'386세대 그룹사운드'(1999)수록곡

작은 불꽃으-로 - 네 마음을날려봐 -
저 들판사이로 가면 - 내 마음의창을 열고 -
두 팔을벌려서 돌면 - 야 불이춤춘다 불놀이
야 - - 하

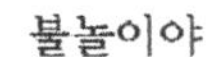

Dm
꼬마 불꽃송이 -
꼬 리를물고-
동 그라미그그-려 -
너 의꿈을날려봐 -
저 들판사이로
가면-
내 마음의창 을
열고-
F
H
2

Dm F Dm F
두 팔을벌려서 돌면- 야 불이춤춘다 불놀이
G B♭ A
야 - - 하
Dm
Dm
Dm

Dm
A
저하 늘로 떠난 -
불꽃을 보며-
H

불놀이야

저 들판 사이로   가면 -   내 마음의 창을   열고 -

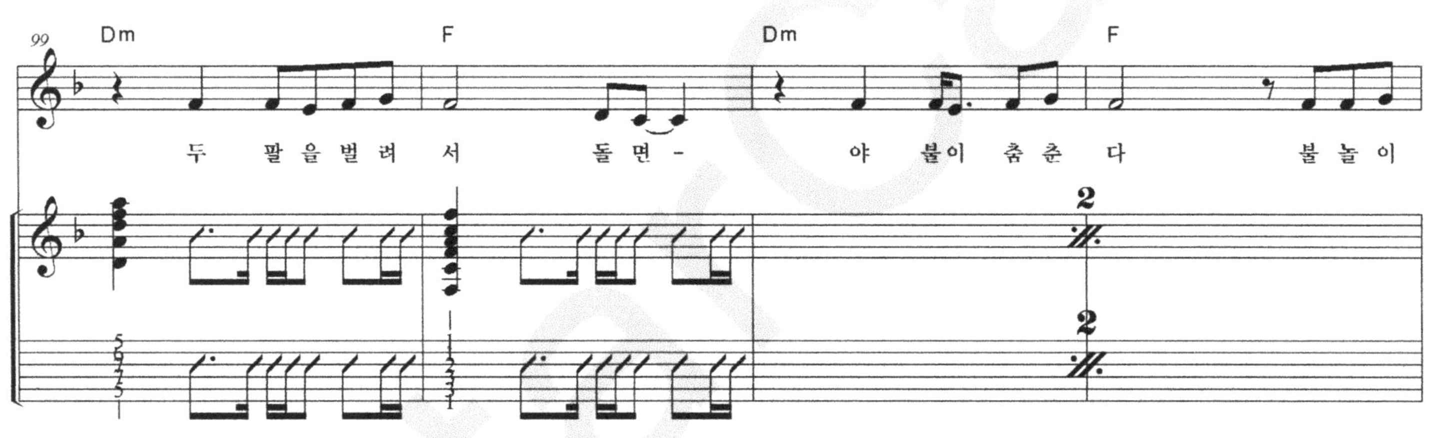
두 팔을 벌려 서   돌면 -   야 불이 춤춘 다   불 놀 이

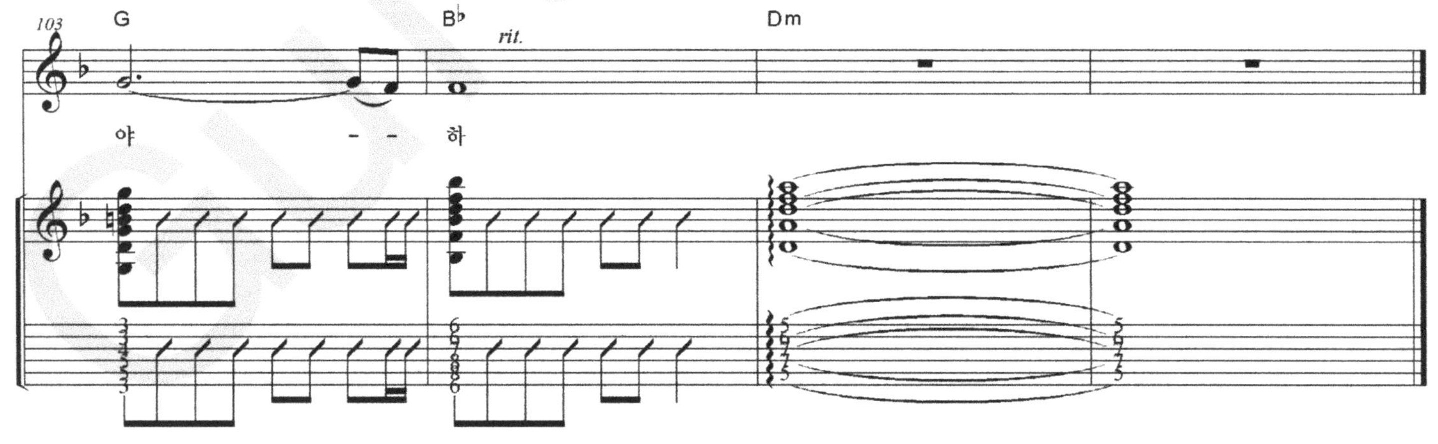
야 - - 하

- 사람이 꽃보다 아름다워 -

작사 : 정지원
작곡 : 안치환
노래 : 안치환
편곡 : GuitarCamp

안치환 5집 'Desire' 수록곡(1997)

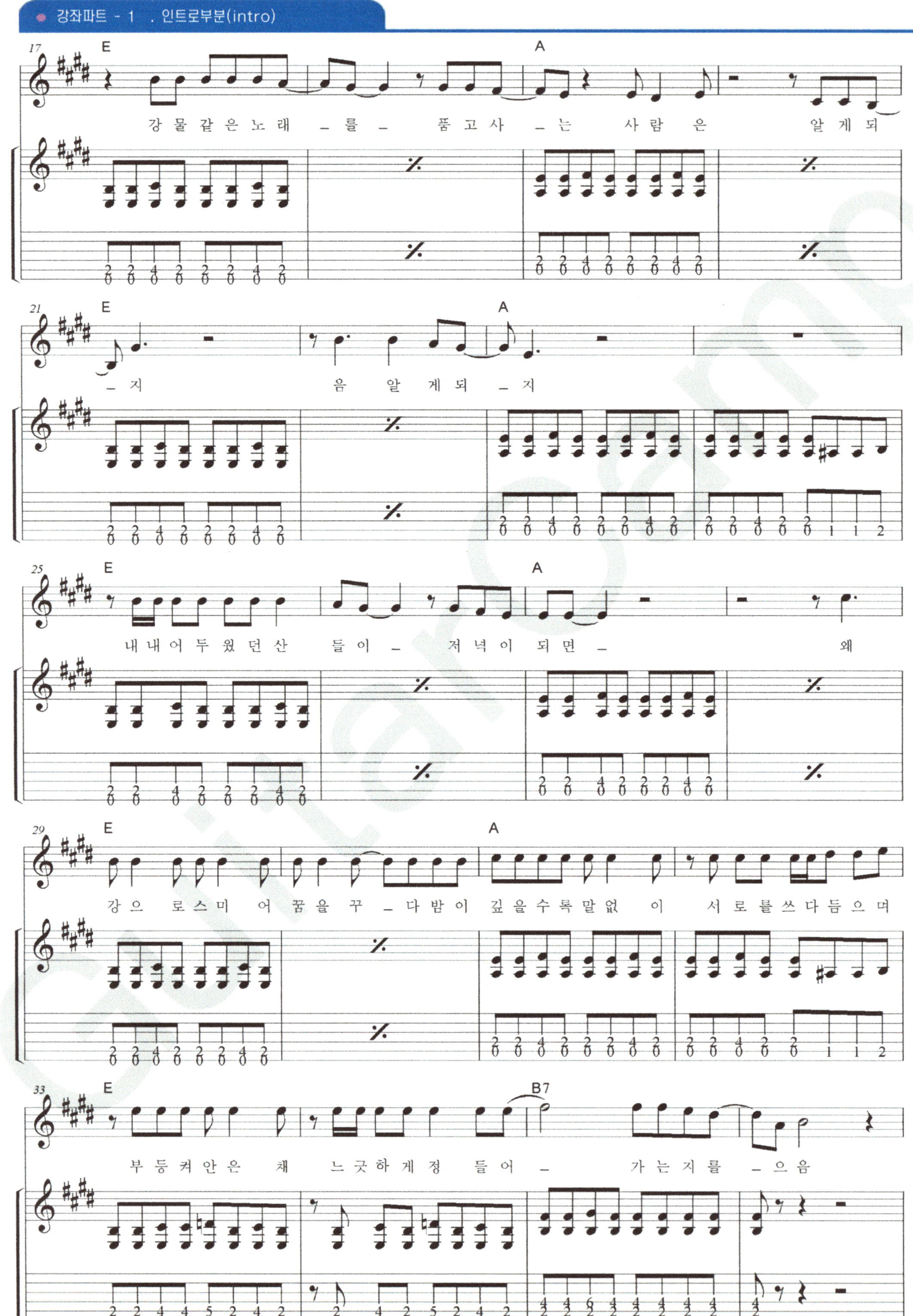
강좌파트 - 1 . 인트로부분(intro)
강물같은노래 _를 _ 품고사 _는 사람은 알게되
_지 음 알게되 _지
내내어두웠던산 들이 _ 저녁이 되면 _ 왜
강으 로스미 어 꿈을꾸 _ 다밤이깊을수록말없 이 서로를쓰다듬으며
부등켜안은 채 느긋하게정 들어 _ 가 는지를 _으음

E   A
지독한외로움_에 쩔쩔매본_ 사람은   알게되
E   A
_지   음 알게되_지
E   A
그슬픔에굴 하지않고 비켜서지 않으며_   어 느
E   A
곁에 반_짝이는 꽃눈을달고우 _령우렁잎들 을 키우는사람이야말로
E   B7
짙푸른숲이되고 산이되어메아리로_ 남는다는것을_ 누가뭐 래도

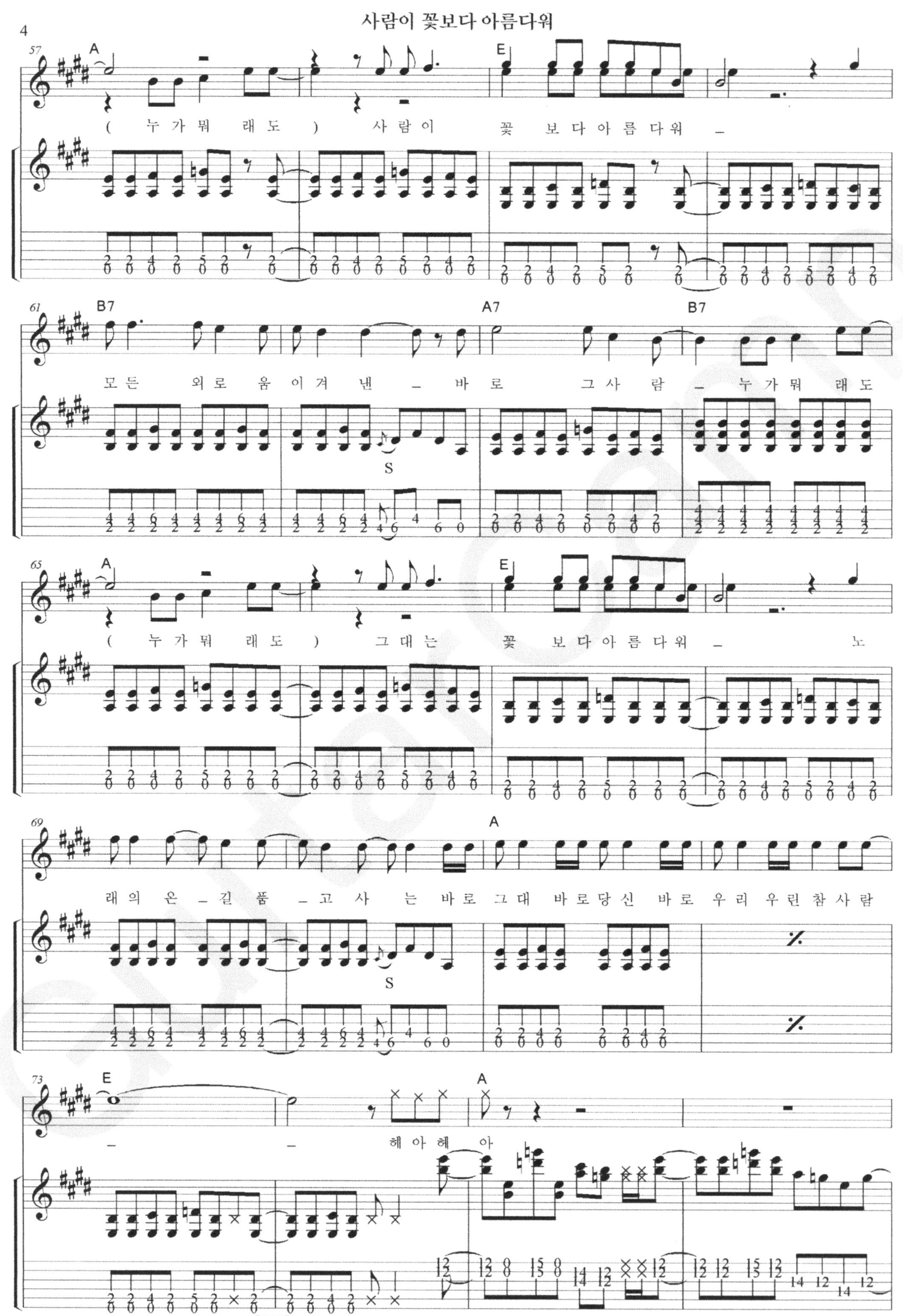
사람이 꽃보다 아름다워
(누 가 뭐 래 도) 사 람 이 꽃 보 다 아 름 다 워 _
모 든 외 로 움 이 겨 낸 _ 바 로 그 사 람 _ 누 가 뭐 래 도
(누 가 뭐 래 도) 그 대 는 꽃 보 다 아 름 다 워 _ 노
래 의 온 _ 길 품 _ 고 사 는 바 로 그 대 바 로 당 신 바 로 우 리 우 린 참 사 람
_ _ 헤 아 헤 아

지 독 한 외 로 움 _에 쩔 쩔 매 본 사 람 은 알 게 되
_지 음 알 게 되 _지

사람이 꽃보다 아름다워

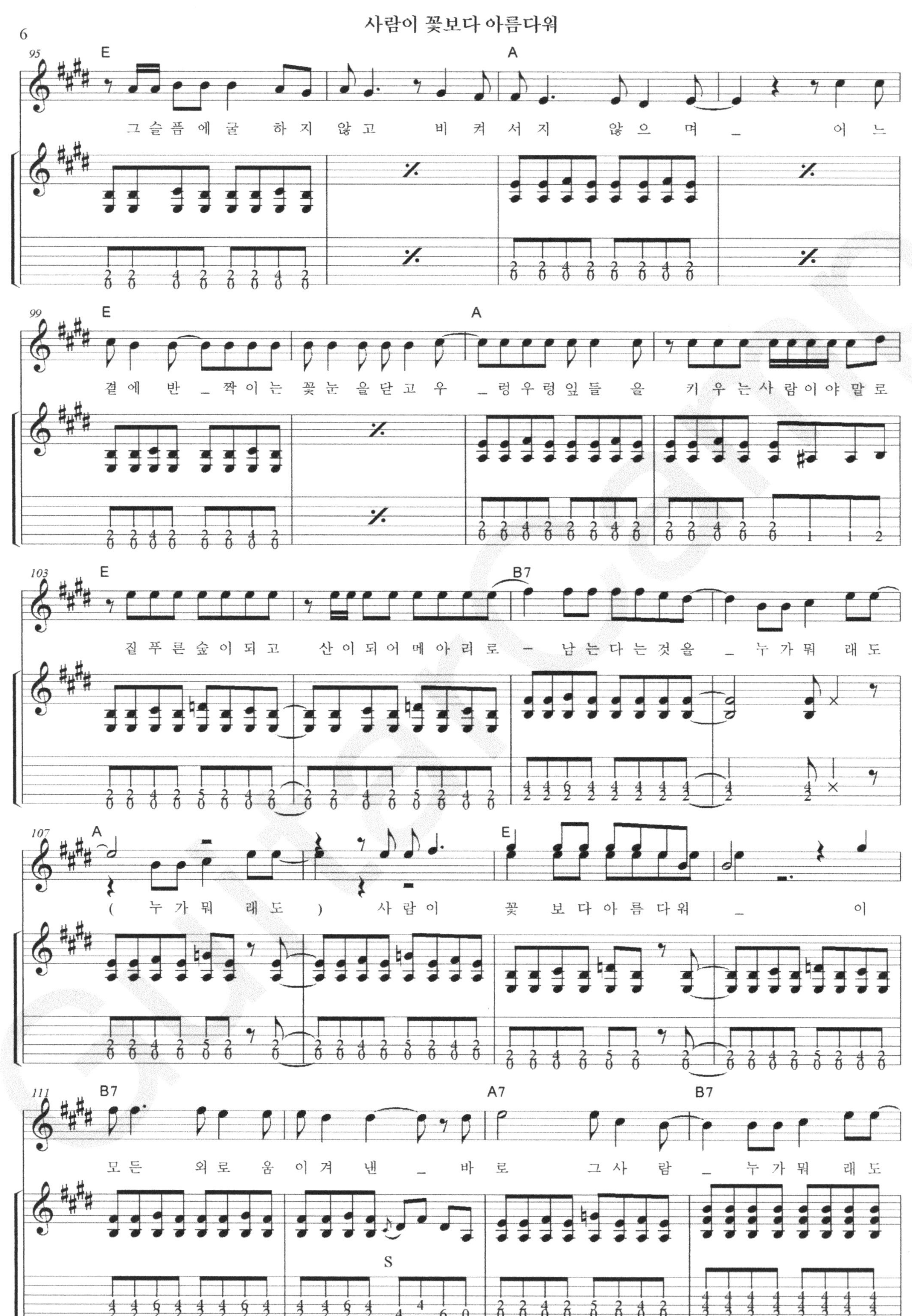

(누가뭐래도) 그대는 꽃보다아름다워 _ 노
래의온_길품_고사_는바로그대 바로당신 바로우리우린참사람
누가뭐래도 (누가뭐래도) 사람이
꽃보다아름다워 _ 노래의온_길품
_고사_는 바로그대 바로당신 바로우리 우린참 사람

사람이 꽃보다 아름다워

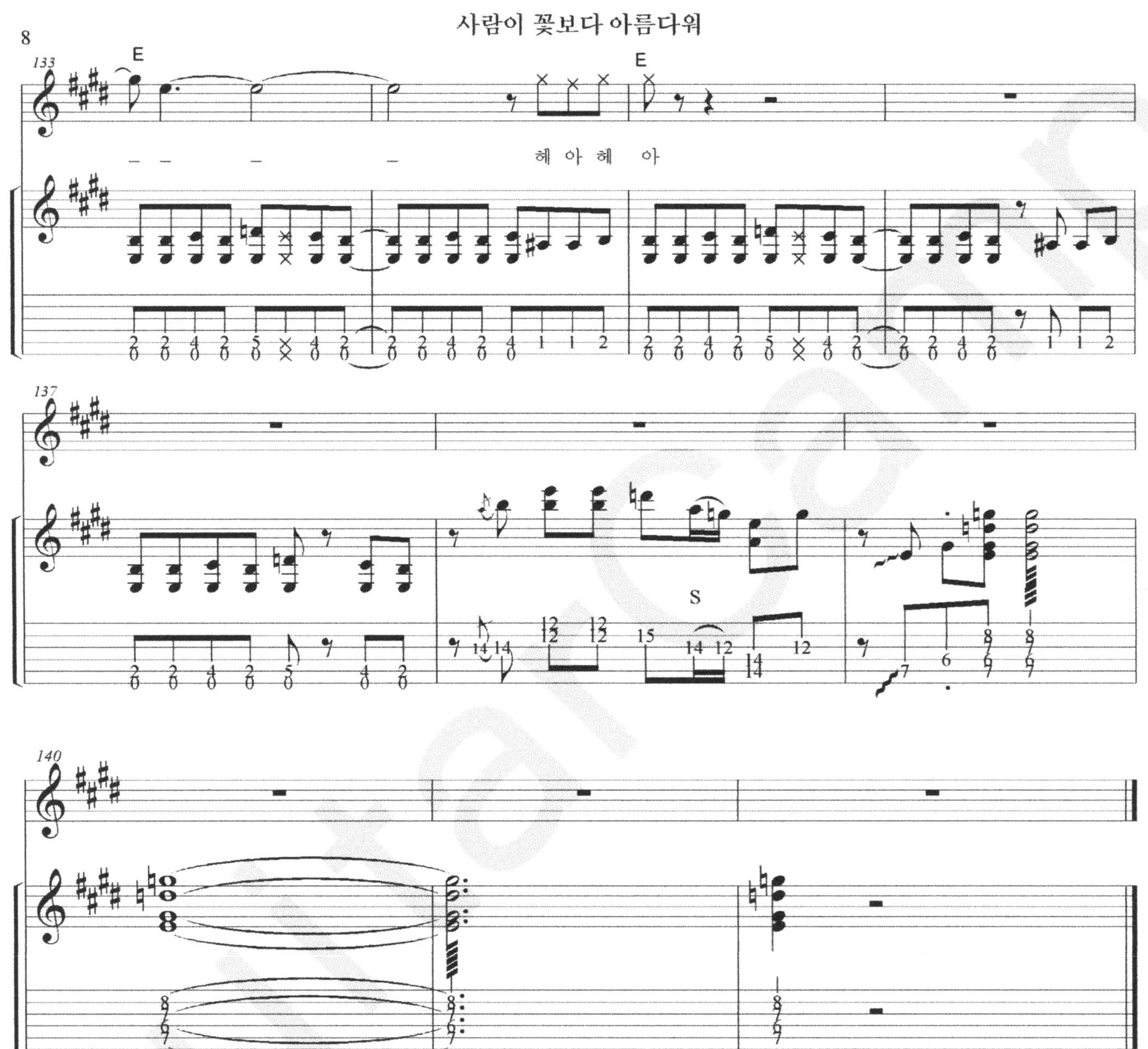

- 좋 다 -

데이브레이크의 'New Day' (2010.01)수록곡

작사 : 데이브레이크
작곡 : 데이브레이크
노래 : 데이브레이크
편곡 : GuitarCamp

좋다

좋다
3/Guitar
영원히-간 직 -할 이-기 분--
-할 이-기 분
왠 지서-툴 러 - 보이-는- 작 은두-글 자 - 로-
나 의마-음 을 - 전할 께 -
니 가있 어

4/Guitar
좋다
좋 다 사 랑 해 서 좋 다 다 른 말 로
설 명 할 수 없 는 이 기 분 너 무 나 도 좋 다
너 와 함 께 하 는 이 순 간 영 원 히 간 직 할 이 기 분
좋 다 yeah 좋 다

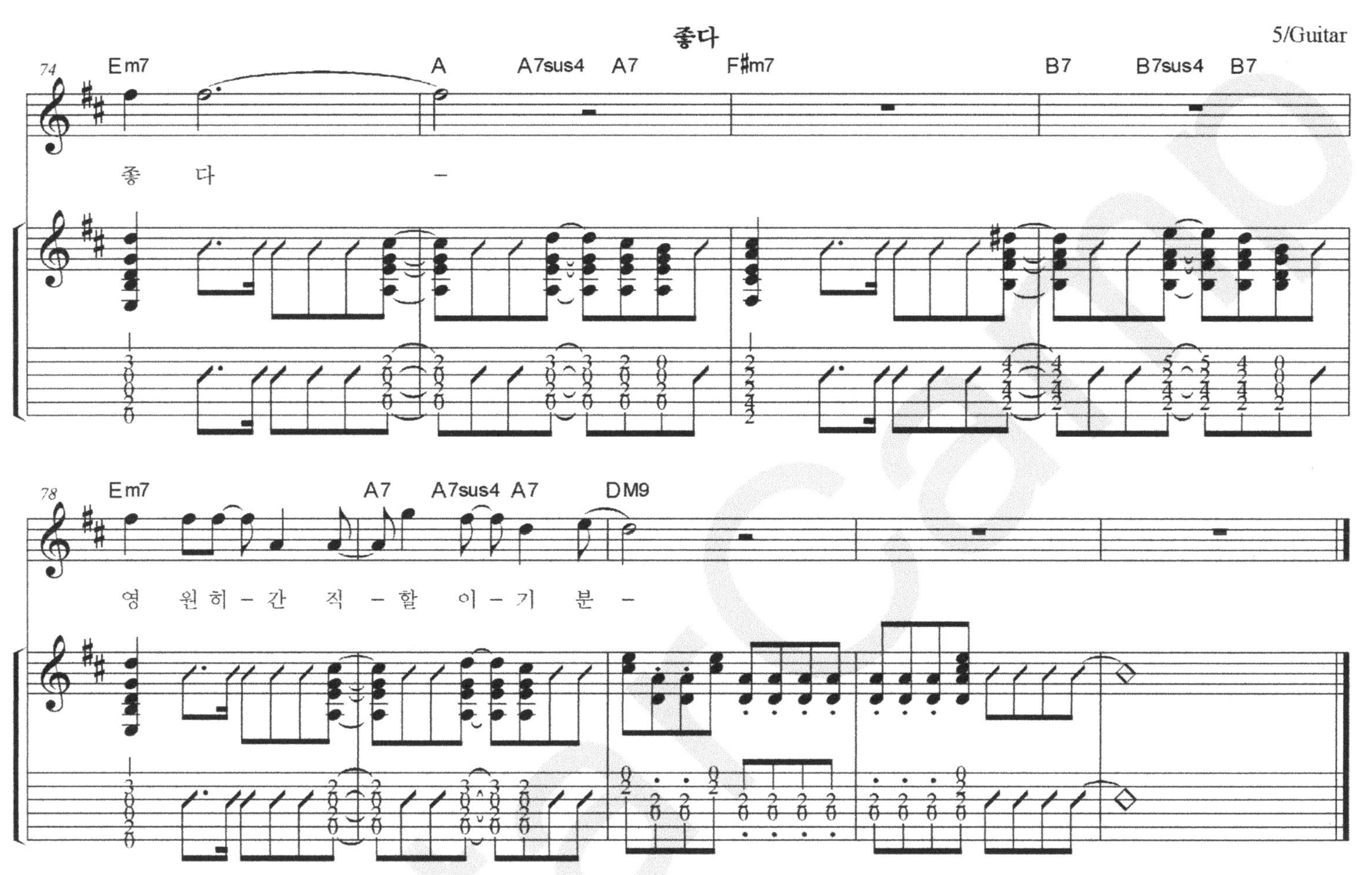
좋다
Em7 A A7sus4 A7 F#m7 B7 B7sus4 B7
좋 다 -
Em7 A7 A7sus4 A7 DM9
영 원 히 - 간 직 - 할 이 - 기 분 -

- Smells Like Teen Spirit -

Nirvana 2집 'Nevermind'(1991)수록곡

작사 : Novoselic Krist Anth, Grohl David Eric, Cobain Kurt D
작곡 : Novoselic Krist Anth, Grohl David Eric, Cobain Kurt D
노래 : Nirvana
편곡 : GuitarCamp

● 강좌파트 - 1 . 인트로부분(intro)

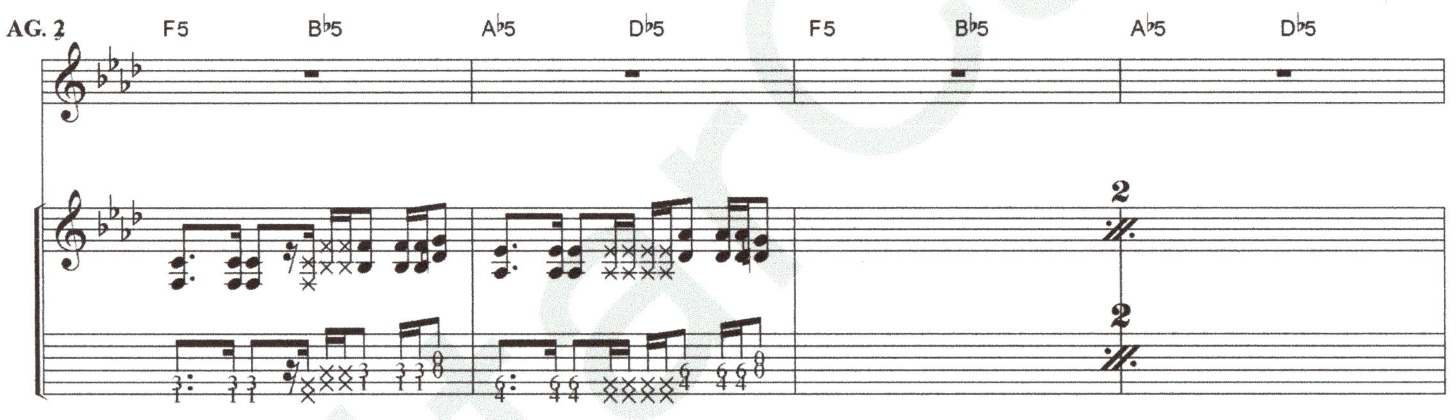

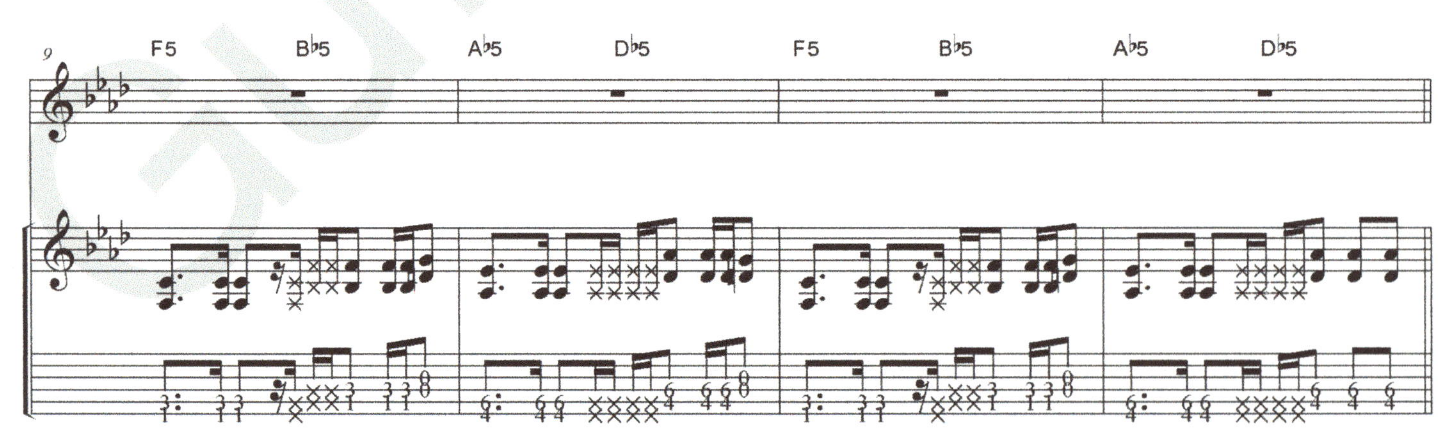

Smells Like Teen Spirit

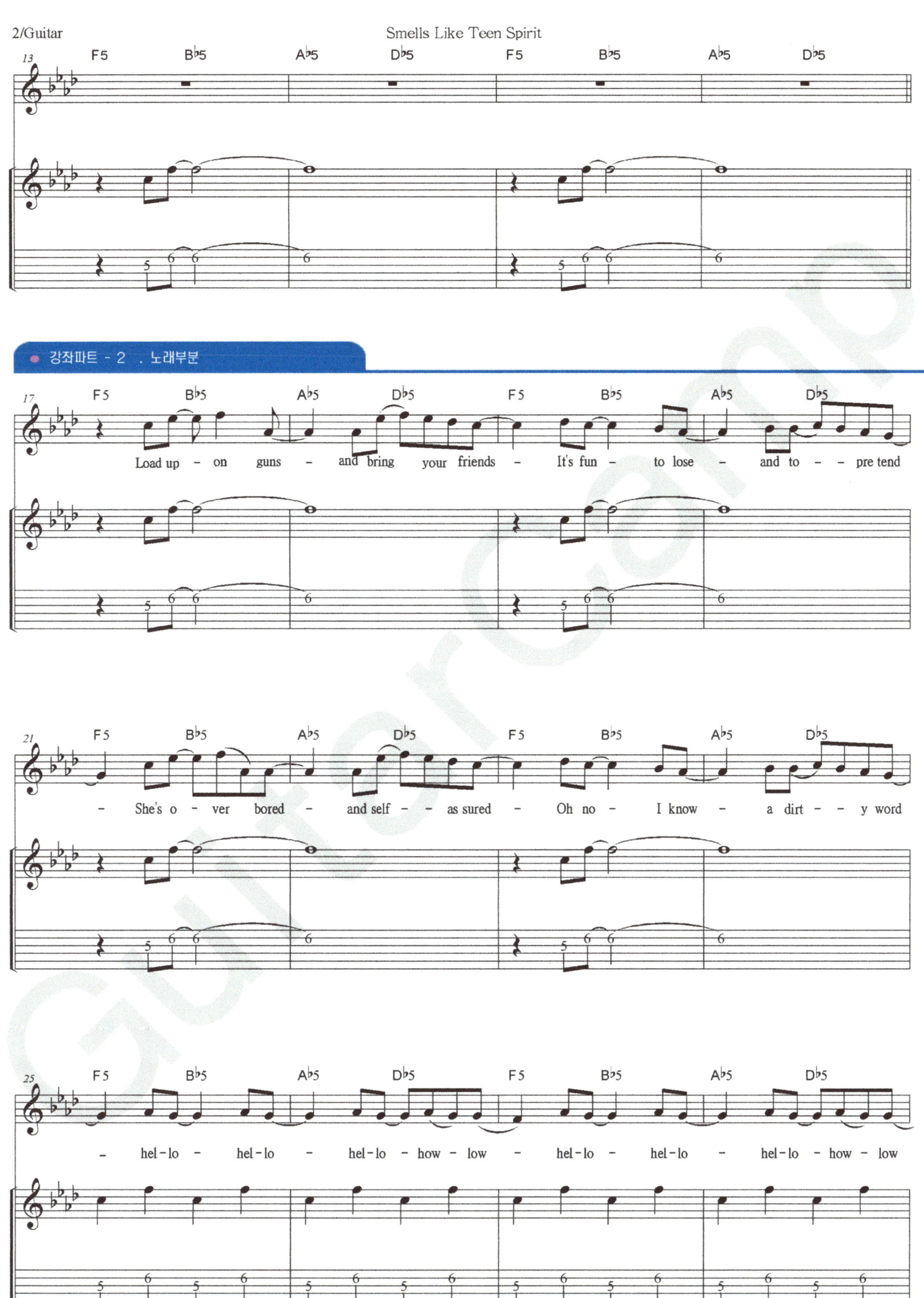

F5   B♭5   A♭5   D♭5   F5   B♭5   A♭5   D♭5
- hel-lo - hel-lo - hel-lo - how-low - hel-lo - hel-lo - he-llo With the lights
F5   B♭5   A♭5   D♭5   F5   B♭5   A♭5   D♭5
- out - it's less dan -gerous - Here we are - now en-ter tain - us _ I feel stu-
F5   B♭5   A♭5   D♭5   F5   B♭5   A♭5   D♭5
- pid - and con-ta - gious. - Here we are - now en-ter tain - us. - A mul-la-
F5   B♭5   A♭5   D♭5   F5   B♭5   A♭5   D♭5
- to an al - bi - no, - a mos qui - to, my li bi - do. Yeh,

Smells Like Teen Spirit

F5 Bb5 Ab5 Db5 F5 Bb5 Ab5 Db5
- hel-lo - hel-lo - hel-lo - how - low - hel-lo - hel-lo - hel-lo - how - low
F5 Bb5 Ab5 Db5 F5 Bb5 Ab5 Db5
- hel-lo - hel-lo - hel-lo - how - low - hel-lo - hel-lo - he-llo With the lights
F5 Bb5 Ab5 Db5 F5 Bb5 Ab5 Db5
- out - it's less dan -gerous -Here we are - now en-ter tain - us - I feel stu-
F5 Bb5 Ab5 Db5 F5 Bb5 Ab5 Db5
- pid -and con-ta - gious. -Here we are - now en-ter tain - us. - A mul-la-

Smells Like Teen Spirit

And I for get just why I taste Oh yeah I guess it makes me smile

Smells Like Teen Spirit

F5   Bb5   Ab5   Db5   F5   Bb5   Ab5   Db5
-pid   -and con-ta- gious.   -Here we are -now   en-ter tain - us.   - A mul-la-

F5   Bb5   Ab5   Db5   F5   Bb5   Ab5   Db5
-to   an al-bi - no,   - a mos qui - to,   my li-bi - do,   a de-ni-

F5   Bb5   Ab5   Db5   F5   Bb5   Ab5   Db5
-al,   a de-ni - al,   a de-ni - al,   a de ni - al,   a de-ni-

F5   Bb5   Ab5   Db5   F5   Bb5   Ab5   Db5
-al   a de-ni - al,   a de-ni - al,   a de ni - al,   a de-ni-

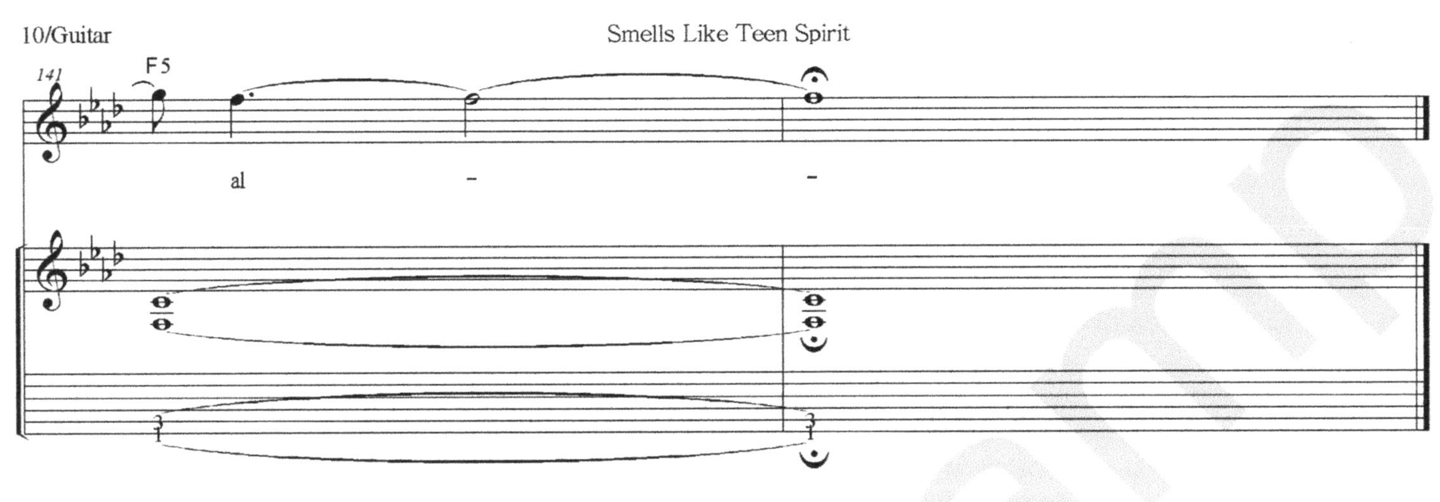
F 5
141
al

베이스기타교본 스마트폰 거치대 설치안내! & 스마트폰 동영상강좌 안내!

1

적색선을 따라 준비된 칼을 이용해
절단하세요!
이때 접는선표시(----)는
절단하시 마세요!
(주의)절단시 손을 다치지않게
주의 하시기 바랍니다.
아래 그림순서와 같이 설치하세요!

2

회원님 스마트폰으로 거치대 중간 QR코드를
스캔하시면 별도 인증없이 동영상강좌 페이지로
바로 이동 합니다!

QR코드 스캔이 안될시 www.guitarcamp.kr 기타캠프
모바일웹으로 직접 연결 바랍니다.

3

"베이스기타교본" 버튼터치 후
인증번호 입력페이지에서
인증번호를 입력하세요!
(와이파이 연결을 권장합니다)

인증번호 : 75043670

4

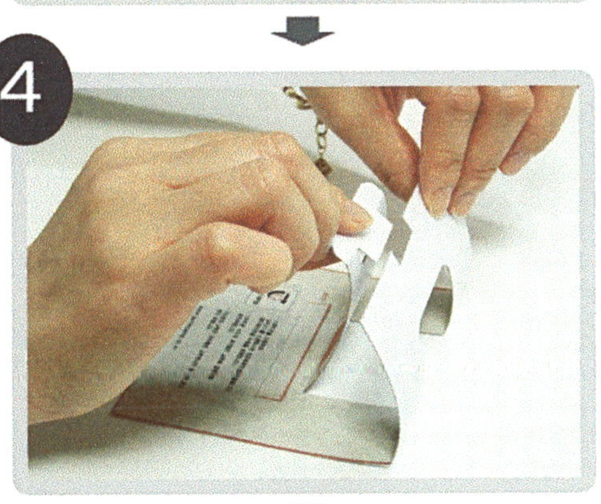

인증 후 강좌리스트 페이지로 연결됩니다.
강좌리스트 제목을 티치하면
동영상강좌를 이용 하실 수 있습니다.
(단, 스마트폰모델과 설정관계로 인하여
강좌가 다운로드 될 수 있습니다.
강좌다운로드시 내파일에서 이용가능 합니다.)

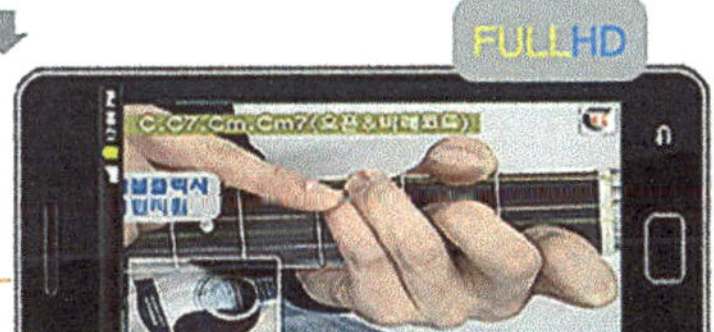

5

(주의)설치가 완료된 거치대에
스마트폰은 세로가 아닌
가로로 꼭 거치하시기 바랍니다.
세로로 거치시 쓰러질 수 있습니다.

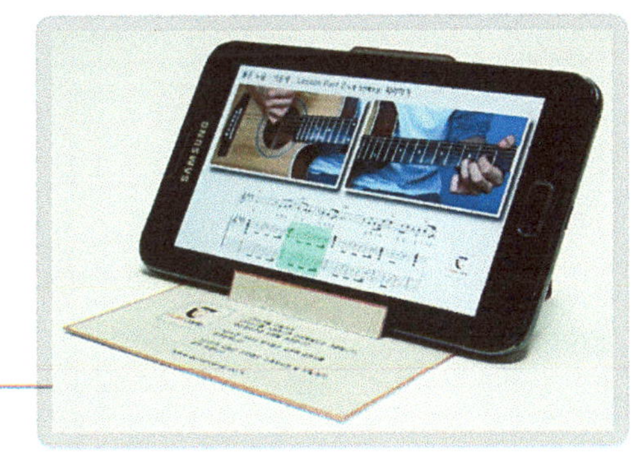

- 강좌리스트 -

01. 본강좌 이용전 기타 key튜닝 및 사용안내 (필독)

<중요공지>

본강좌 이용시엔 기타 개방현 3번줄을 "A"(라)
음으로 튜닝(음조율)을 하신 후 이용하시기 바랍니다. (튜너사용 튜닝강좌부분을 참조하세요!)

● 튜너(음조율기)로 기타현음정맞추기 (튜닝)

1. 기타와 튜너를 연결
튜너는 일렉기타와 통기타모두 공용으로 사용할 수 있습니다.

2. 각현의 음의 목표로 하는 튜닝음이 되도록 줄감개를 돌려서 조절한다
줄감개

3. 목표의 음보다 높아지면

4. 일단 목표의 음보다 낮아지도록

5. 다시 줄감개를 감아 조절한다.

4번	3번	2번	1번
정튜닝시: E(미)	A(라)	D(레)	G(솔)

03. 튜너를 사용한 튜닝법 (줄음조율)

04. 청음를 사용한 네츄럴 튜닝법 (줄음조율)

(튜닝은 여러방법이 있습니다. 예를 들어 네츄럴하모닉스 튜닝 튜닝기계를 이용한 튜닝 등이 있지만 이번시간엔 기본이 되는 개방현을 청음(음을듣기)튜닝 방법을 알아 보겠습니다.)(청음튜닝은 많은 노력이 필요함을 알려드립니다.)

5프렛 튜닝법
가장 많이 쓰이는 튜닝법으로 여기서는 피치 파이프(Pitch Pipe)를 통한 튜닝 방법을 설명하겠다. (다른 악기를 통한 튜닝도 같은 방법으로 하면 된다.) 또한 튜너를 사용하여 튜닝(조율)할 수 있다

	1플렛	2플렛	3플렛	4플렛	5플렛	
G(솔)		A(라)				1번
D(레)		E(미)	F(파)		솔	2번
A(라)		B(시)	C(도)		레	3번
E(미)	F(파)		G(솔)		라	4번

02. 각부분 명칭 및 역할 알아보기

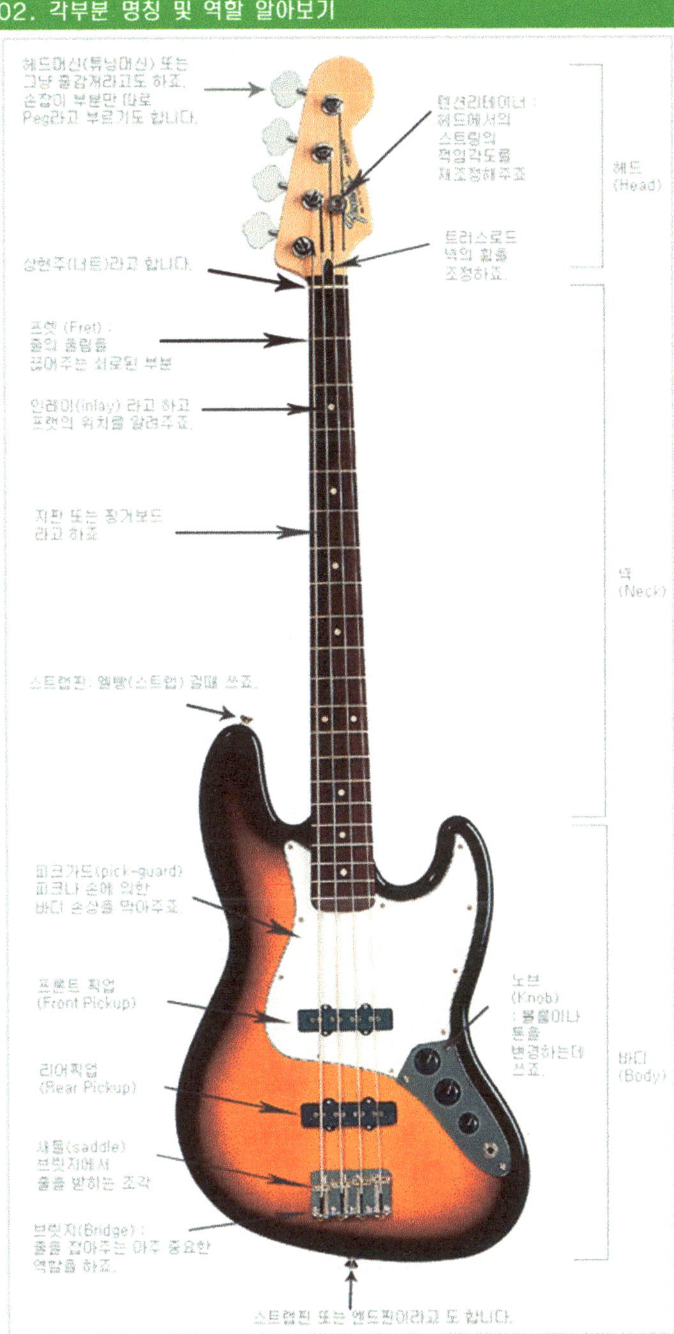

05. 청음를 사용한 네츄럴하모닉스 튜닝법 (줄음조율)

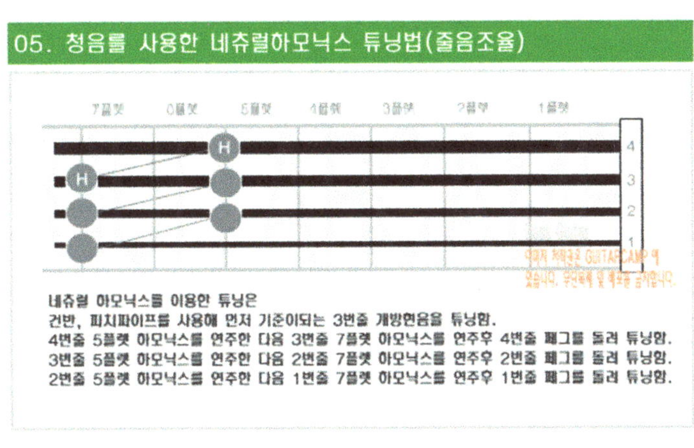

네츄럴 하모닉스를 이용한 튜닝은
건반, 피치파이프를 사용해 먼저 기준이되는 3번줄 개방현음을 튜닝함.
4번줄 5플렛 하모닉스를 연주한 다음 3번줄 7플렛 하모닉스를 연주후 4번줄 페그를 돌려 튜닝함.
3번줄 5플렛 하모닉스를 연주한 다음 2번줄 7플렛 하모닉스를 연주후 2번줄 페그를 돌려 튜닝함.
2번줄 5플렛 하모닉스를 연주한 다음 1번줄 7플렛 하모닉스를 연주후 1번줄 페그를 돌려 튜닝함.

06. 베이스기타와 엠프연결 사운드세팅법

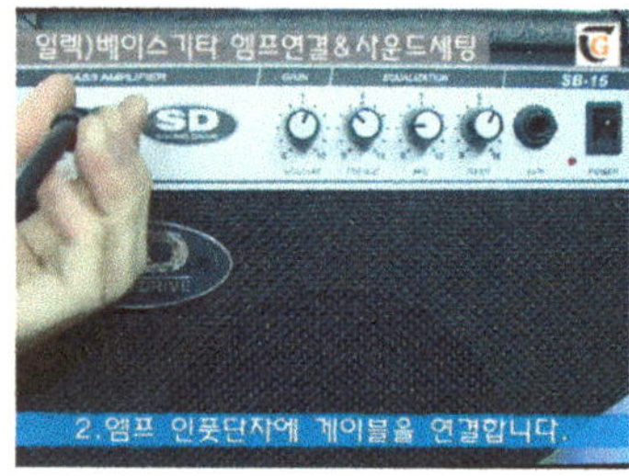

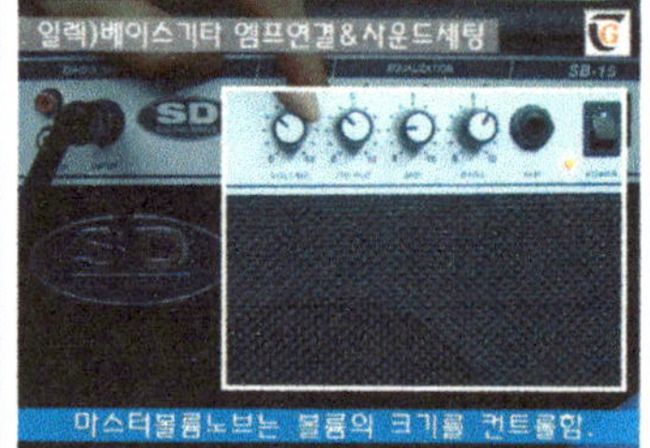

07. 각현의 개방현(음)과 음계 알아보기

개방현이란?

왼손으로 줄을 누르지 않은 내츄럴상태에 음을 말합니다.
가장기본이 되는 음입니다. 꼭 암기하시기 바랍니다.
(1번부터 - 솔->레->라->미)

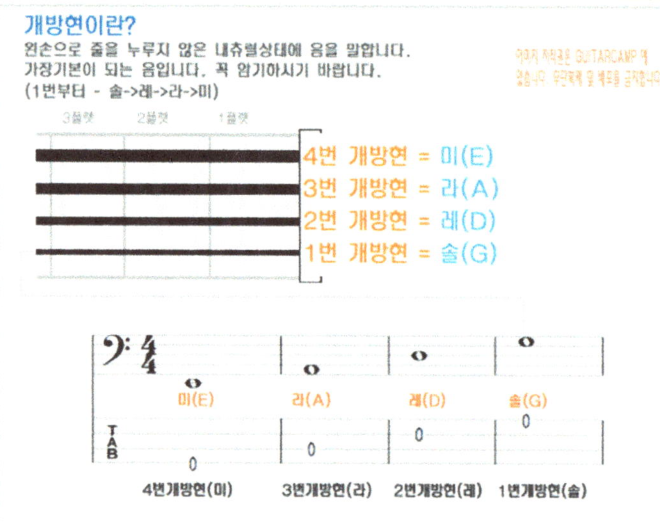

09. 오른손핑거피킹법 알아보기

오른손 핑거피킹

엄지손가락(T)을 픽업위쪽 또는 4번줄 위에 살짝올려놓고
검지손가락(i)과 중지손가락(m)으로 줄(현)을 아래에서 위로 뜯으며
연주하는 주법입니다.

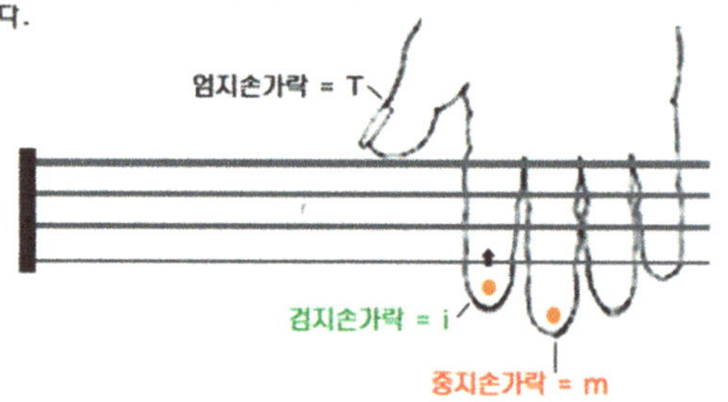

08. 왼손핑거링법 알아보기

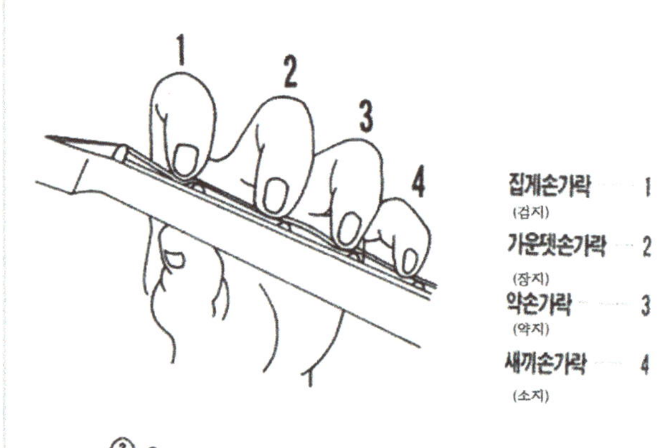

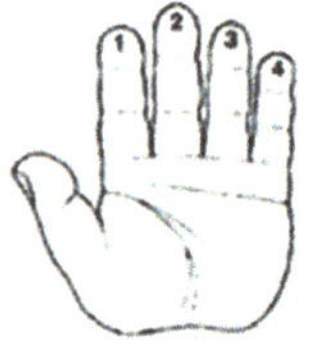

왼손은 기타의 넥에 핑거보드에 있는 현을 누르는데 사용
왼손은 그림과같이 집게손가락 부터
1번에서 ~ 4번까지구성
엄지손가락은 0번이 됩니다.
(왼손은 기타넥을 공을 쥐듯이 자세를 잡습니다.)
손가락의 마디끝을 세운뒤 기타현(줄)을 누릅니다.
기타 핑거보드 1플렛은 1번손가락이 담당.
(플렛번호에 맞게 4개단위씩 잡아줍니다.)

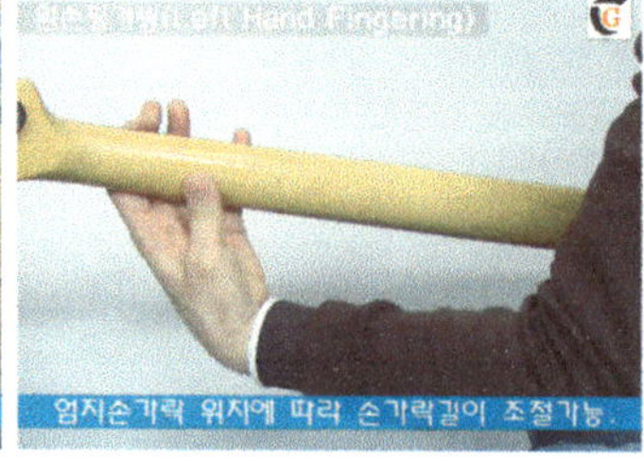

10. 피크사용법과 피킹법 알아보기

다운피킹법

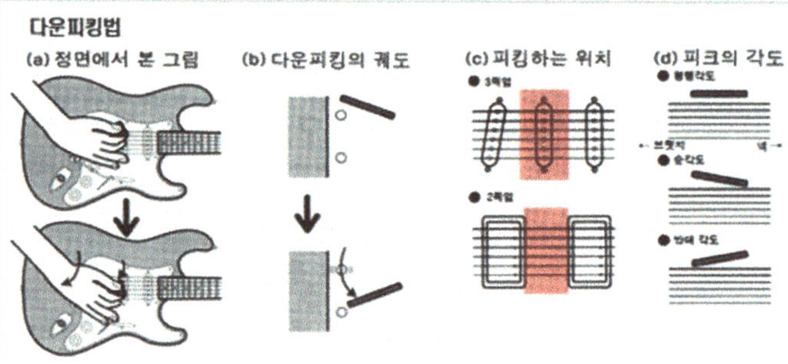

업피킹법

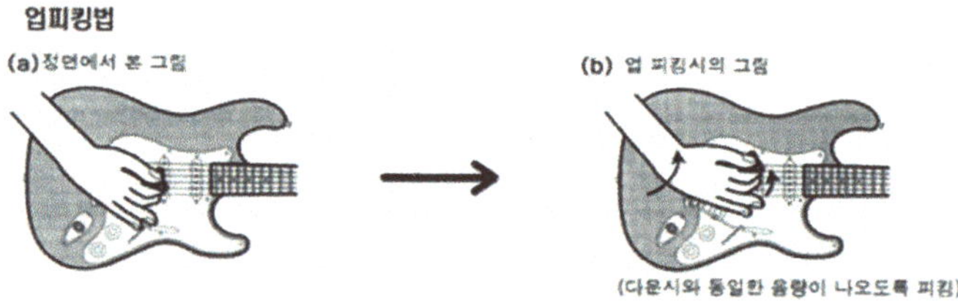

피크종류 및 잡는법

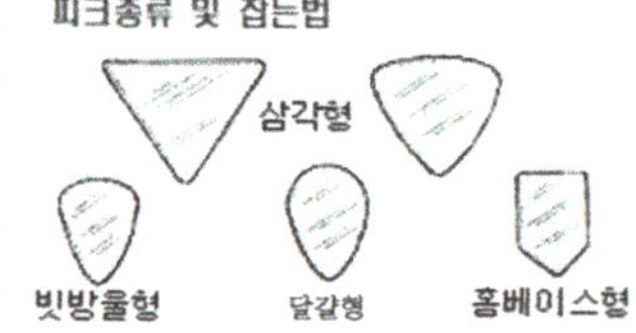

피크란? 오른손 주법시 사용되는 도구이다.
구체적 멜로디와 빠른 연주사용시 이용
빗방울형, 삼각형, 홈베이스현등
여러 종류가 있슴 또한 두께와 재질도한 여러
종류이다.

• 피크는 일반적으로 쉽게 물건을 잡듯이
편안하게 잡으셔야 피크컨트롤이 용의하게 됩니다.

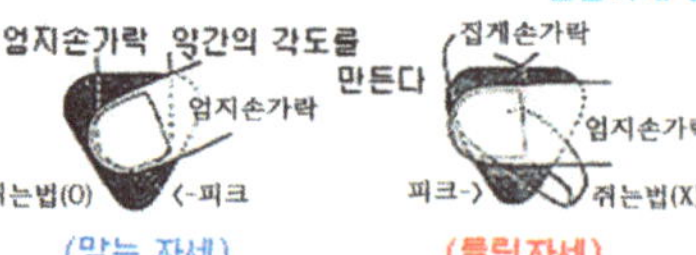

그림과 같이 피크는 잡는 자세에
따라 기타연주에 큰영향을 주는
요소이다.
꾸준한 연습으로 올바른 피킹자세를
익히는 것이 중요함.

11. 크로메틱(반음계스케일)알아보기

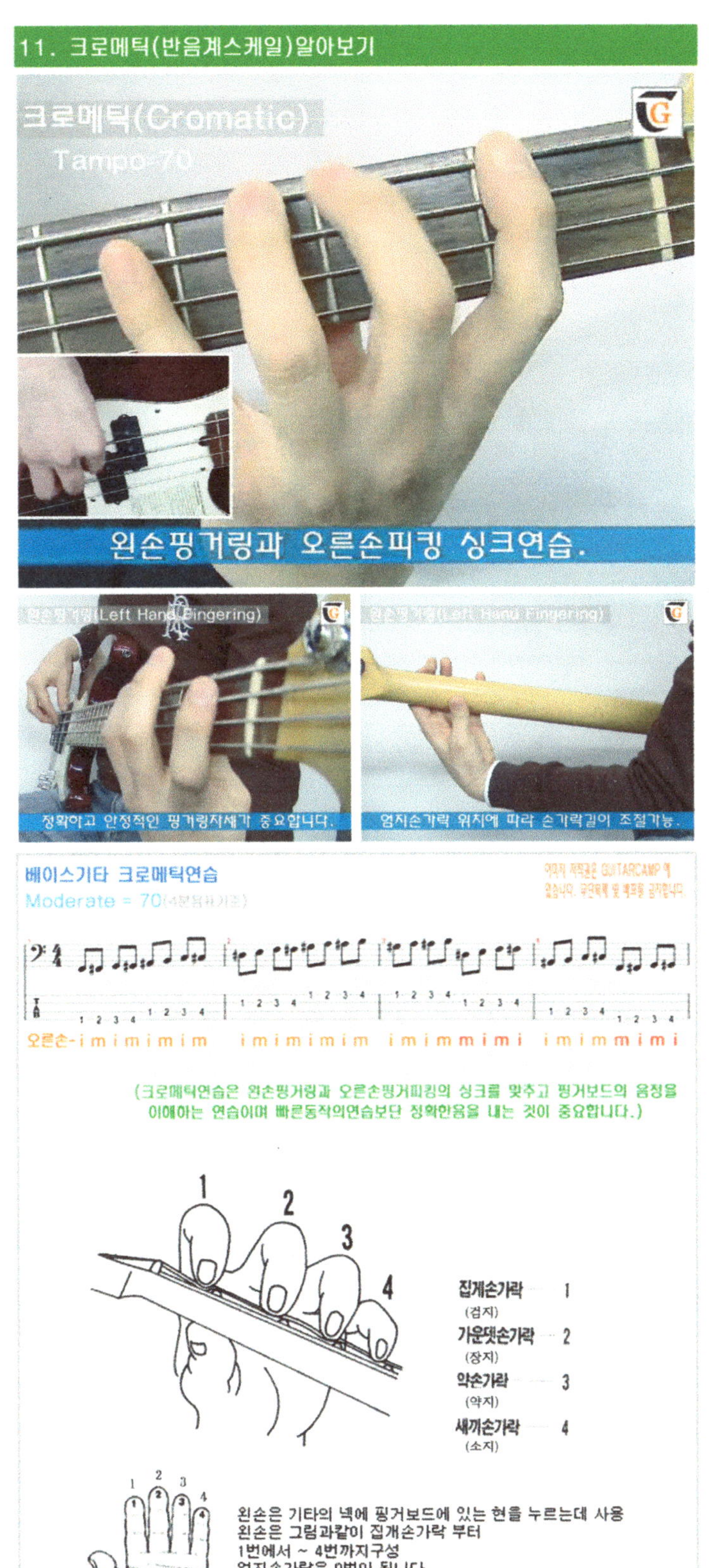

(크로메틱연습은 왼손핑거링과 오른손핑거피킹의 싱크를 맞추고 핑거보드의 음정을 이해하는 연습이며 빠른동작의연습보단 정확한음을 내는 것이 중요합니다.)

왼손은 기타의 넥에 핑거보드에 있는 현을 누르는데 사용
왼손은 그림과같이 집게손가락 부터
1번에서 ~ 4번까지구성
엄지손가락은 0번이 됩니다.
(왼손은 기타넥을 공을 쥐듯이 자세를 잡습니다.)
손가락의 마디끝을 세운뒤 기타현(줄)을 누릅니다.
기타 핑거보드 1플렛은 1번손가락이 담당.
(플렛번호에 맞게 4개단위씩 잡아줍니다.)

12. 악보보는법 알아보기(동영상미지원)

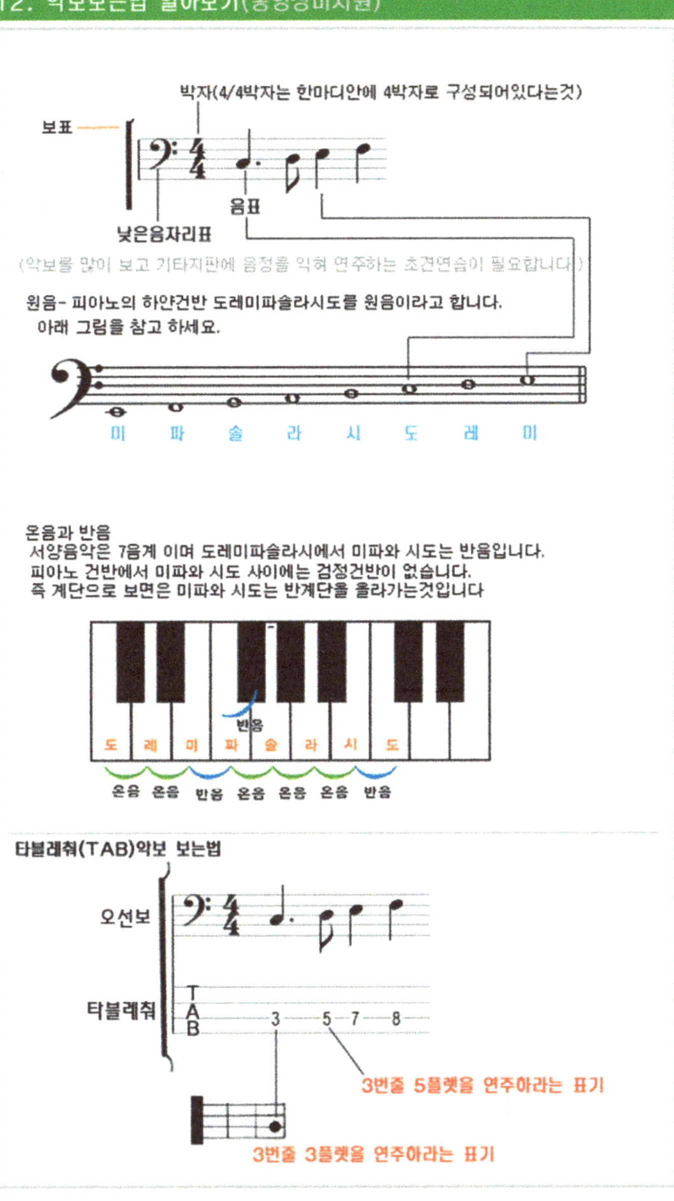

온음과 반음
서양음악은 7음계 이며 도레미파솔라시에서 미파와 시도는 반음입니다.
피아노 건반에서 미파와 시도 사이에는 검정건반이 없습니다.
즉 계단으로 보면은 미파와 시도는 반계단을 올라가는것입니다

타블레�춰(TAB)악보 보는법

13. 베이스기타줄(현)교체 알아보기

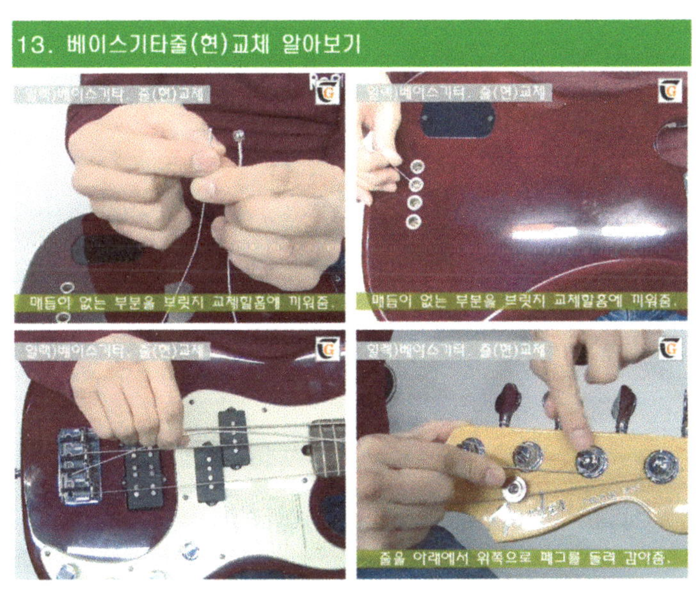

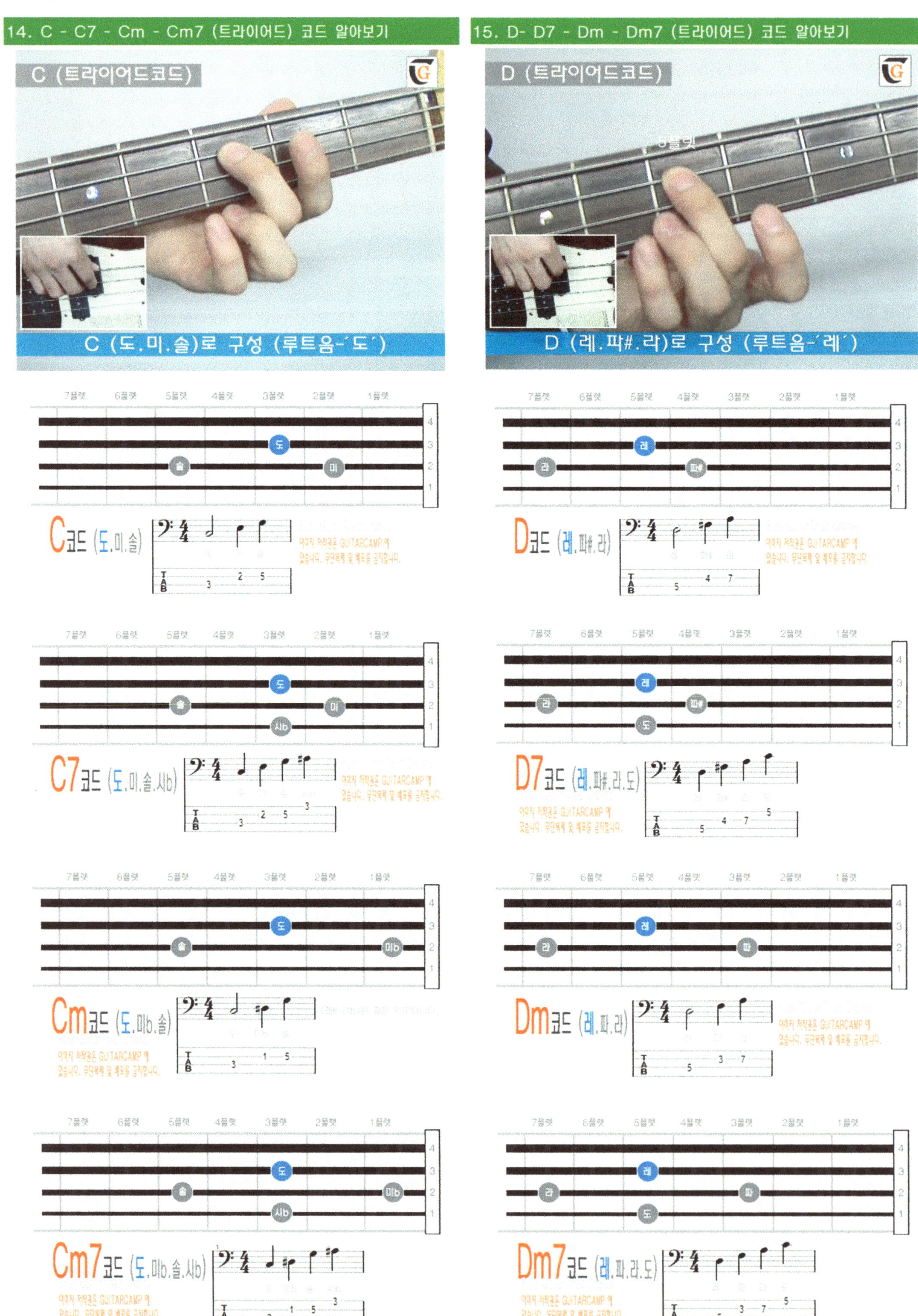
14. C - C7 - Cm - Cm7 (트라이어드) 코드 알아보기
15. D- D7 - Dm - Dm7 (트라이어드) 코드 알아보기
C (트라이어드코드)
D (트라이어드코드)
C (도.미.솔)로 구성 (루트음-´도´)
D (레.파#.라)로 구성 (루트음-´레´)
C코드 (도.미.솔)
D코드 (레.파#.라)
C7코드 (도.미.솔.시b)
D7코드 (레.파#.라.도)
Cm코드 (도.미b.솔)
Dm코드 (레.파.라)
Cm7코드 (도.미b.솔.시b)
Dm7코드 (레.파.라.도)

16. E - E7 - Em - Em7 (트라이어드) 코드 알아보기
E (트라이어드코드)
E (미.솔#.미)로 구성 (루트음-´미´)
E코드 (미.솔#.시)
E7코드 (미.솔#.시.레)
Em코드 (미.솔.시)
Em7코드 (미.솔.시.레)

17. F - F7 - Fm - Fm7 (트라이어드) 코드 알아보기
F (트라이어드코드)
F (파.라.도)로 구성 (루트음-´파´)
F코드 (파.라.도)
F7코드 (파.라.도.미b)
Fm코드 (파.라b.도)
Fm7코드 (파.라b.도.미b)

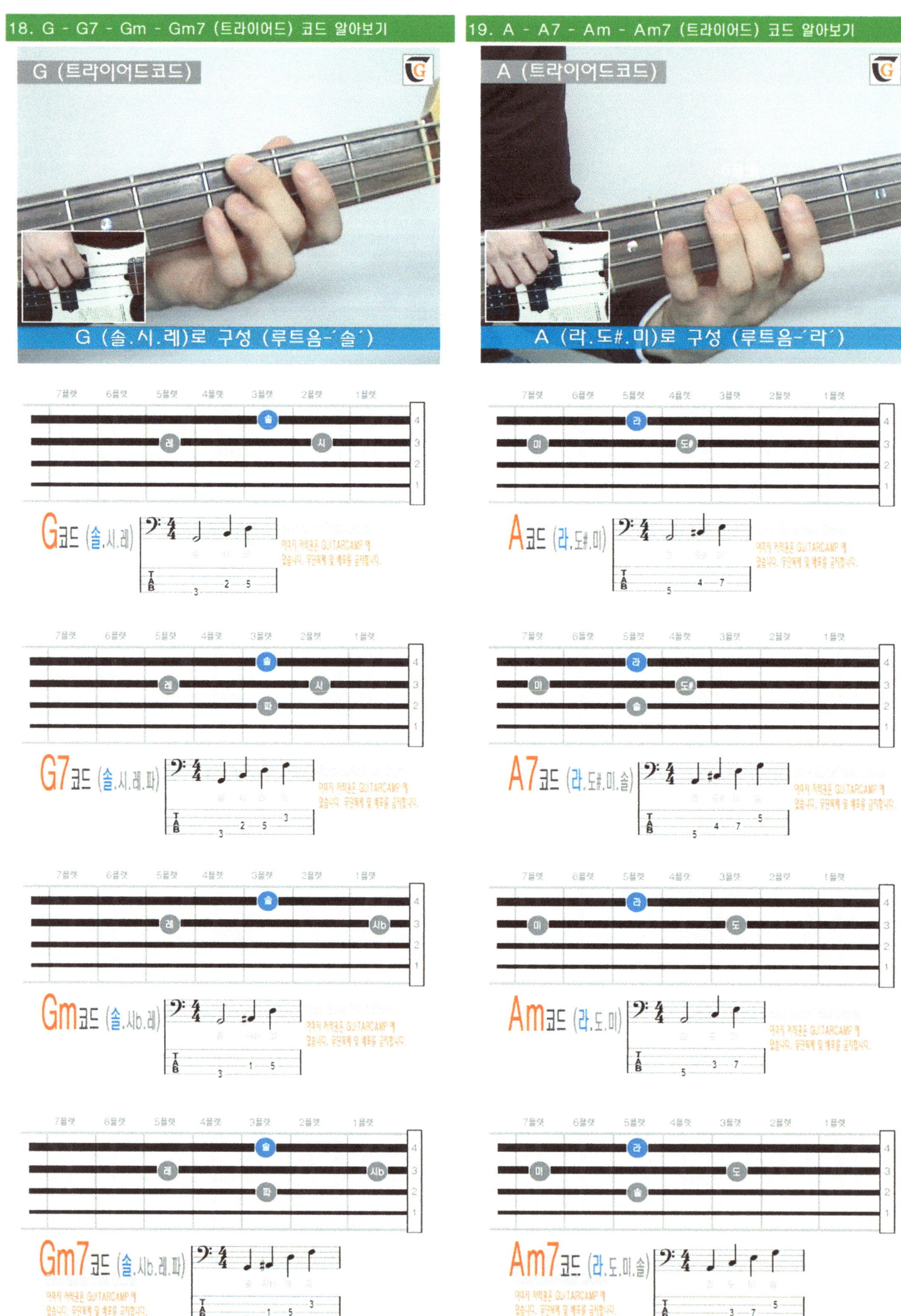

18. G - G7 - Gm - Gm7 (트라이어드) 코드 알아보기
19. A - A7 - Am - Am7 (트라이어드) 코드 알아보기
G (트라이어드코드)
A (트라이어드코드)
G (솔.시.레)로 구성 (루트음-´솔´)
A (라.도#.미)로 구성 (루트음-´라´)
G코드 (솔.시.레)
A코드 (라.도#.미)
G7코드 (솔.시.레.파)
A7코드 (라.도#.미.솔)
Gm코드 (솔.시b.레)
Am코드 (라.도.미)
Gm7코드 (솔.시b.레.파)
Am7코드 (라.도.미.솔)

20. B - B7 - Bm - Bm7 (트라이어드) 코드 알아보기

21. 옥타브코드 알아보기

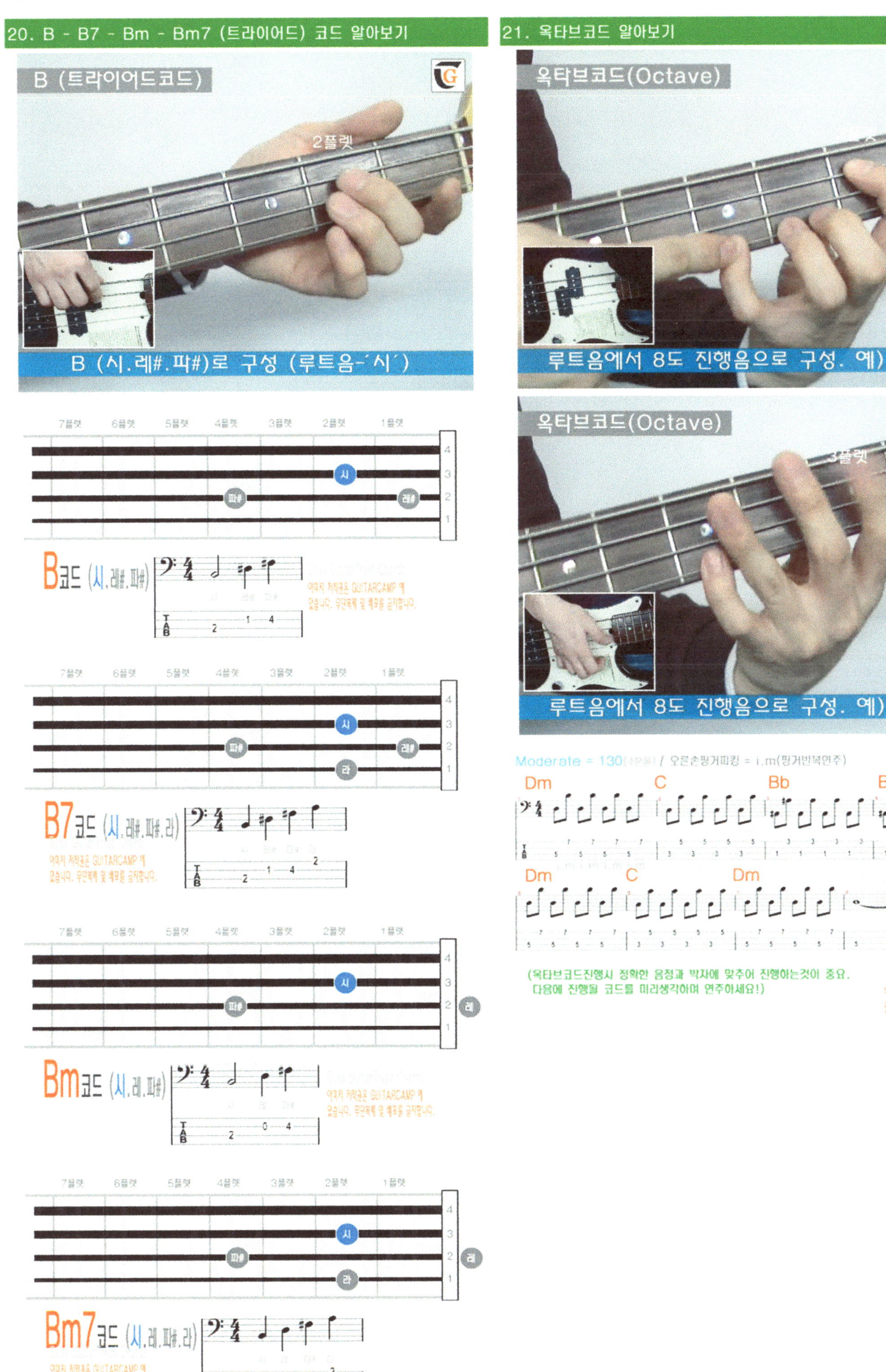

22. C - F - G7 - C코드체인지 알아보기

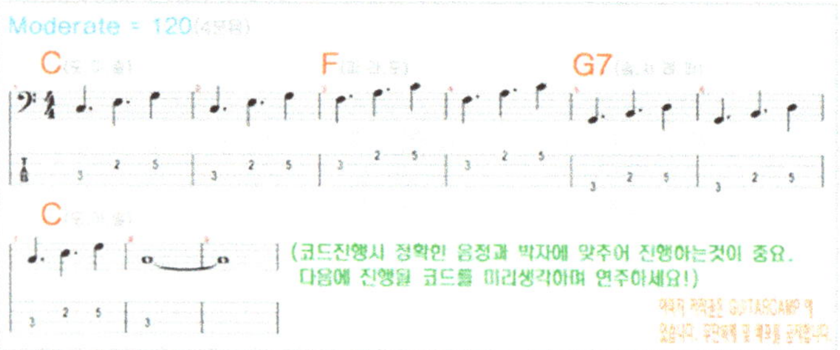

23. Am - Dm - E7 - Am코드체인지 알아보기

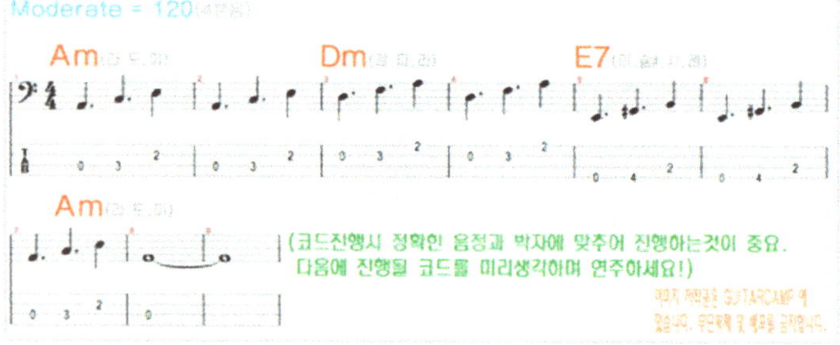

24. D - C - Bb - B - C - C# - D 옥타브코드체인지 알아보기

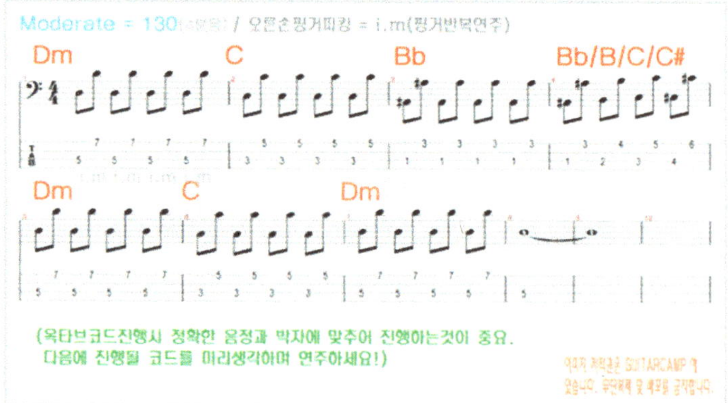

25. 왈츠(Waltz)리듬 알아보기

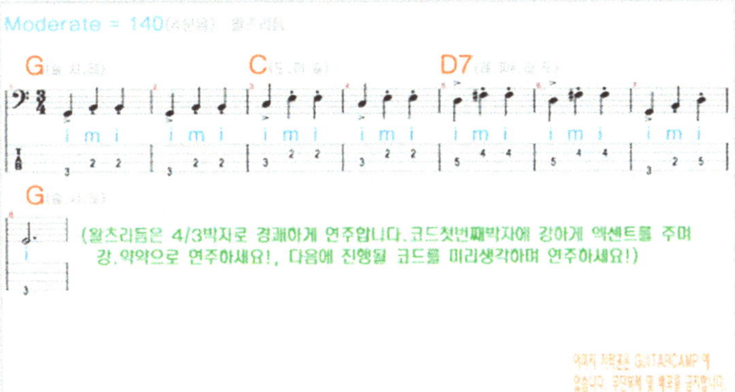

왈츠(Waltz) 4/3박자

18세기말에 오스트리아 바이에른 지방에서 독일 무곡의 영향으로 생겨난 보통 빠르기의 박자 춤곡입니다. 원래 왈츠는 남녀가 서로 끌어안고 원을 그리면서 추는 춤이었는데, 상류사회로 유행하기 시작한 것은 프랑스혁명과 19세기 사회구조의 변화 덕분이었습니다. 19, 20세기를 통하여 여러 가지 왈츠의 형식이 발전하였고, 오늘날에도 사교 댄스나 발레 음악에 없어서는 안될 춤과음악이 되었습니다.

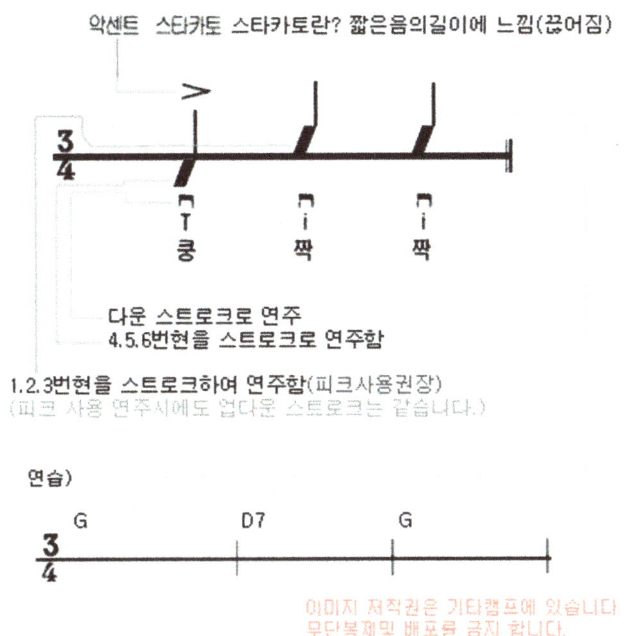

26. 4비트(4beat)리듬 패턴 1

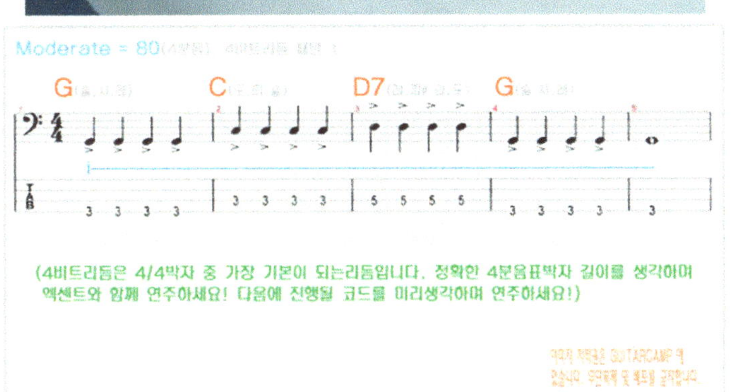

4비트(4 Beat) 4/4박자

4비트는 곡의 템포가 빠른 것에서부터 느린 것에 이르기까지 넓게 사용되고 있으므로 꼭 익혀두어야 하는 기본적인 리듬의 한 종류입니다. 둘째 박과 넷째 박에 악센트를 넣고, 첫 박과 셋째 박은 약간 스타카토를 시키는 기분으로 연주합니다. 각 박자 사이의 여운을 가볍게 커팅시키는 요령도 필요합니다.

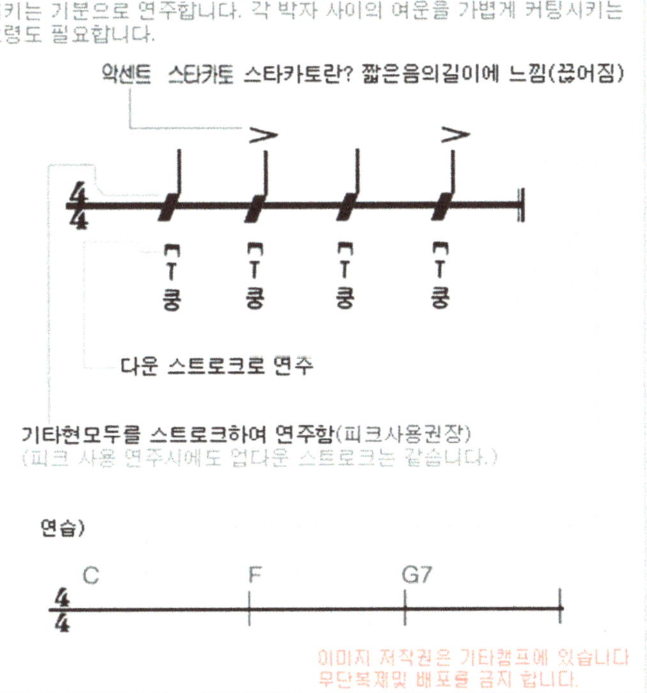

27. 4비트(4beat)리듬 패턴 2

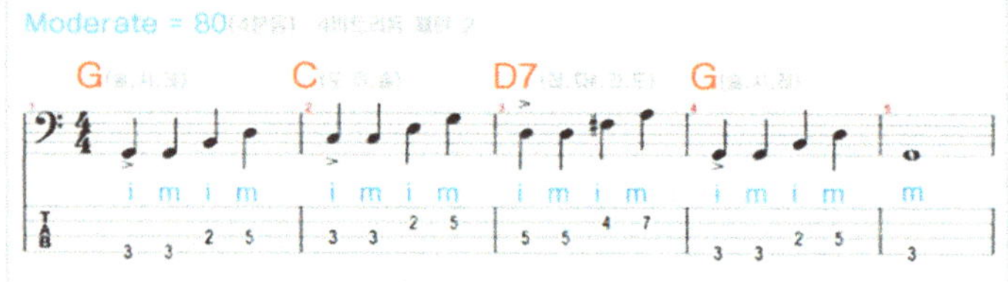

Moderate = 80

G   C   D7   G

(4비트리듬은 4/4박자 중 가장 기본이 되는리듬입니다. 정확한 4분음표박자 길이를 생각하며
첫번째박자에 엑센트를 주며 연주하세요! 다음에 진행될 코드를 미리생각하며 연주하세요!)

4비트(4 Beat) 4/4박자

4비트는 곡의 템포가 빠른 것에서부터 느린 것에 이르기까지 넓게
사용되고 있으므로 꼭 익혀두어야 하는 기본적인 리듬의 한 종류입니다
둘째 박과 넷째 박에 악센트를 넣고, 첫 박과 셋째 박은 약간 스타카토를
시키는 기분으로 연주합니다. 각 박자 사이의 여운을 가볍게 커팅시키는
요령도 필요합니다.

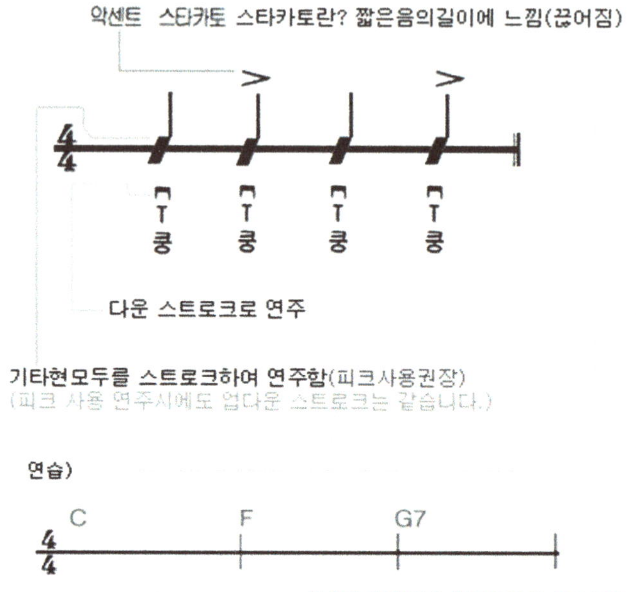

기타현모두를 스트로크하여 연주함(피크사용권장)
(피크 사용 연주시에도 업다운 스트로크는 같습니다.)

연습)

C   F   G7

28. 8비트(8beat)리듬 패턴 1

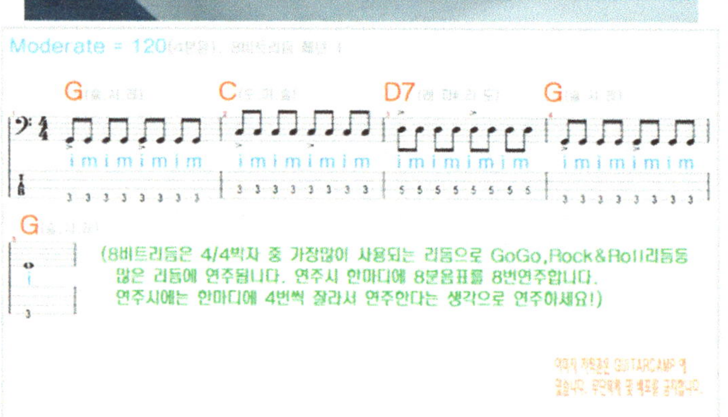

Moderate = 120

G   C   D7   G

G

(8비트리듬은 4/4박자 중 가장많이 사용되는 리듬으로 GoGo,Rock&Roll리듬등
많은 리듬에 연주됩니다. 연주시 한마디에 8분음표를 8번연주합니다.
연주시에는 한마디에 4번씩 잘라서 연주한다는 생각으로 연주하세요!)

8Beat(고고(Go Go)) 4/4박자

트위스트, 럼보, 몽키 등 60년대 중반에 유행한 댄스
뮤직의 총칭이 '고고'입니다라고 부르는 리듬은 정확히 얘기해서
8비트라고하는 것이 옳습니다

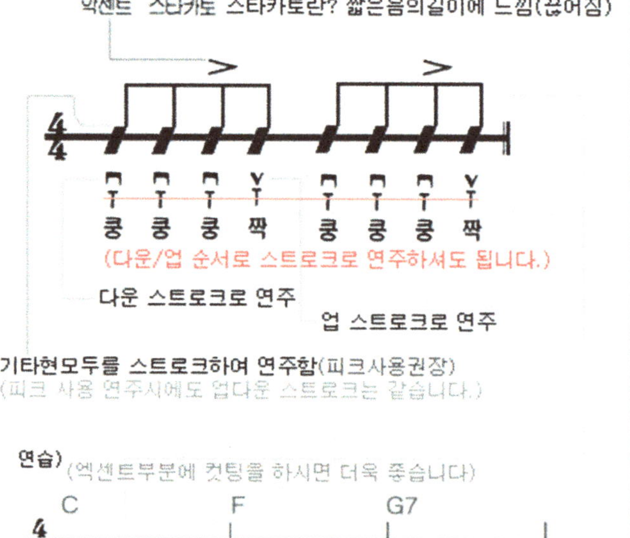

기타현모두를 스트로크하여 연주함(피크사용권장)
(피크 사용 연주시에도 업다운 스트로크는 같습니다.)

연습) (엑센트부분에 컷팅을 하시면 더욱 좋습니다)

C   F   G7

29. 8비트(8beat)리듬 패턴 2

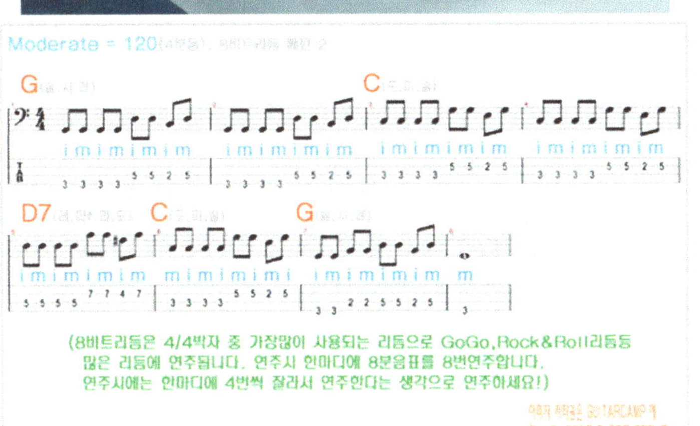

(8비트리듬은 4/4박자 중 가장많이 사용되는 리듬으로 GoGo,Rock&Roll리듬등
많은 리듬에 연주됩니다. 연주시 한마디에 8분음표를 8번연주합니다.
연주시에는 한마디에 4번씩 잘라서 연주한다는 생각으로 연주하세요!)

8Beat(고고(Go Go)) 4/4박자

트위스트, 럼보, 몽키 등 60년대 중반에 유행한 댄스
뮤직의 총칭이 '고고'입니다라고 부르는 리듬은 정확히 얘기해서
8비트라고하는 것이 옳습니다

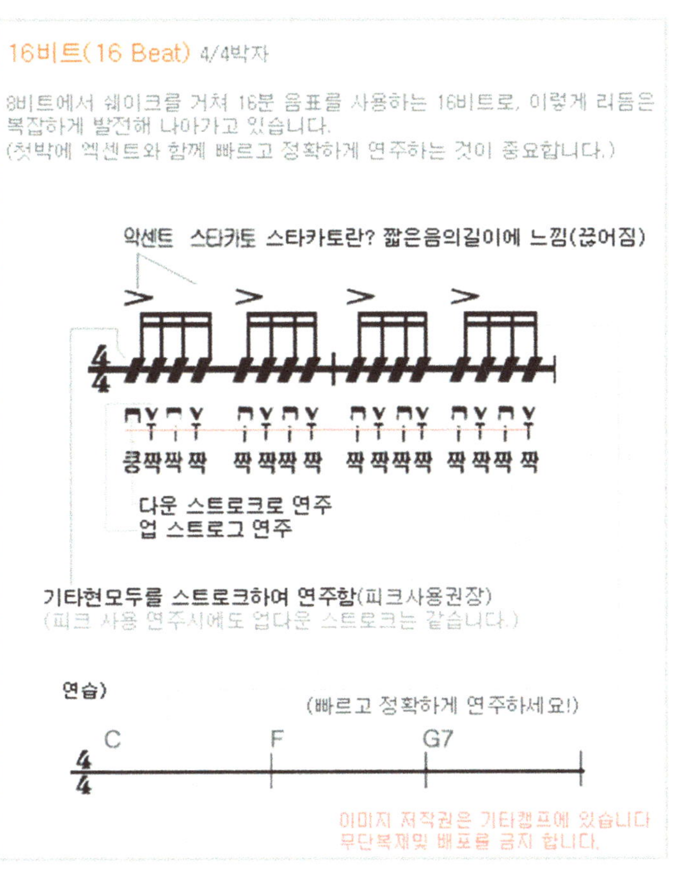

30. 16비트(16beat)리듬 알아보기

(16비트리듬은 4/4박자로 4분음 한박자에 4번씩잘러서 한마디에 16번을 연주합니다.
연주시 한마디에 한박자 4번씩 4번 연주한다는 생각으로 연주하세요!)

16비트(16 Beat) 4/4박자

8비트에서 쉐이크를 거쳐 16분 음표를 사용하는 16비트로, 이렇게 리듬은
복잡하게 발전해 나아가고 있습니다.
(첫박에 엑센트와 함께 빠르고 정확하게 연주하는 것이 중요합니다.)

31. 슬로우락(Slow Rock)리듬

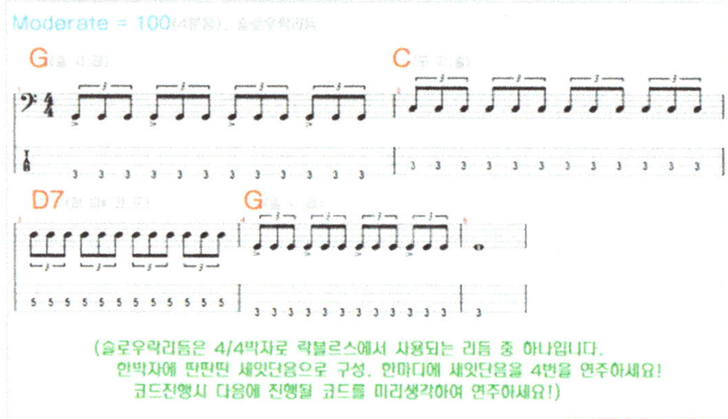

(슬로우락리듬은 4/4박자로 락블루스에서 사용되는 리듬 중 하나입니다.
한박자에 딴딴딴 세잇단음으로 구성, 한마디에 세잇단음을 4번을 연주하세요!
코드진행시 다음에 진행될 코드를 미리생각하여 연주하세요!)

슬로우 록(Slow Rock) 12비트(12 Beat)

1940년대에 이르러 블루스 음악은 부기우기와 셔플로부터 생겨난 강렬한
댄스 비트와 어울려서 R&B로 발전합니다. 그 후 R&B는 로큰롤을
낳았지만, 발라드하면서 조금 느린 록음악에서는 R&B의 리듬 패턴을
계속 사용하였습니다. 결국 R&B나 록 발라드나 슬로우 록은 같은 패턴의
리듬입니다. 록 블루스(Rock Blues)라고도 합니다.
리듬의 여러 가지 이름 중에서 비교적 비트가 약한 것이 슬로우 록입니다.

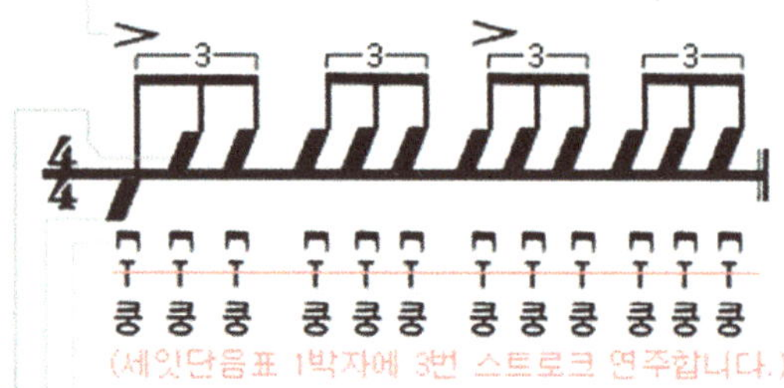

(세잇단음표 1박자에 3번 스트로크 연주합니다.)

다운 스트로크로 연주
4.5.6번현을 스트로크로 연주함

1.2.3번현을 스트로크하여 연주함(피크사용권장)
(피크 사용 연주시에도 업다운 스트로크는 같습니다.)

연습)

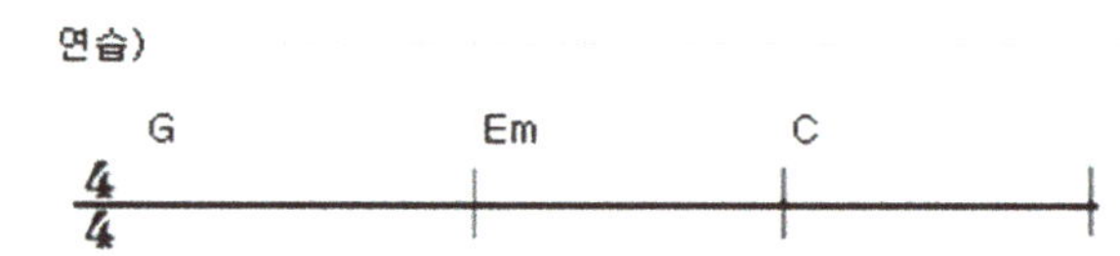

32. 셔플(Shuffle)리듬 알아보기

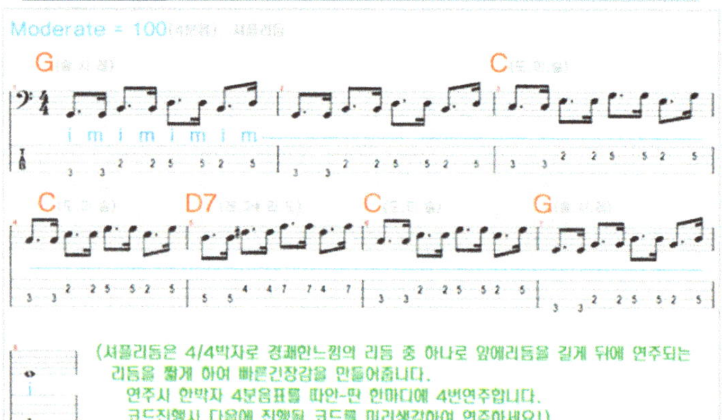

(셔플리듬은 4/4박자로 경쾌한느낌의 리듬 중 하나로 앞에리듬을 길게 뒤에 연주되는
리듬을 짧게 하여 빠른긴장감을 만들어줍니다.
연주시 한박자 4분음표를 따안-딴 한마디에 4번연주합니다.
코드진행시 다음에 진행될 코드를 미리생각하여 연주하세요!)

셔플(Shuffle) 4/4박자

부기우기와 마찬가지로 미국 남부의 흑인들 사이에서 생겨나 1920년대에
재즈와 함께 유행하였으며, 1950년대에 이르러 흑인 음악 리바이벌 붐을
타고 팝 음악의 독립된 분야로서 크게 성행하기 시작한 리듬입니다.

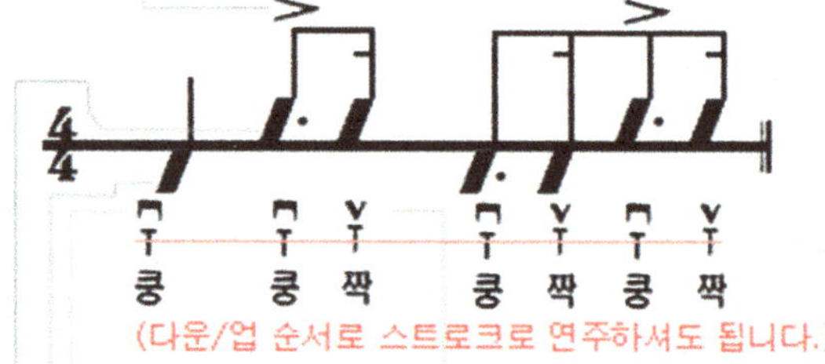

(다운/업 순서로 스트로크로 연주하셔도 됩니다.)

다운 스트로크로 연주   업 스트로크로 연주
4.5.6번현을 연주함

1.2.3번현을 스트로크하여 연주함(피크사용권장)
(피크 사용 연주시에도 업다운 스트로크는 같습니다.)

연습) (길고 짧은 음의 간격을 잘표현하셔야 합니다.)

33. 스윙(Swing)리듬 알아보기

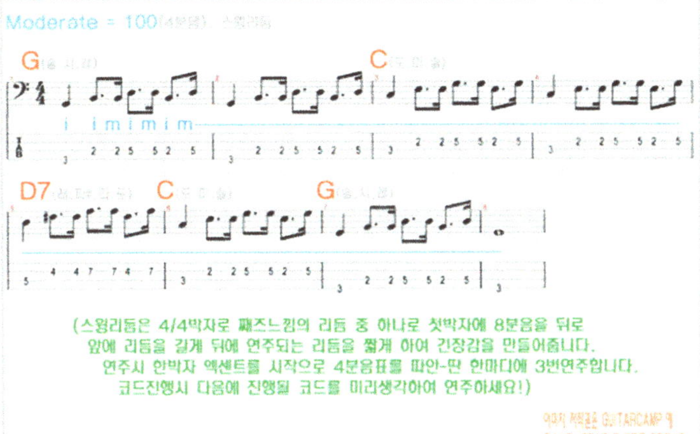

(스윙리듬은 4/4박자로 재즈느낌의 리듬 중 하나로 첫박자에 8분음을 뒤로
앞에 리듬을 길게 뒤에 연주되는 리듬을 짧게 하여 긴장감을 만들어줍니다.
연주시 한박자 엑센트를 시작으로 4분음표를 따안-딴 한마디에 3번연주합니다.
코드진행시 다음에 진행될 코드를 미리생각하여 연주하세요!)

스윙(Swing) 4/4박자

1930년대 베니굿맨악단 그들이 연주하는 음악을 스윙이라고 한데서
나온 말이다. 그들은 스윙음악으로 인기를 모아 스윙이라고 하면 곧
재즈를 가리킬 정도로 유명해졌다.
4/4박자의 노래이며 저음을 칠때의 여운을 유지하는 것이 중요하다.
스윙을 연주할때는 리듬을 따라 어깨가 들썩들썩하는 느낌을 가지면
좋습니다.

악센트 스타카토 스타카토란? 짧은음의길이에 느낌(끊어짐)

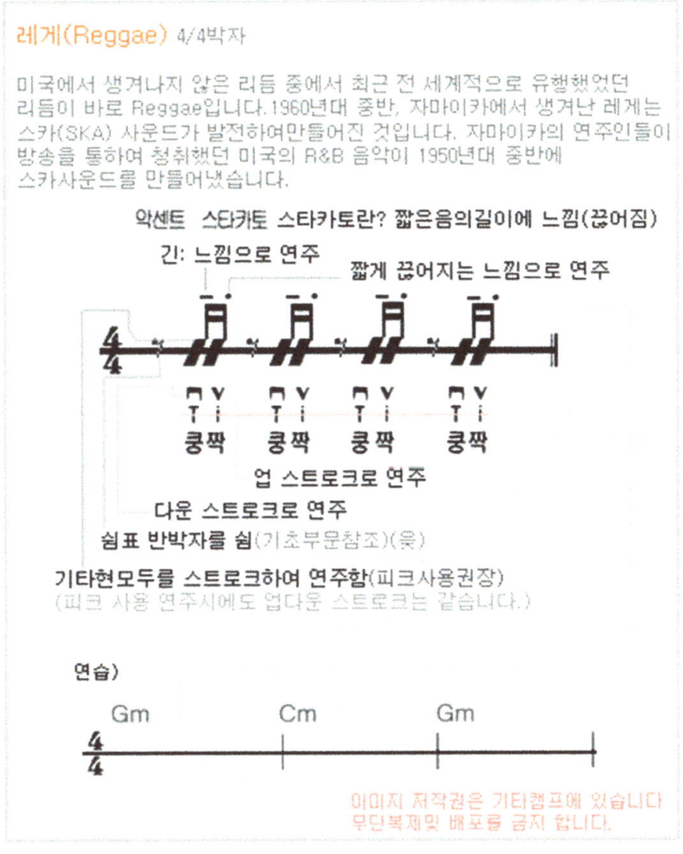

1.2.3번현을 스트로크하여 연주함(피크사용권장)
(피크 사용 연주시에도 업다운 스트로크는 같습니다.)

연습)(길고 짧은 음의 간격을 잘표현하셔야 합니다.)

34. 레게(Trot)리듬 알아보기

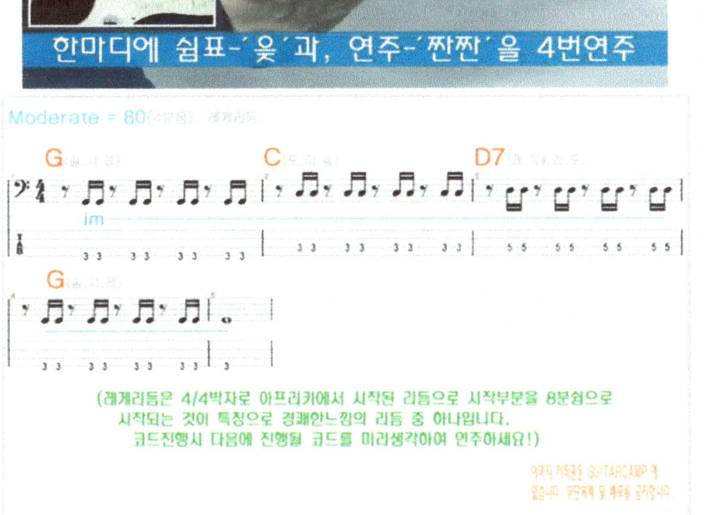

(레게리듬은 4/4박자로 아프리카에서 시작된 리듬으로 시작부분을 8분쉼으로
시작되는 것이 특징으로 경쾌한느낌의 리듬 중 하나입니다.
코드진행시 다음에 진행될 코드를 미리생각하여 연주하세요!)

레게(Reggae) 4/4박자

미국에서 생겨나지 않은 리듬 중에서 최근 전 세계적으로 유행했었던
리듬이 바로 Reggae입니다. 1960년대 중반, 자마이카에서 생겨난 레게는
스카(SKA) 사운드가 발전하여만들어진 것입니다. 자마이카의 연주인들이
방송을 통하여 청취했던 미국의 R&B 음악이 1950년대 중반에
스카사운드를 만들어냈습니다.

악센트 스타카토 스타카토란? 짧은음의길이에 느낌(끊어짐)
긴: 느낌으로 연주   짧게 끊어지는 느낌으로 연주

쿵짝 쿵짝 쿵짝 쿵짝
업 스트로크로 연주
다운 스트로크로 연주
쉼표 반박자를 쉼(기초부문참조)(웃)

기타현모두를 스트로크하여 연주함(피크사용권장)
(피크 사용 연주시에도 업다운 스트로크는 같습니다.)

연습)
Gm   Cm   Gm
4/4

35. 쌈바(Samba)리듬 알아보기

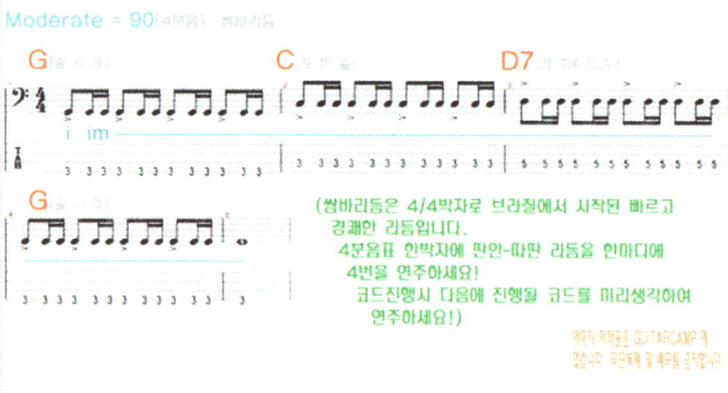

(쌈바리듬은 4/4박자로 브라질에서 시작된 빠르고
경쾌한 리듬입니다.
4분음표 한박자에 딴안-따딴 리듬을 한마디에
4번을 연주하세요.
코드진행시 다음에 진행될 코드를 미리생각하여
연주하세요!)

삼바(Samba) 4/2박자

Samba는 브라질 흑인계 주민의 토속 춤곡 및 리듬 등을 일컫는 2박자계
의빠른 템포입니다. 처음에는 집단으로 원무를 한다던가 또는 행렬에서
사용되었다가 1910년대에 대중화되기 시작했습니다. 이 리듬이 미국에
들어온것은 1940년대였으며, 그 후 재즈와 결합해서 보사노바를
탄생하게 합니다

악센트　스타카토 스타카토란? 짧은음의길이에 느낌(끊어짐)

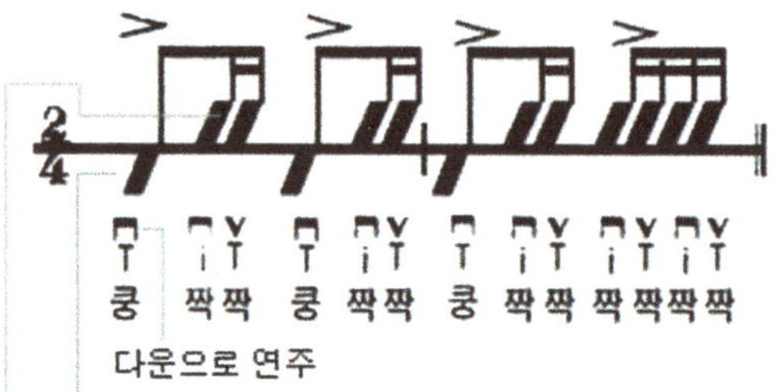

기타현 4,5,6번(저음부)현을 엄지 핑거로 다운으로 연주함

기타현 1,2,3번(고음부)현을 손바닥을 펴주며 다운으로 연주함
(피크 사용 연주시에도 업다운 스트로크는 같습니다.)

연습)

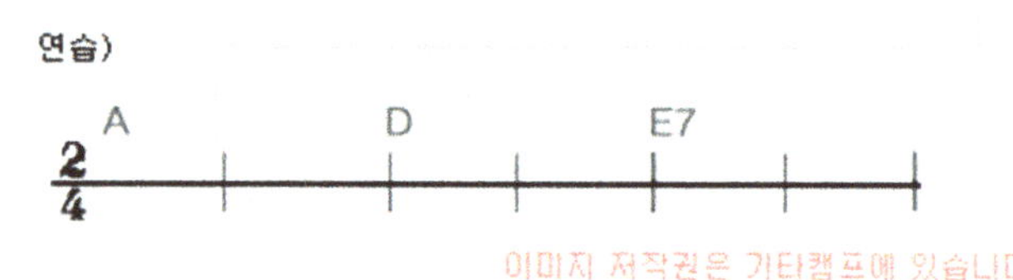

36. 트로트(Trot)리듬 알아보기

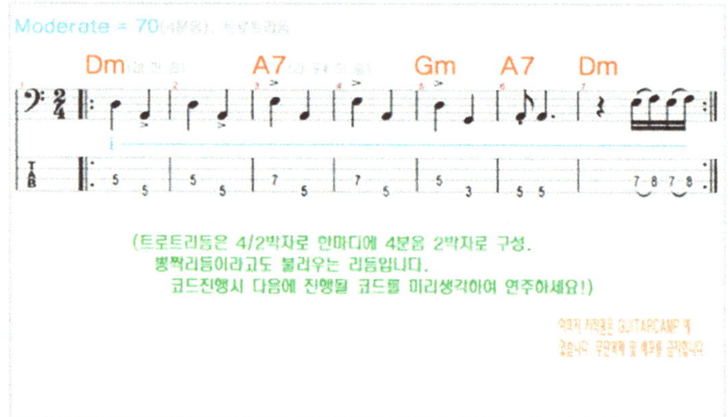

(트로트리듬은 4/2박자로 한마디에 4분음 2박자로 구성.
뽕짝리듬이라고도 불리우는 리듬입니다.
코드진행시 다음에 진행될 코드를 미리생각하여 연주하세요!)

Trot(트로트) (4/2)박자(한마디에 2박자를 연주함)

가장 단순한 형태의 리듬이지만 무시할 수 없들 정도로 아주 많은 곡에
쓰이는 것으로 우리가 흔히 말하는 '뽕짝'이라는 리듬의 형태가 바로
이것입니다.
'뽕짝'은 이 리듬의 느낌을 의성어로 발음한 것이라고 합니다. 아래에
리듬의 형태를 보시면 이해가 가실 것입니다.

악센트　스타카토 스타카토란? 짧은음의길이에 느낌(끊어짐)

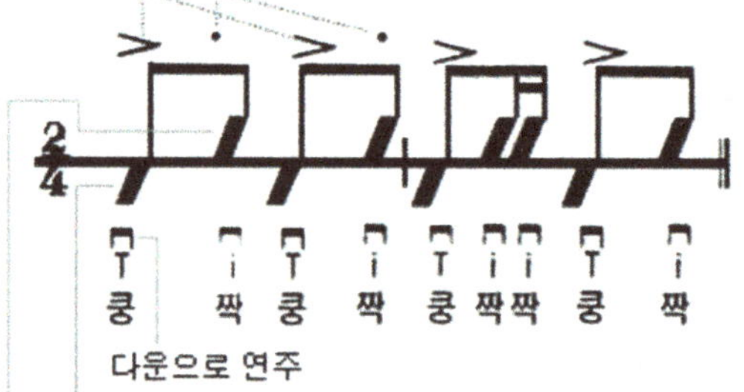

기타현 4,5,6번(저음부)현을 엄지 핑거로 다운으로 연주함

기타현 1,2,3번(고음부)현을 손바닥을 펴주며 다운으로 연주함
(피크 사용 연주시에도 업다운 스트로크는 같습니다.)

연습)

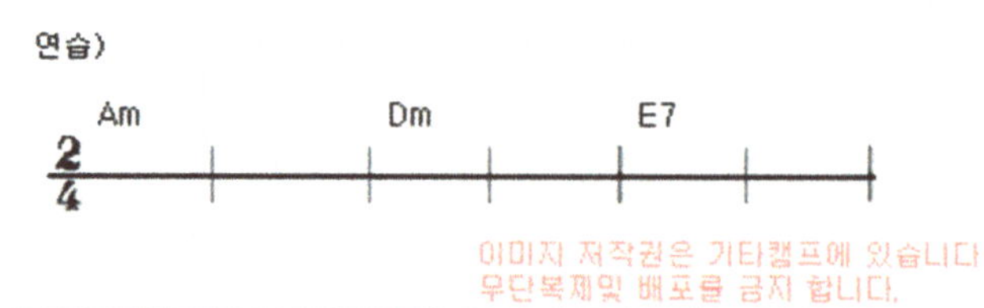

37. 헤머링온 & 풀링오프 & 트릴 테크닉 알아보기

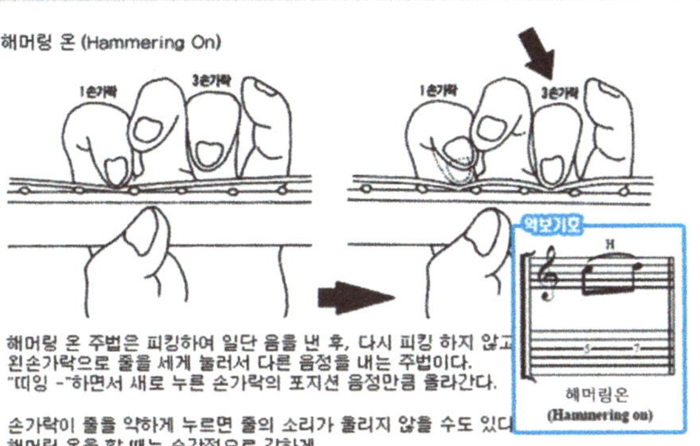

해머링 온 주법은 피킹하여 일단 음을 낸 후, 다시 피킹 하지 않고
왼손가락으로 줄을 세게 눌러서 다른 음정을 내는 주법이다.
"띠잉 -하면서 새로 누른 손가락의 포지션 음정만큼 올라간다.

손가락이 줄을 약하게 누르면 줄의 소리가 울리지 않을 수도 있다.
해머링 온을 할 때는 순간적으로 강하게
눌러야 앞의 여운이 사라지지 않고 고운 소리가 남는다.

망치로 내려치듯 느낌으로 함. 일렉기타이미지처럼 베이스기타또한
폼과 악보기호가 낮은음자리표만 다를뿐 동일합니다.

풀링 오프 (Pulling Off)

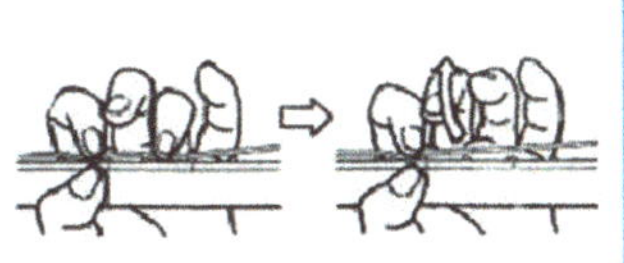

풀링 오프는 해머링 온과는 반대로 음을 누른 상태에서 줄을 퉁긴 후에,
줄을 눌렀던 왼손가락을 떼어서 다른 음정(처음 누른 음정)으로 바꾸는 주법을 말한다.

풀링 오프를 하는 손가락의 끝으로 줄을 긁듯이 강하게 퉁기면서
떼어야만 올바른 소리가 난다. 줄을 퉁겨 주지 않고 그냥 손가락을 떼면
소리가 아주 작아져서 잘 들리지 않게 된다.

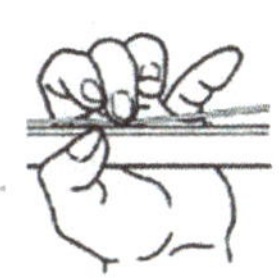

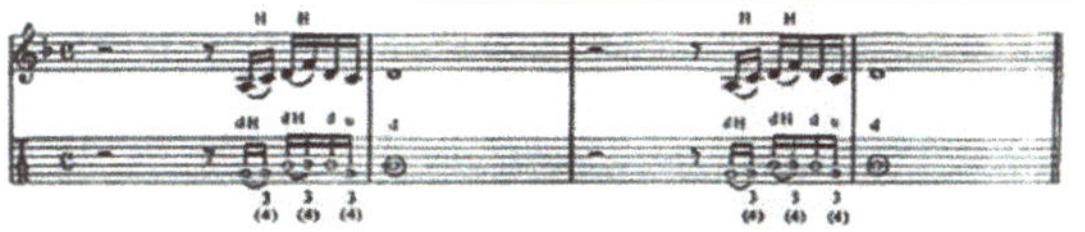

트릴테크닉은 헤머링온과 풀링오프 테크닉을
빠르게 반복적으로 움직여 사운드를 내는 테크닉
입니다.

38. 슬라이드 & 글리산도 테크닉 알아보기

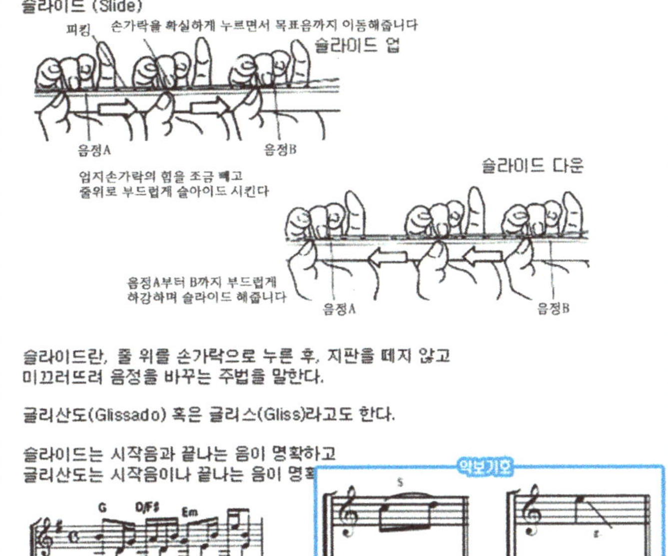

슬라이드란, 줄 위를 손가락으로 누른 후, 지판을 떼지 않고
미끄러뜨려 음정을 바꾸는 주법을 말한다.

글리산도(Glissado) 혹은 글리스(Gliss)라고도 한다.

슬라이드는 시작음과 끝나는 음이 명확하고
글리산도는 시작음이나 끝나는 음이 명확

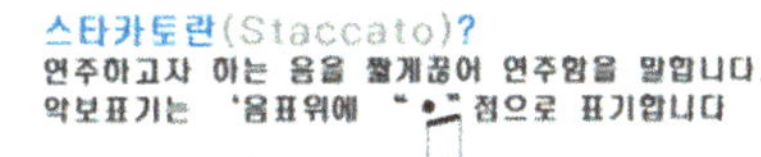

39. 스타카토 & 테누토 테크닉 알아보기

스타카토란(Staccato)?

연주하고자 하는 음을 짧게끊어 연주함을 말합니다.
악보표기는 '음표위에 점으로 표기합니다

현을 누르고 연주한다음 누르고있던 손가락을
떼어서 음을 짧게 연주합니다.
오른손 핑거피킹또한 짧게 끊어진다는
느낌으로 연주하세요!

테누토란(Tenuto)?

연주하고자 하는 음을 길게 연주함을 말합니다.
악보표기는 '음표위에 선으로 표기합니다

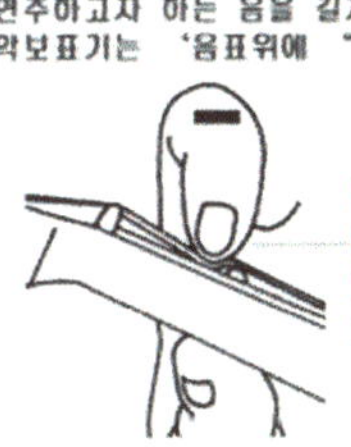

현을 누르고 연주한다음 음을길게 유지한다는
느낌으로 연주합니다.
오른손 핑거피킹또한 음을길게 한다는
느낌으로 연주하세요!

40. 네츄럴 하모닉스 테크닉 알아보기

네츄럴하모닉스테크닉(N.Harmonics)

플렛 위에서 나오는 옥타브하이음정 연주

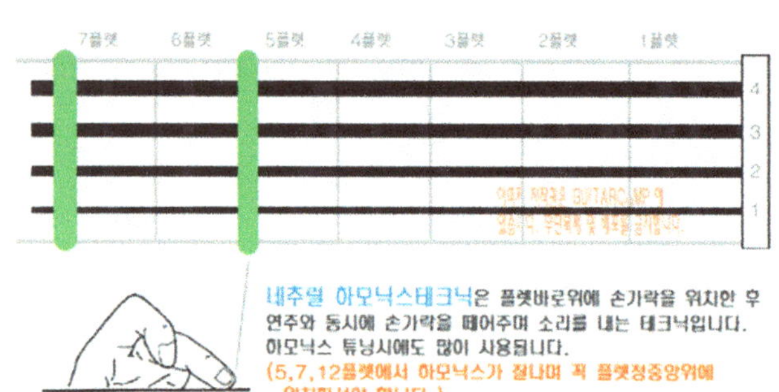

네츄럴 하모닉스테크닉은 플렛바로위에 손가락을 위치한 후
연주와 동시에 손가락을 떼어주며 소리를 내는 테크닉입니다.
하모닉스 튜닝시에도 많이 사용됩니다.
(5,7,12플렛에서 하모닉스가 잘나며 꼭 플렛정중앙위에
위치하셔야 합니다.)

42. 테핑(라이트핸드) 테크닉 알아보기

테핑테크닉(Tapping)

오른손가락으로 줄을 눌러서 음을 내는 연주

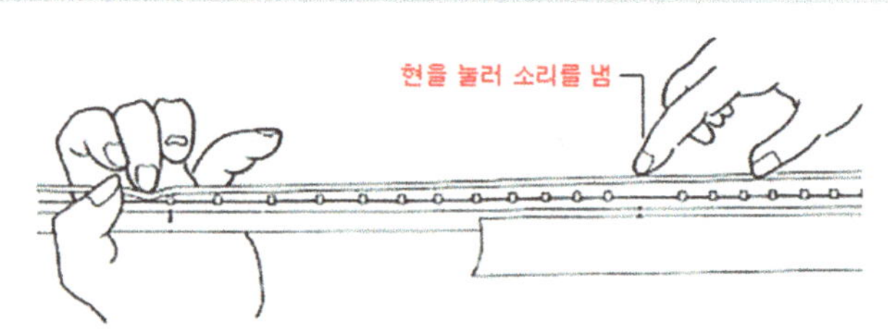

라이트 핸드 왼손으로 음정을 누른후 오른손으로 밀어내듯 연주함..

41. 벤딩(쵸킹) & 비브라토 테크닉 알아보기

밴딩(쵸킹)

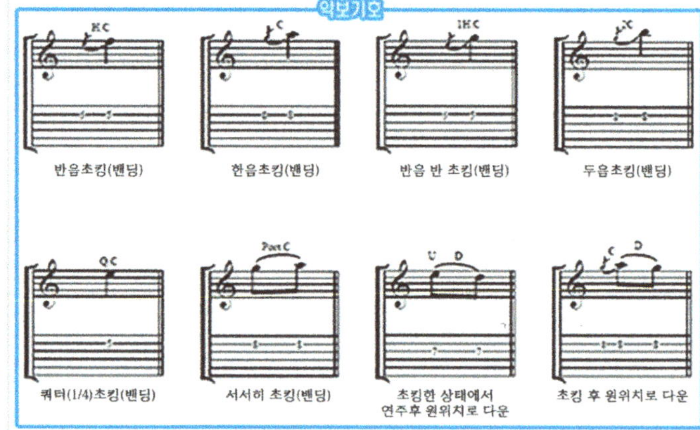

쵸킹(또는 벤딩:Bending)은 누르는 프렛을 움기지 않은 채 왼손가락 끝으로
줄을 밀어서 음정을 변화시키는 주법을 말한다. 왼손가락의 1·2·3·4 중
어느 손가락으로도 쵸킹이 가능하도록 연습하여야 한다.
어쿠스틱 기타의 경우에는 줄의 장력이 강해서 보통 1/2음이나 1음 정도의
쵸킹이 많이 사용되고 있지만 일렉 기타의 경우에는 2음까지도 쵸킹 하는 경우도 있다.
쵸킹을 할 때 정확한 음정이 나올 수 있도록 주의를 기울이자.
①·②·③·④번선은 ⑥번선 방향으로 밀어 올리고, ⑤·⑥번선은 ①번선 방향으로
끌어내리는 것이 보편적인 방법이다.

정확한 쵸킹음정을 내기 위해서는 정확한 음을 구분할 수 있는 귀가 필요하다.
쉽게 말하자면 쵸킹을 하게 되면 음정이 올라간다.
따라서 원하는 음정을 끌어올리면서 원하는 음정을 구분할 줄 알아야 한다.
연습 방법은 먼저 선택한 연습곡을 귀에 완전히 익히도록 많이 듣고나서 쵸킹 연습을 한다
쵸킹의 실력 차이는 자기가 원하는 음정을 깨끗하게 표현하는데 있다.
통기타에서는 잘 모르지만 앰프에 연결하여 연주해
보면 쵸킹과 릴리즈의 전후로 잡음이 생긴다.
이는 쵸킹과 릴리즈를 하면서 그 줄의 위,아래를 건들기 때문이다.
이 잡음을 막기 위해서는 어렵지만 잡음이 날 만한 줄을 뮤트 시키는 방법이
가장 효과적이다.

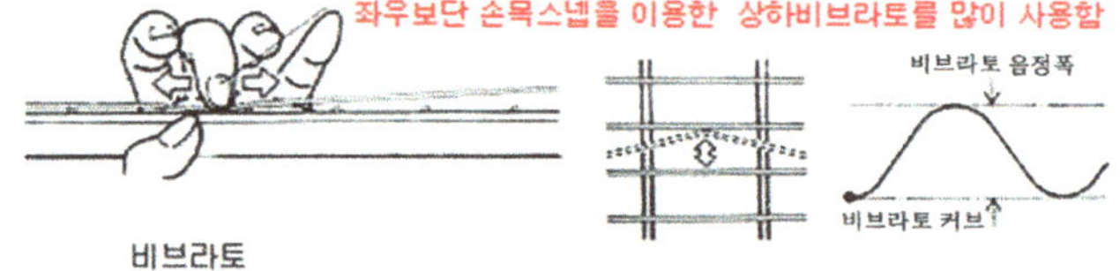

비브라토 (Vibrato)

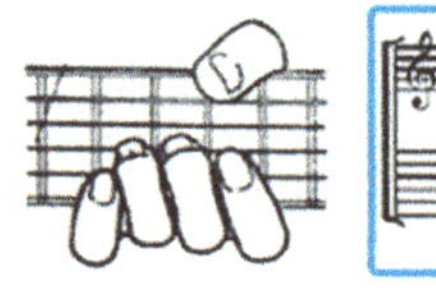

만약 멜로디나 프레이즈에 어떠한 표정도 덧붙이지 않는다고 한다면
그것은 음악이 아니라 단순한 신호음이 나열된 것과 같은 셈이다.

아무리 작은 프레이즈에도 반드시 거기에 어울리는 뉘앙스가
표현되어 있지 않으면 안된다. 여기서 다루는 비브라토는 음에
흔들림을 만드는 간단한 것이데, 많은 테크닉 중에서도 가장 정감적인
효과를 만드는 테크닉이라 할 수 있다. 기타 특유의 효과는
거의가 비브라토의 미묘한 움직임에서 생겨난다고 볼수 있다.

핸드 비브라토
줄을 누르고 피킹한 다음 누르고 있는 손가락을 지점으로 하여
왼손 전체를 좌우로 흔들어 음에 흔들림 만든다.
이 때 엄지는 가볍게 네크에 닿는 정도이거나 떼도록 하는 것이 좋다.
그리고 음이 흔들리는 속도는 왼손을 흔드는 빠르기로 조종하고
흔들림의 깊이는 누르고 손가락의 힘으로 조종한다.

쵸킹 비브라토
쵸킹 비브라토는 쵸킹과 릴리즈의 되풀이로
비브라토를 만드는 테크닉이다. 흔들림의 스피드는 쵸킹과 릴리즈의
빠르기로 흔들림의 깊이는 쵸킹의 크기로 한다.
기타 테크닉 중 중요한 요소중 하나이다.

43. A7 Key 12마디 Rock & Roll(락앤롤) 4비트 알아보기

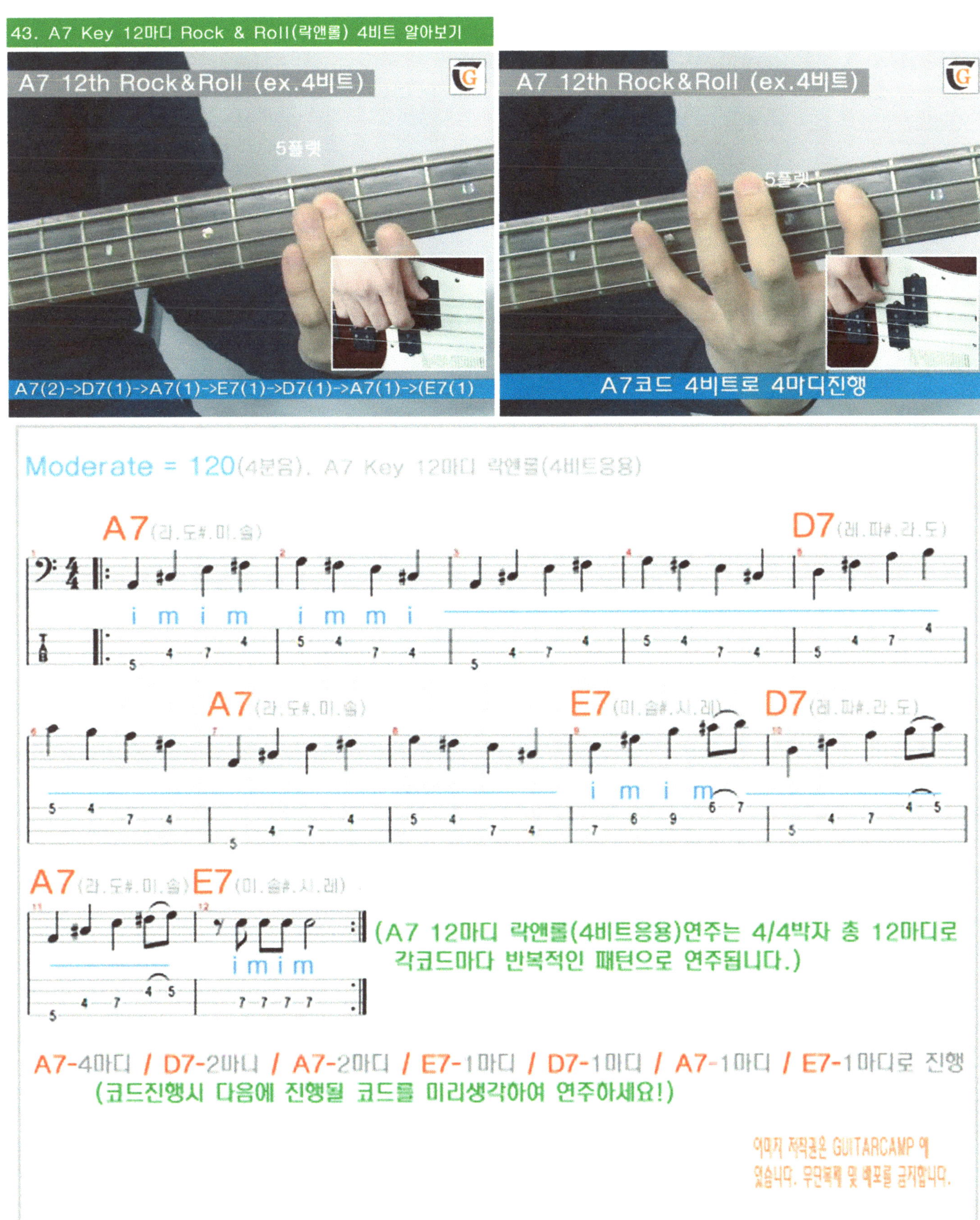

(A7 12마디 락앤롤(4비트응용)연주는 4/4박자 총 12마디로 각코드마다 반복적인 패턴으로 연주됩니다.)

A7-4마디 / D7-2마디 / A7-2마디 / E7-1마디 / D7-1마디 / A7-1마디 / E7-1마디로 진행
(코드진행시 다음에 진행될 코드를 미리생각하여 연주하세요!)

44. A7 Key 12마디 Rock & Roll(락앤롤) 8비트 알아보기

Moderate = 120(4분음). A7 Key 12마디 락앤롤(8비트응용)

A7(라.도#.미.솔)

D7(레.파#.라.도)　　　　　　　　　A7(라.도#.미.솔)

E7(미.솔#.시.레)　　D7(레.파#.라.도)　　A7(라.도#.미.솔)　　E7(미.솔#.시.레)

A7-4마디 / D7-2마디 / A7-2마디 / E7-1마디 / D7-1마디 / A7-1마디 / E7-1마디로 진행
(코드진행시 다음에 진행될 코드를 미리생각하여 연주하세요!)

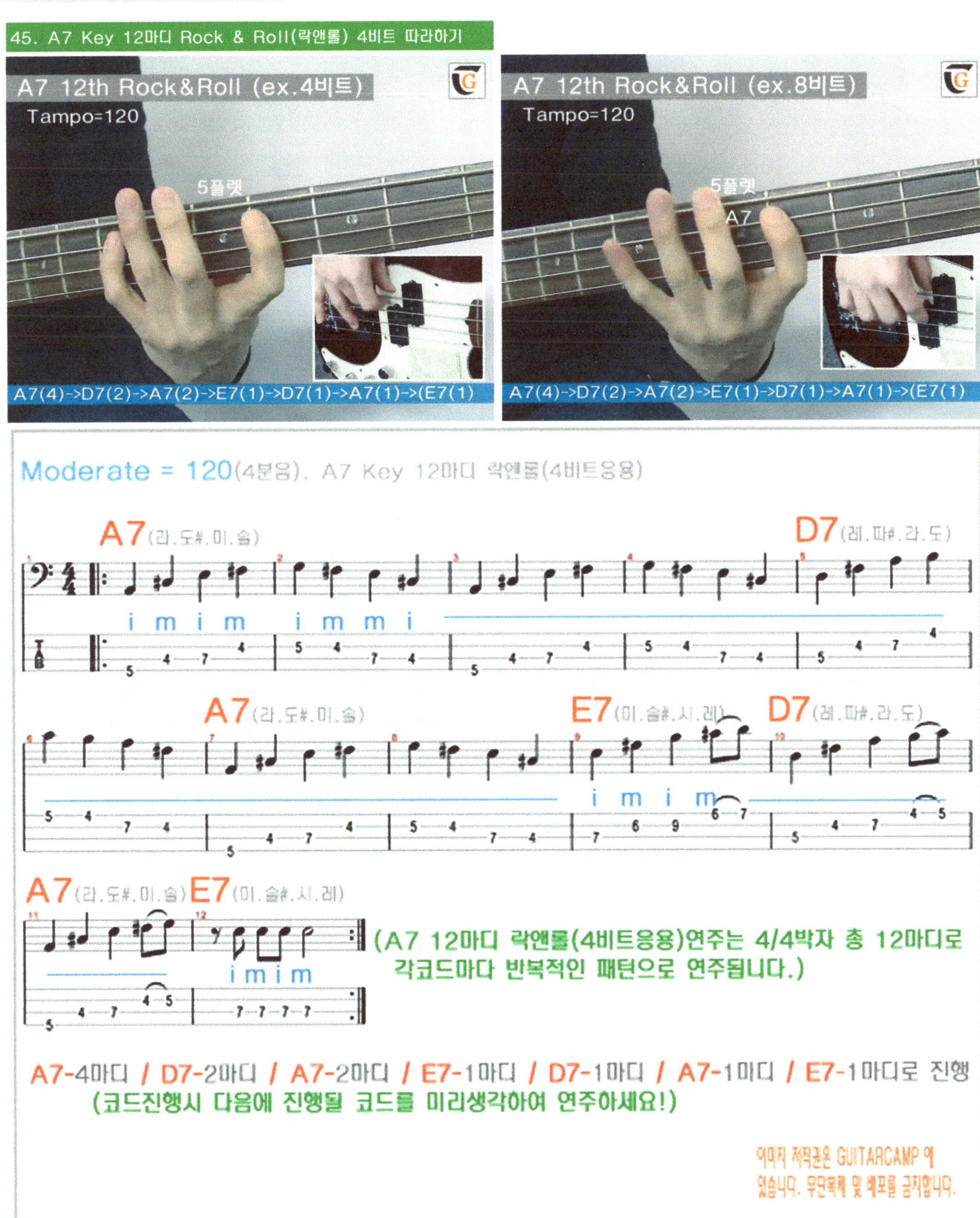

(A7 12마디 락앤롤(4비트응용)연주는 4/4박자 총 12마디로 각코드마다 반복적인 패턴으로 연주됩니다.)

A7-4마디 / **D7**-2마디 / **A7**-2마디 / **E7**-1마디 / **D7**-1마디 / **A7**-1마디 / **E7**-1마디로 진행
(코드진행시 다음에 진행될 코드를 미리생각하여 연주하세요!)

우쿨렐레교본 스마트폰 거치대 설치안내! & 스마트폰 동영상강좌 안내!

1

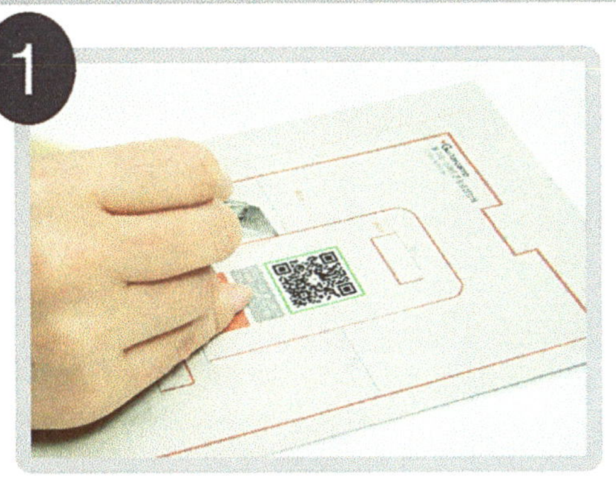

적색선을 따라 준비된 칼을 이용해
절단하세요!
이때 접는선표시(----)는
절단하시 마세요!
(주의)절단시 손을 다치지않게
주의 하시기 바랍니다.
아래 그림순서와 같이 설치하세요!

2

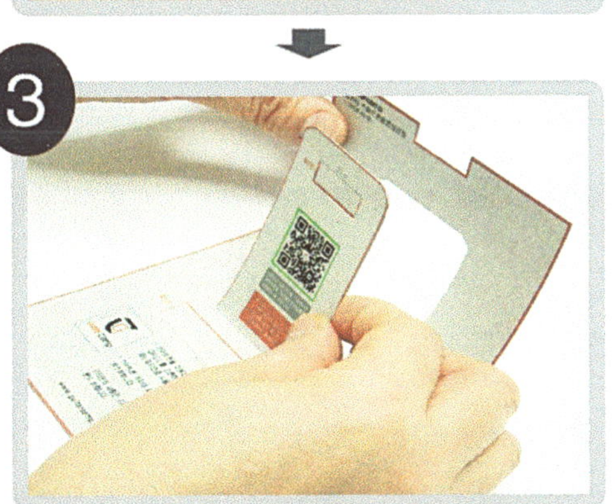

회원님 스마트폰으로 거치대 중간 QR코드를
스캔하시면 별도 인증없이 동영상강좌 페이지로
바로 이동 합니다!

QR코드 스캔이 안될시 www.guitarcamp.kr 기타캠프
모바일웹으로 직접 연결 바랍니다.

3

"우쿨렐레교본" 버튼터치 후
인증번호 입력페이지에서
인증번호를 입력하세요!
(와이파이 연결을 권장합니다)

인증번호 : 85730754

4

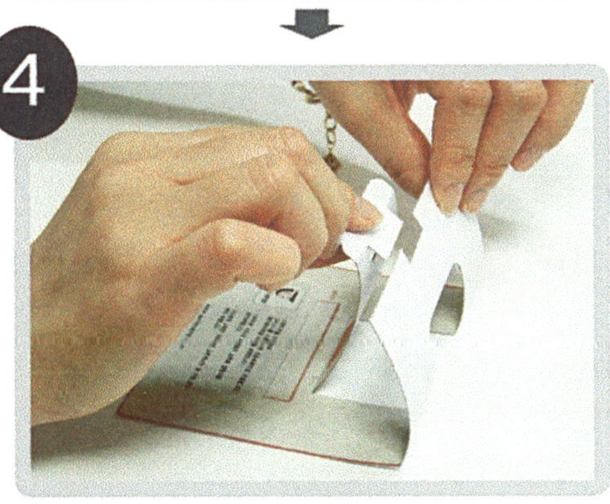

인증 후 강좌리스트 페이지로 연결됩니다.
강좌리스트 제목을 터치하면
동영상강좌를 이용 하실 수 있습니다.
(단, 스마트폰모델과 설정관계로 인하여
강좌가 다운로드 될 수 있습니다.
강좌다운로드시 내파일에서 이용가능 합니다.)

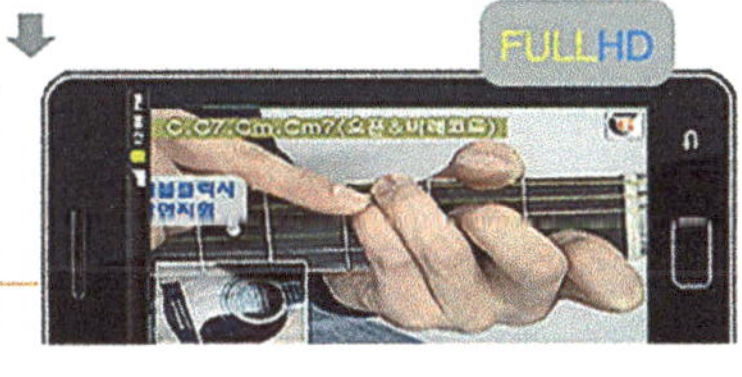

5

(주의)설치가 완료된 거치대에
스마트폰은 세로가 아닌
가로로 꼭 거치하시기 바랍니다.
세로로 거치시 쓰러질 수 있습니다.

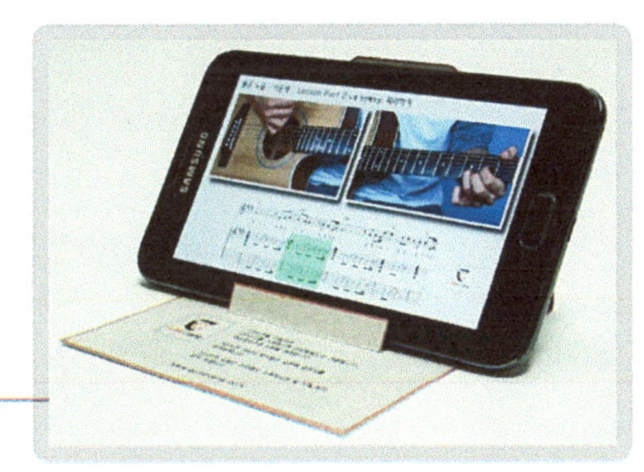

우쿨렐레 기초부문 강좌

01. 구성 및 연주자세 알아보기

우쿨렐레는 크게 헤드,넥,바디 3부분으로 구성되어 있습니다.

1.헤드(Head)
 - 헤드머신(줄감개) : 줄을 감아주고 풀어주어
            음조율(튜닝)을 할 수 있게 하는 역할을 합니다.

2.넥(Neck)
 - 너트 : 넥에 줄의 높이와 간격을 고정시켜주는 역할을 합니다.
 - 플렛 : 핑거보드에 줄을 누를때 음정을 구분하는 칸막이 같은 역할을 합니다.
      (헤드쪽부터 1플렛 2플렛 3플렛.....)
 - 포지션마크 : 특정 프렛을 쉽고 빠르게 찾기 위한 기준점 역할을 합니다.
 - 핑거보드 : 줄을 누루때 지판 역할을 합니다.

3. 바디(Body)
 - 사운드홀 : 줄을 튕길 때 바디에서 울리는 소리가 나옵니다.
 - 브릿지 : 줄이 바디에 잘 고정될 수 있게 지지해주고,
           줄의 진동이 바디에 잘 전달될 수 있게 도와주는 역할을 합니다.
 - 새들 : 줄을 브릿지에 고정시켜주는 역할을 합니다.
 - 스트랩핀 : 어깨끈을 고정하는 역할을 합니다.

02. 개방현과 핑거보드음계 알아보기

03. 튜닝(음조율) 알아보기

우쿨렐레 음조율(튜닝)

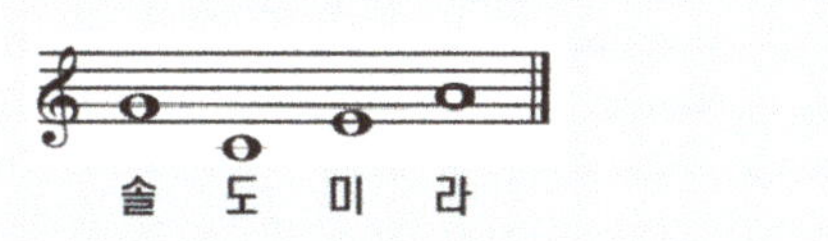

1번줄 개방형음. 라(A)
2번줄 개방형음. 미(E)
3번줄 개방형음. 도(C)
4번줄 개방형음. 솔(G)

04. 악보(TAB)보는법 알아보기

* 우쿨렐레 타블레춰(TAB)악보는 오선지악보가 아닌 보기쉽게 풀이된 문자형식의 악보를 말합니다.
 타블레춰악보 이용법은 아래그림설명과 같습니다.

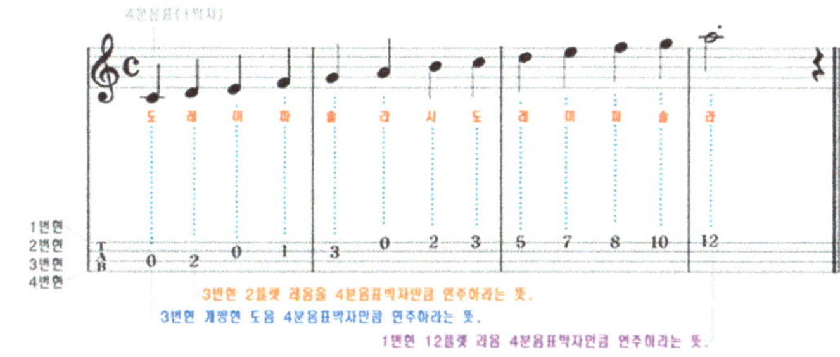

05. 왼손핑거링과 오른손스트로크

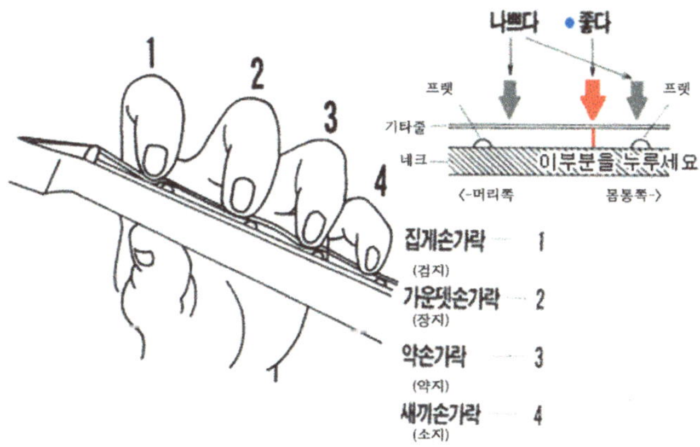

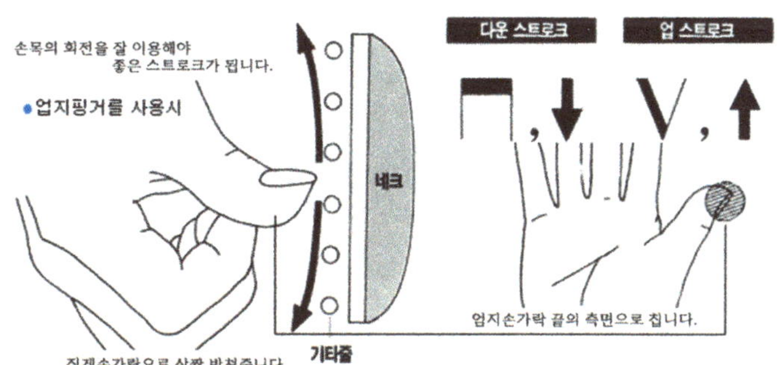

06. 왼손뮤팅 알아보기

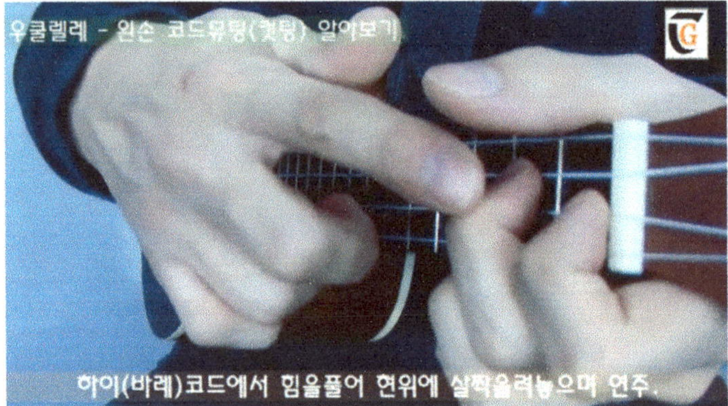

왼손 뮤트(묶음) 방법

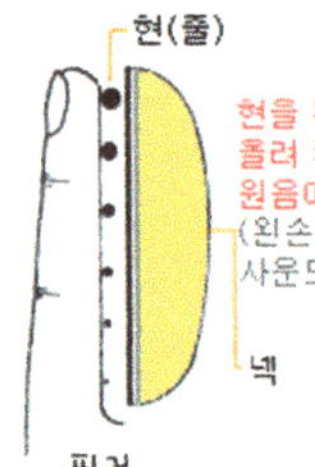

현을 누루지않고 그림과 같이 현위에 살짝 핑거를
올려 놓고 오른손으로 현을 스트로크 하여
원음이 아닌 묶음 즉 뮤트음을 내는 테크닉입니다.
(왼손 뮤트악보표기는 음표에 X로 표기됩니다.)
사운드는 "착착"하는 소리가 납니다.

07. 오른손컷팅 알아보기

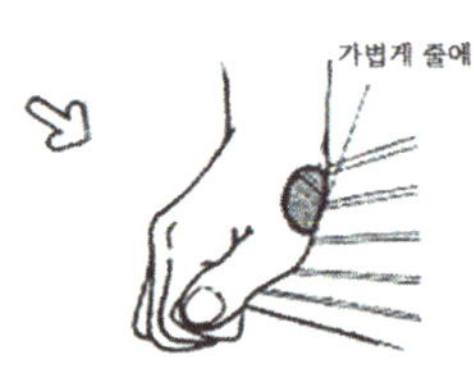

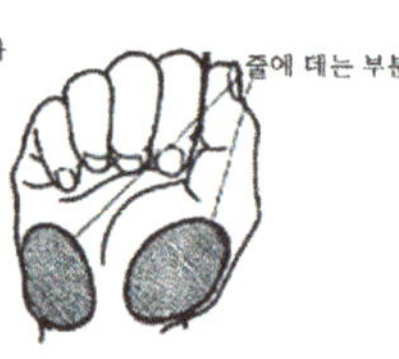

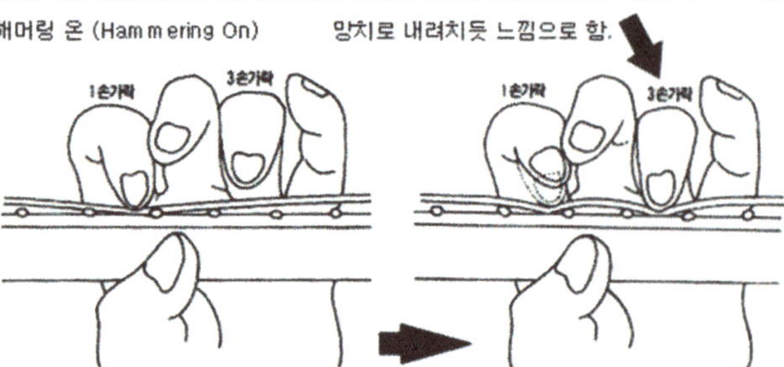

뮤트는 왼손가락이나 혹은 오른손의 새끼손가락 근처의 손바닥을 줄에 가볍게
대고 피킹하여 둔탁한 소리를 내는 주법이다.

머뮤 뮤트
오른손 테크닉으로 '쟈가쟈가하는 뮤트음을 만든다.
그 방법은 브리지 위에 가볍게 손을 얹고 피킹한다.
머프 뮤트는 오른손 손목을 고정시킨 부자연스런 피킹이기 때문에 빠른 패시지나
극단적인 음(줄)의 도약 등에는 상당한 연습이 필요하다.
노이즈 뮤트
왼손 테크닉으로 그 방법은 핑거 커팅과 동일하다.
즉 줄을 누르고 있는 손가락의 힘을 빼고 손가락이 줄에 가볍게 댄 채로 피킹한다.
이 때 음정이 없는 노이즈를 얻을 수 있다.

08. 해머링온 테크닉 알아보기

해머링 온 (Hammering On)   망치로 내려치듯 느낌으로 함.

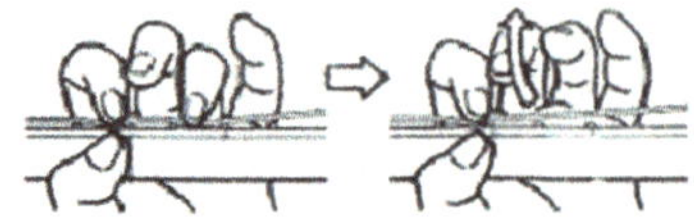

해머링 온 주법은 피킹하여 일단 음을 낸 후, 다시 피킹 하지 않고
왼손가락으로 줄을 세게 눌러서 다른 음정을 내는 주법이다.
"띠잉 -"하면서 새로 누른 손가락의 포지션 음정만큼 올라간다.

09. 풀링오프 테크닉 알아보기

풀링 오프 (Pulling Off)

풀링 오프는 해머링 온과는 반대로 음을 누른 상태에서 줄을 퉁긴 후에,
줄을 눌렀던 왼손가락을 떼어서 다른 음정(처음 누른 음정)으로 바꾸는 주법을 말한다.

풀링 오프를 하는 손가락의 끝으로 줄을 긁듯이 강하게 퉁기면서
떼어야만 올바른 소리가 난다. 줄을 퉁겨 주지 않고 그냥 손가락을 떼면
소리가 아주 작아져서 잘 들리지 않게 된다.

10. 슬라이드 테크닉 알아보기

슬라이드 (Slide)   슬라이드란, 줄 위를 손가락으로 누른 후, 지판을 떼지 않고
미끄러뜨려 음정을 바꾸는 주법을 말한다.

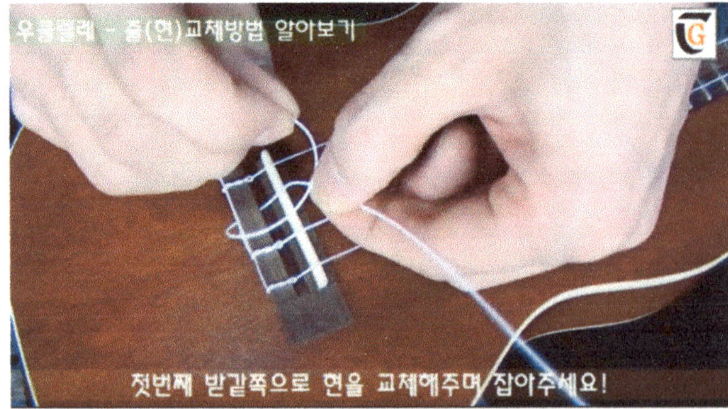

슬라이드는 시작음과 끝나는 음이 명확하고
글리산도는 시작음이나 끝나는 음이 명확하지않다.

11. 줄(현)교체방법 알아보기

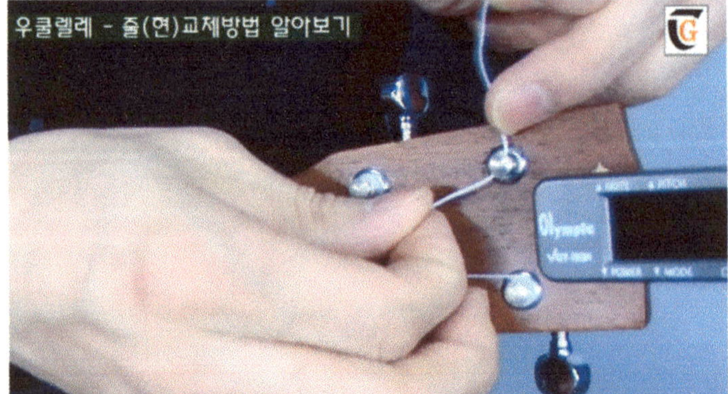

12. C 코드 (오픈/하이) 알아보기

• 우쿨렐레 코드표는 우쿨렐레핑거보드(지판)에서 쉽고 빠르게 코드를 잡을 수 있도록하는 이미지표이다.
  코드표 이용법은 아래그림설명과 같습니다.

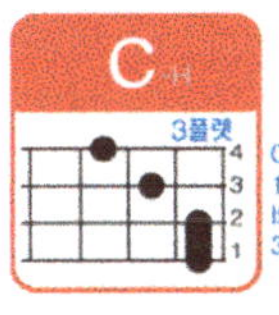

<-- 바디쪽 / 헤드쪽 -->

C코드 (오픈무지션)
1번현 3플렛을 3번손가락으로
핑거보드를 잡으라는 뜻.

B7코드 (하이(바레)무지션)
2플렛에 1,2,3,4번현 모두를 1번손가락으로 동시에
바레로 누르고 2번손가락으로 3번현 3플렛 핑거보드를
잡으라는 뜻.

3플렛

C코드 (하이(바레)무지션)
1번, 2번현 3플렛을 1번손가락으로 동시에
바레로 누르고 2번손가락으로 4플렛 3번현과
3번손가락으로 5플렛 4번현 핑거보드를 잡으라는 뜻.

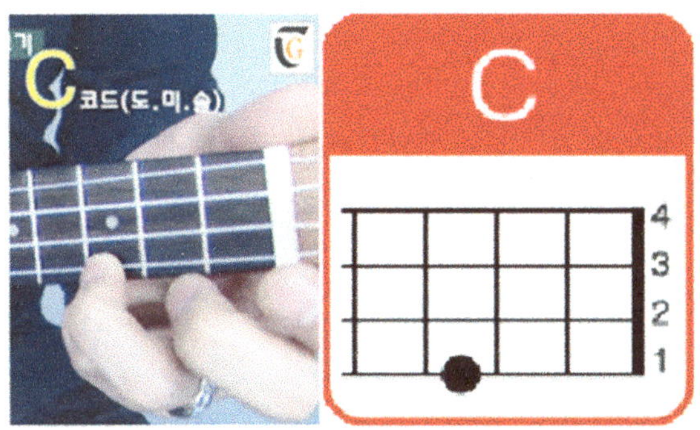

13. C7 코드 (오픈/하이) 알아보기

14. Cm 코드 (오픈/하이) 알아보기

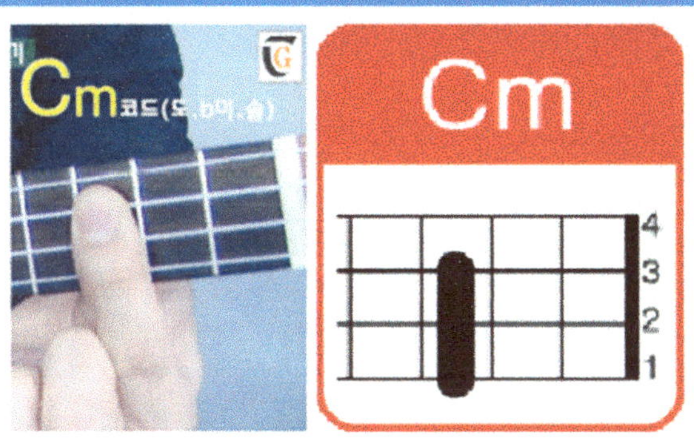

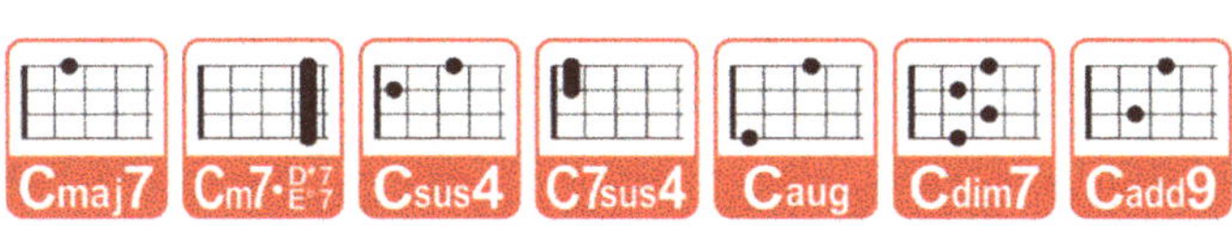

15. Cm7 코드 (오픈/하이) 알아보기

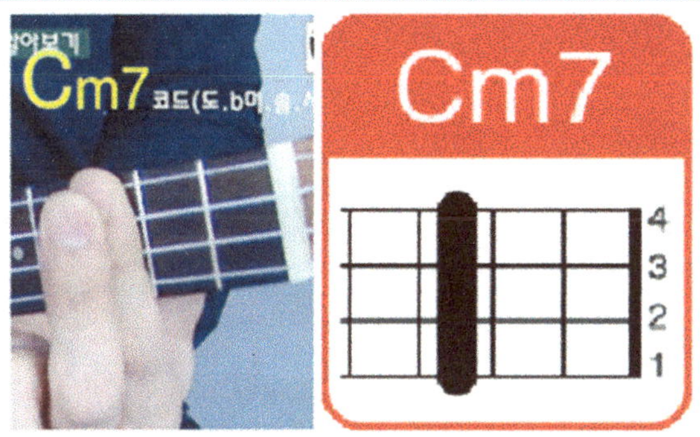

16. D 코드 (오픈/하이) 알아보기

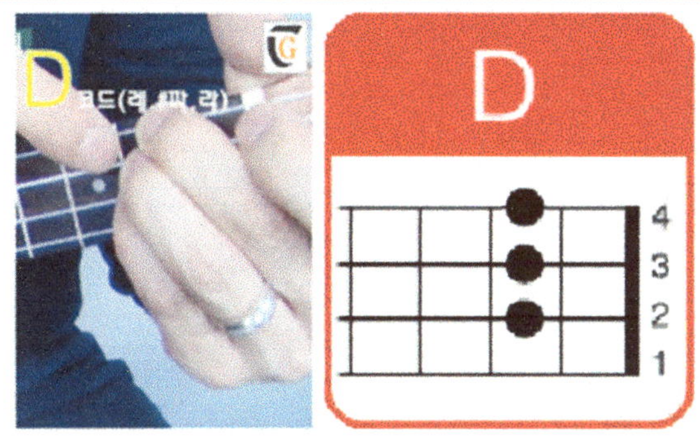

17. D7 코드 (오픈/하이) 알아보기

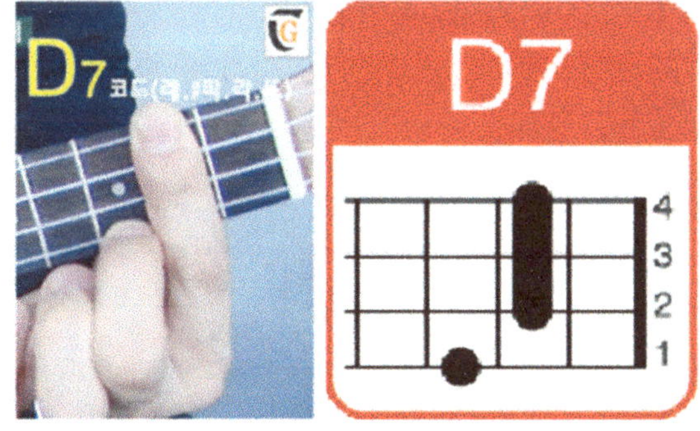

18. Dm 코드 (오픈/하이) 알아보기

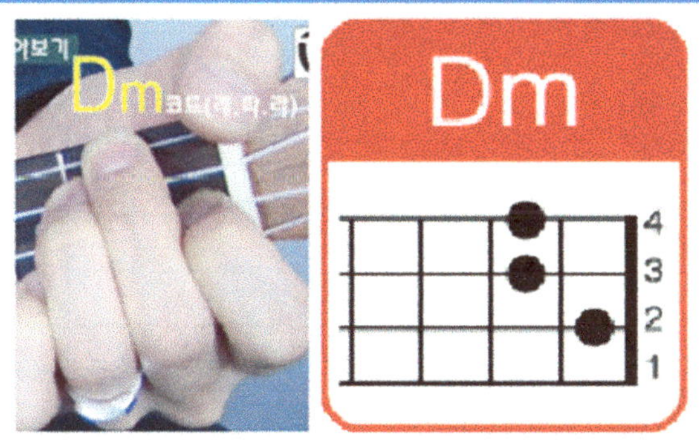

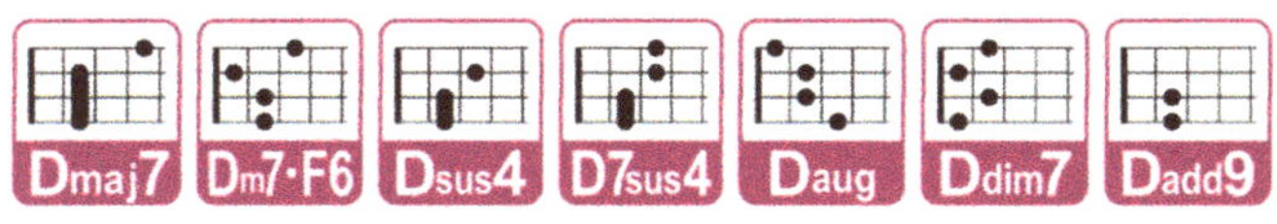

19. Dm7 코드 (오픈/하이) 알아보기

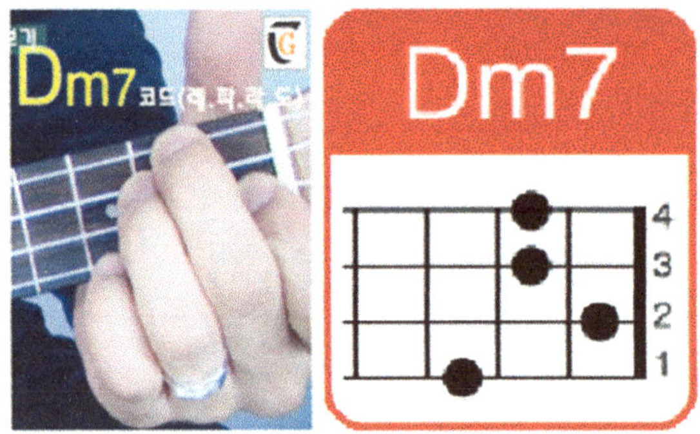

23. Em7 코드 (오픈/하이) 알아보기

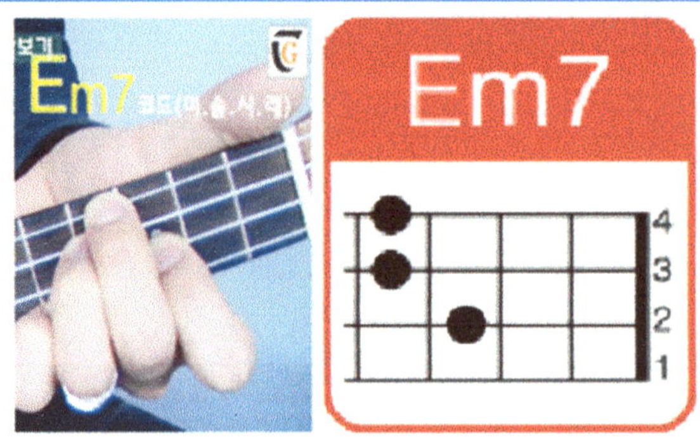

20. E 코드 (오픈/하이) 알아보기

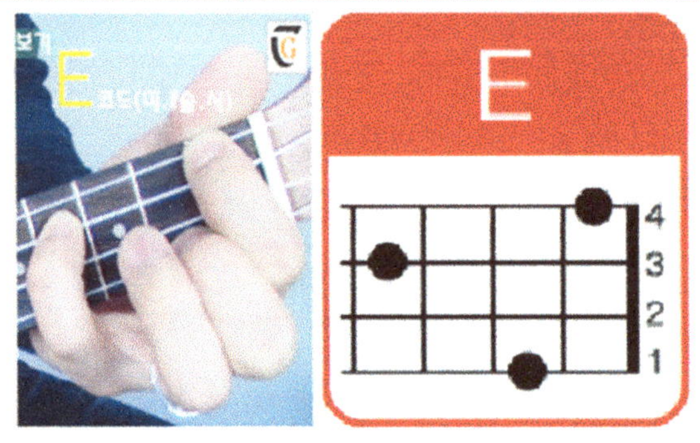

24. F 코드 (오픈/하이) 알아보기

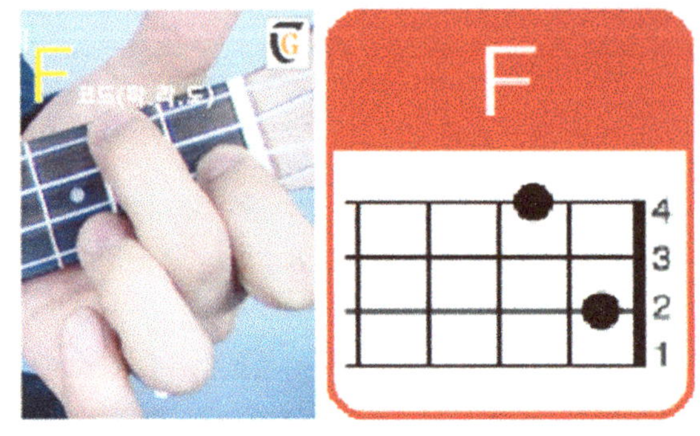

21. E7 코드 (오픈/하이) 알아보기

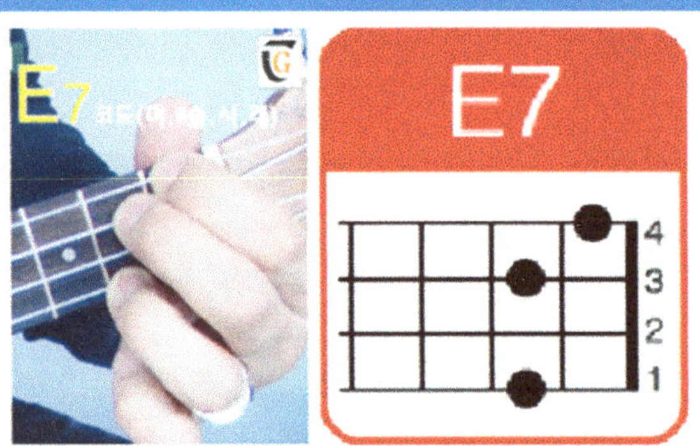

25. F7 코드 (오픈/하이) 알아보기

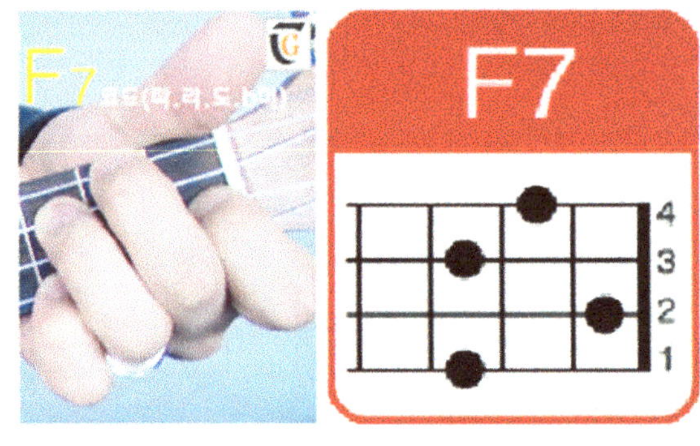

22. Em 코드 (오픈/하이) 알아보기

26. Fm 코드 (오픈/하이) 알아보기

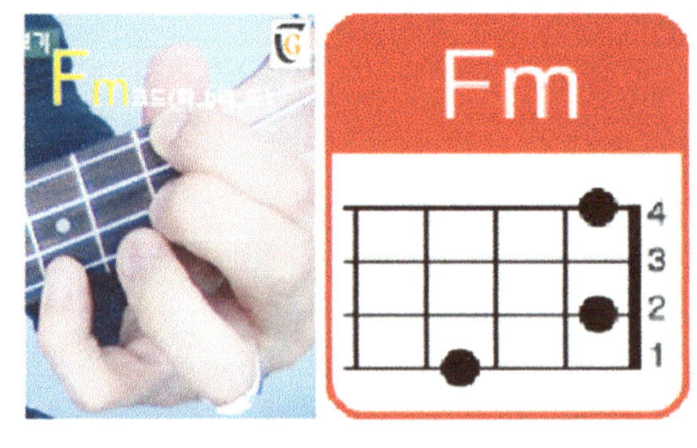

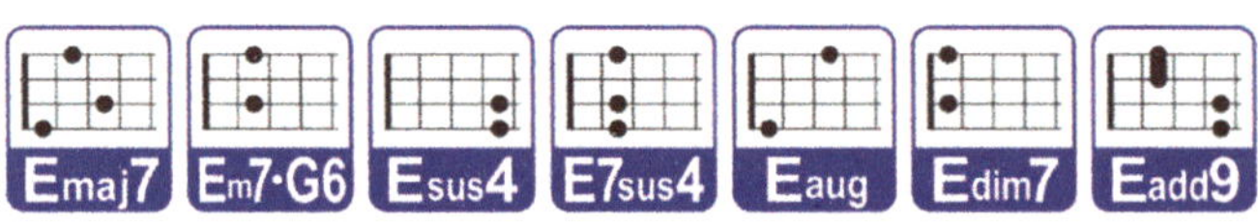

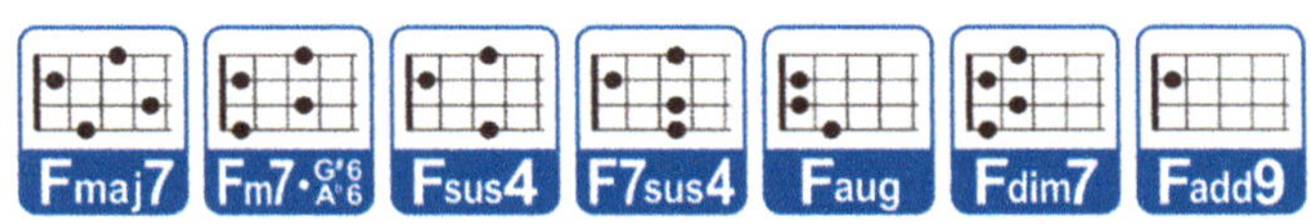

27. Fm7 코드 (오픈/하이) 알아보기

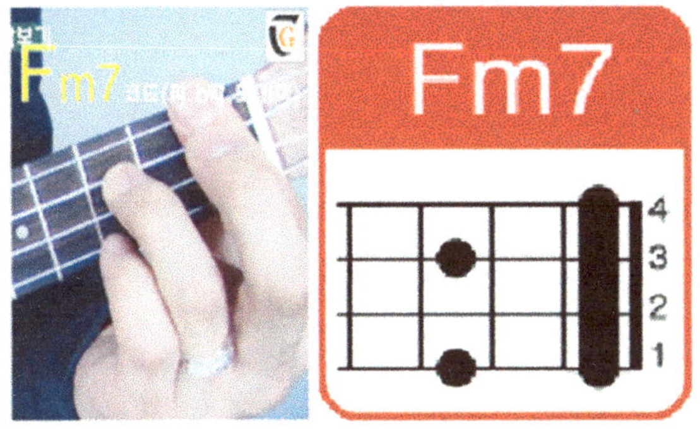

28. G 코드 (오픈/하이) 알아보기

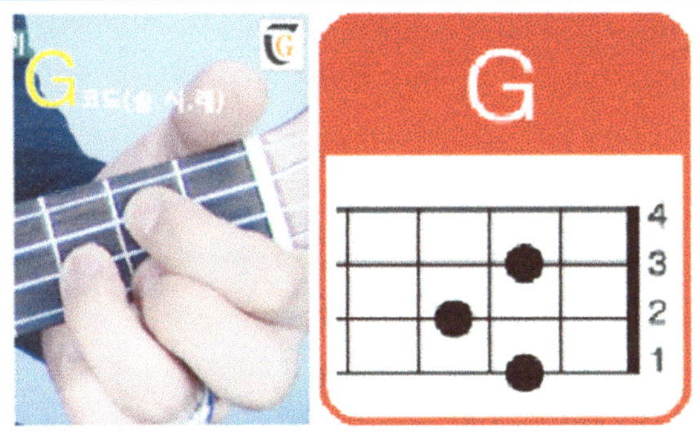

29. G7 코드 (오픈/하이) 알아보기

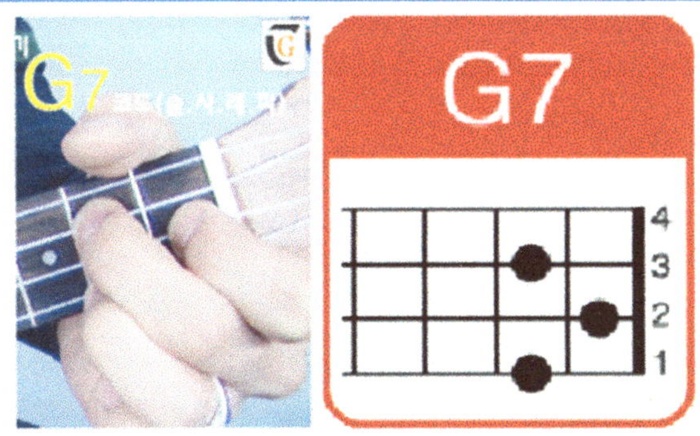

30. Gm 코드 (오픈/하이) 알아보기

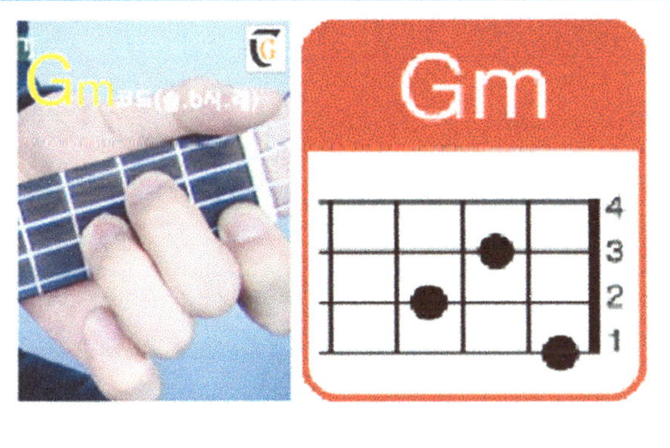

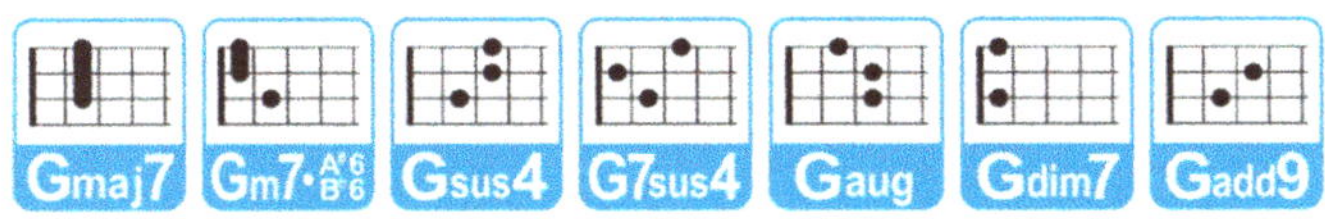

31. Gm7 코드 (오픈/하이) 알아보기

32. A 코드 (오픈/하이) 알아보기

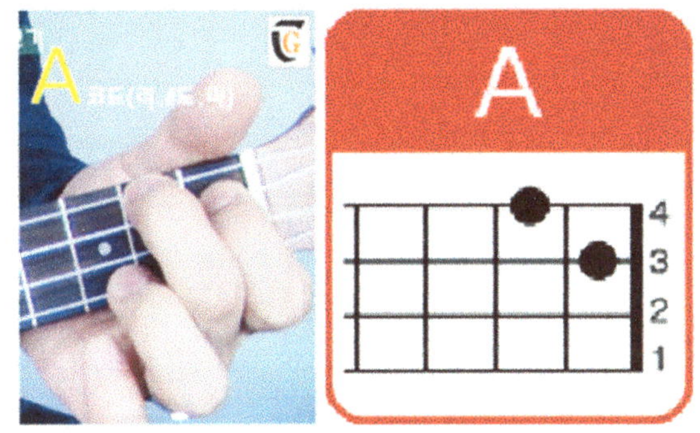

33. A7 코드 (오픈/하이) 알아보기

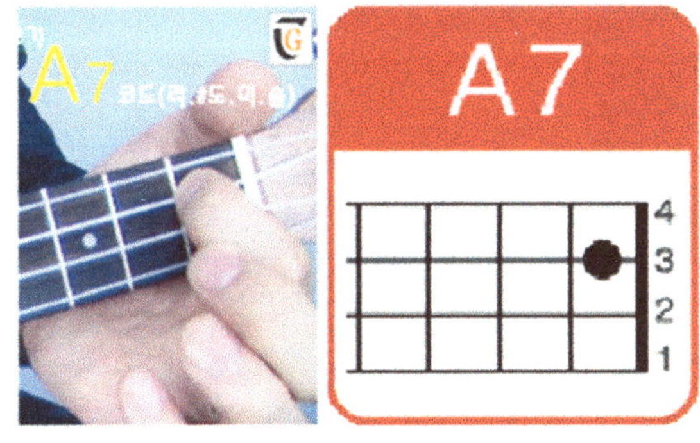

34. Am 코드 (오픈/하이) 알아보기

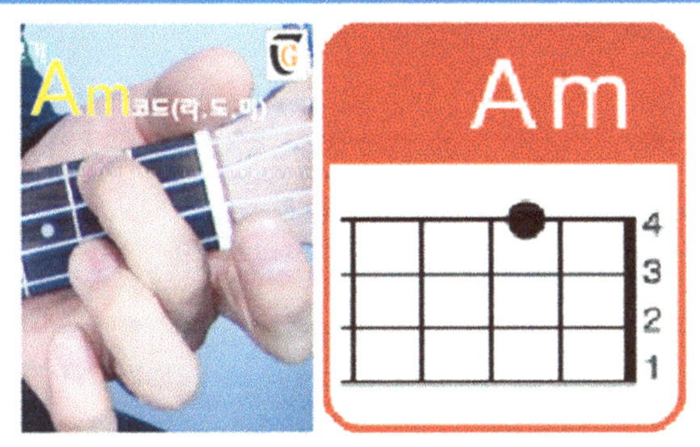

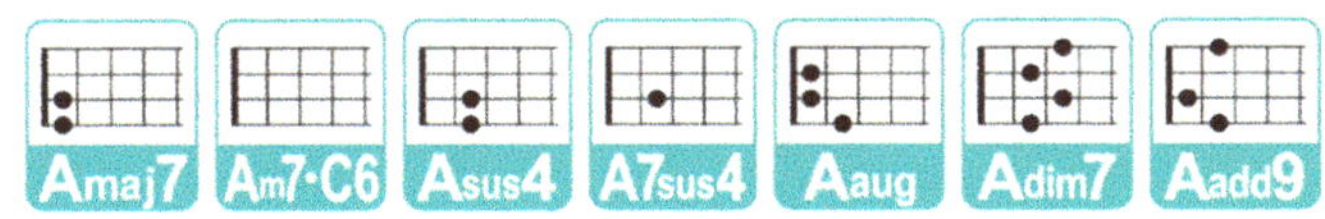

35. Am7 코드 (오픈/하이) 알아보기

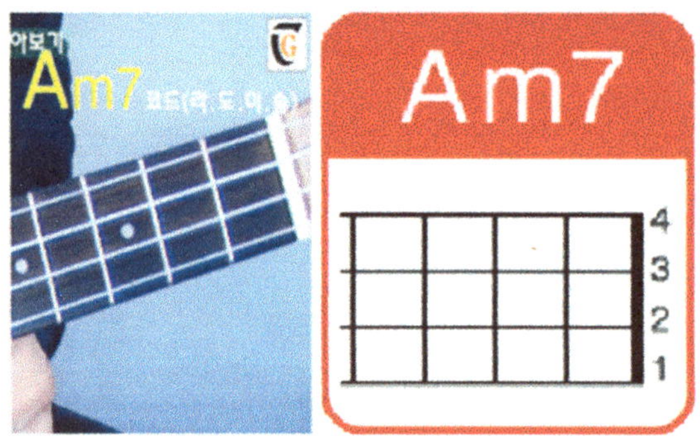

36. B 코드 (오픈/하이) 알아보기

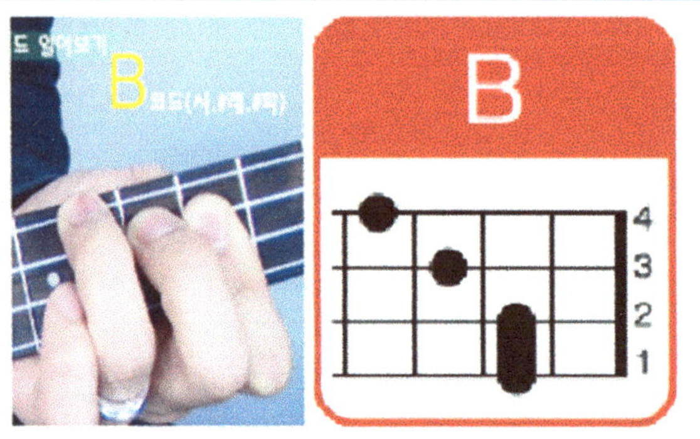

37. B7 코드 (오픈/하이) 알아보기

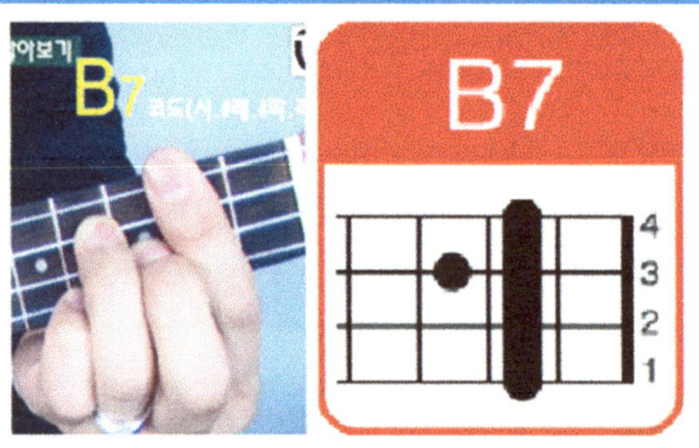

38. Bm 코드 (오픈/하이) 알아보기

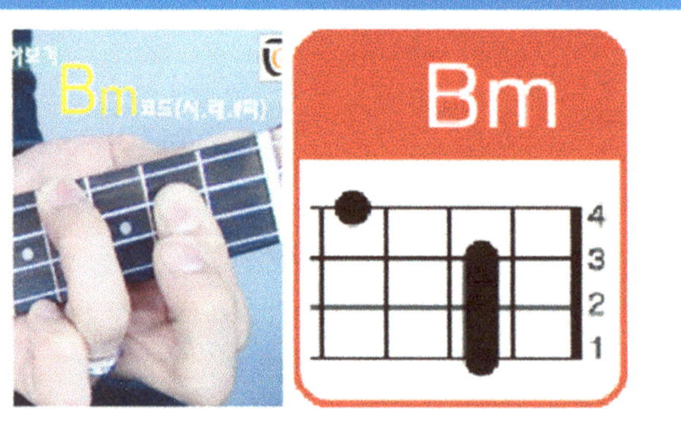

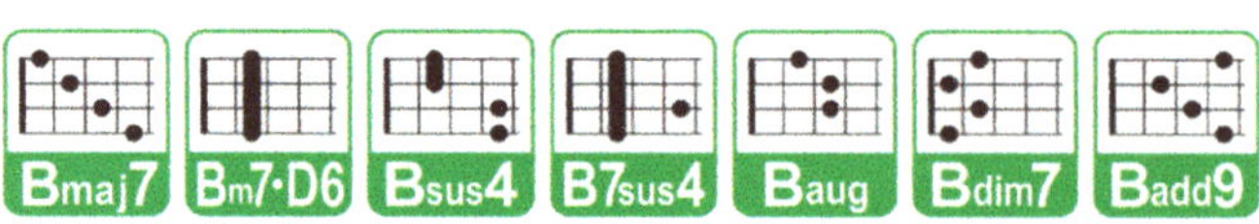

39. Bm7 코드 (오픈/하이) 알아보기

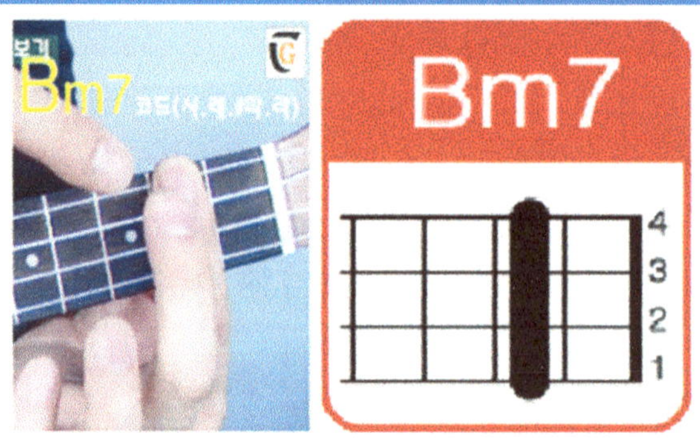

우쿨렐레 리듬부문 강좌

40. 4/3박자 왈츠(waltz)리듬 알아보기

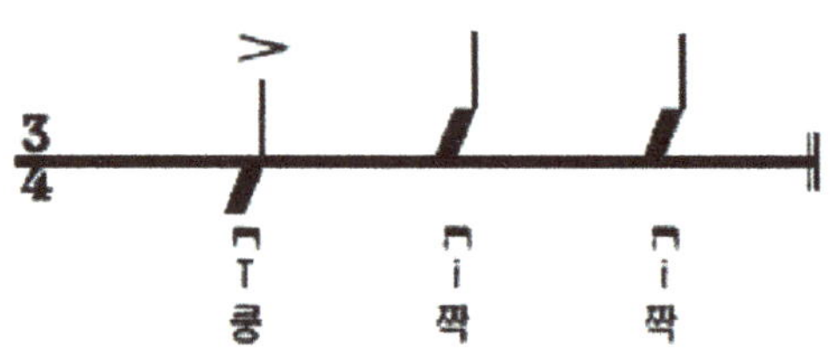

41. 4비트(Beat)리듬 알아보기

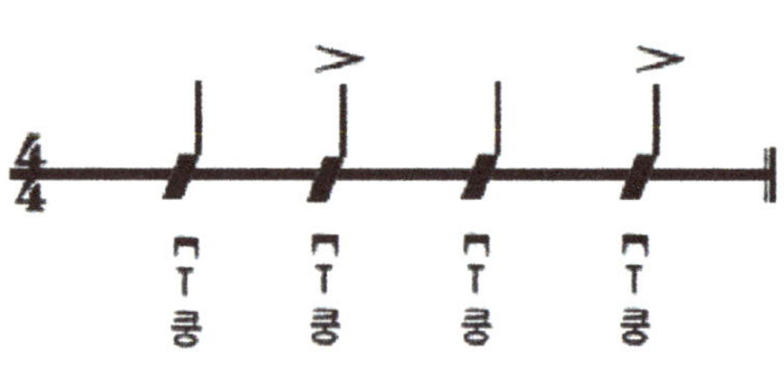

42. 8비트(Beat)리듬 알아보기

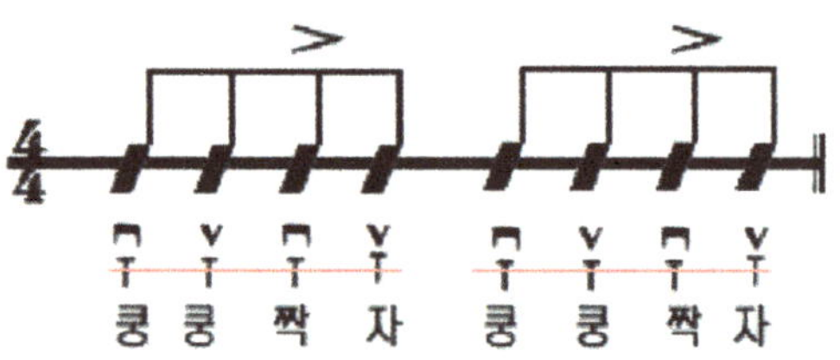

43. 16비트(Beat)리듬 알아보기

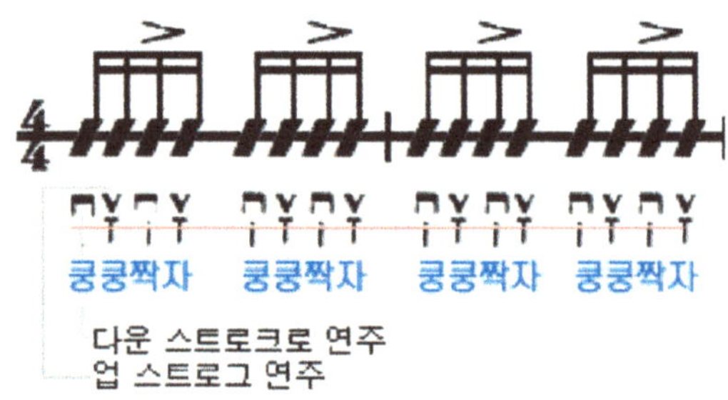

44. 셔플(Shuffle)리듬 알아보기

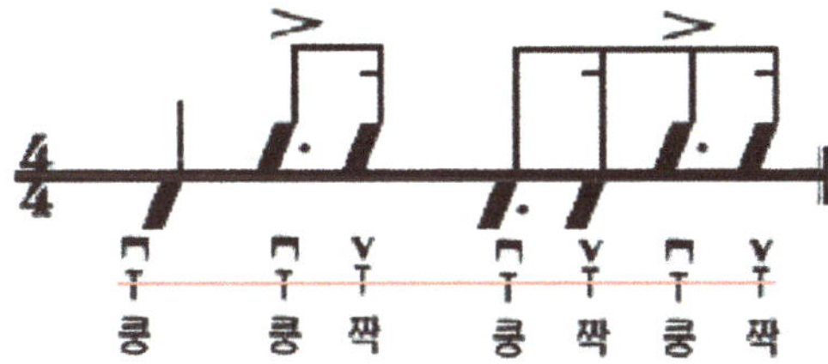

45. 칼립소(Calypso)리듬 알아보기

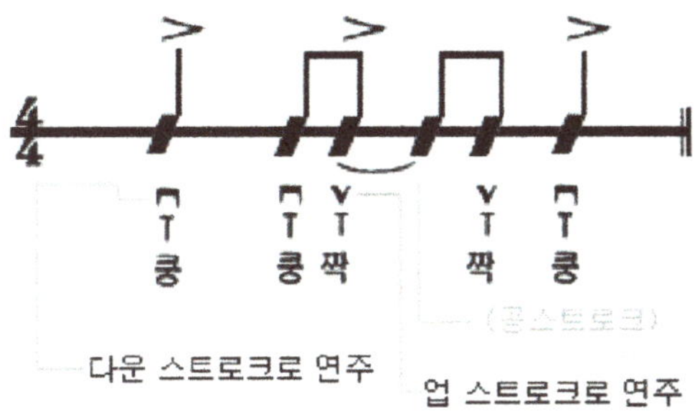

46. 슬로우고고(SlowGoGo)리듬 알아보기

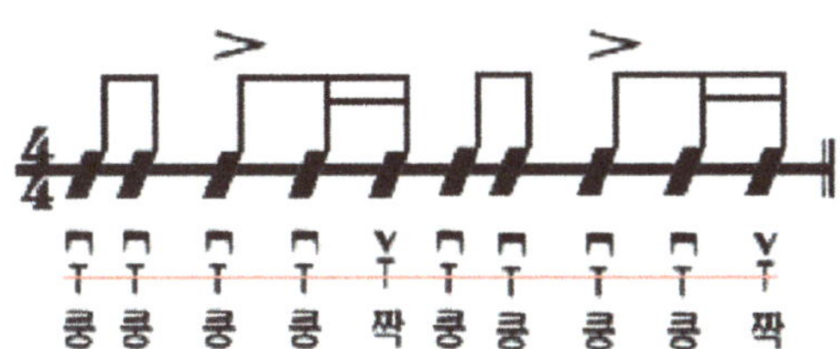

47. 슬로우락(Slow Rock)리듬 알아보기

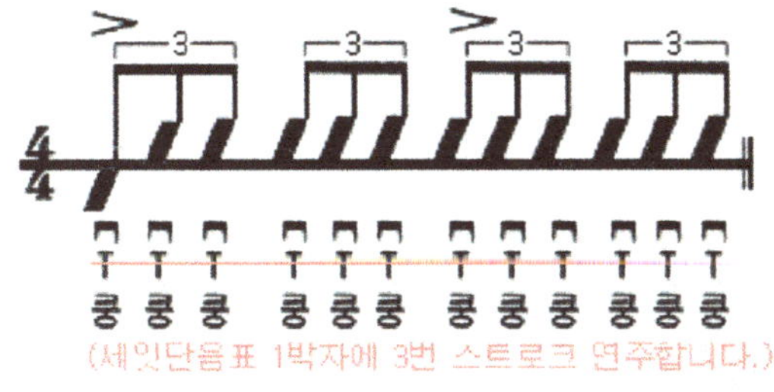

48. 고고(GoGo)리듬 알아보기

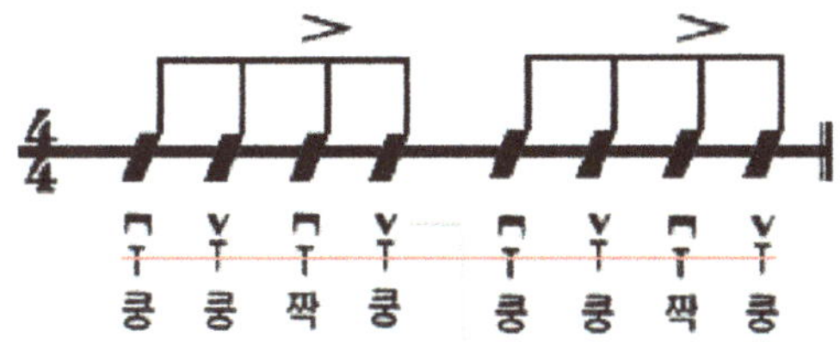

49. 레게(Reggae)리듬 알아보기

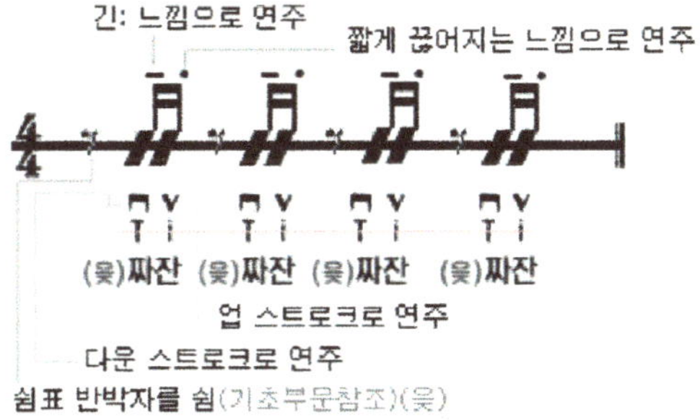

50. 아르페지오(Arupageio) 알아보기

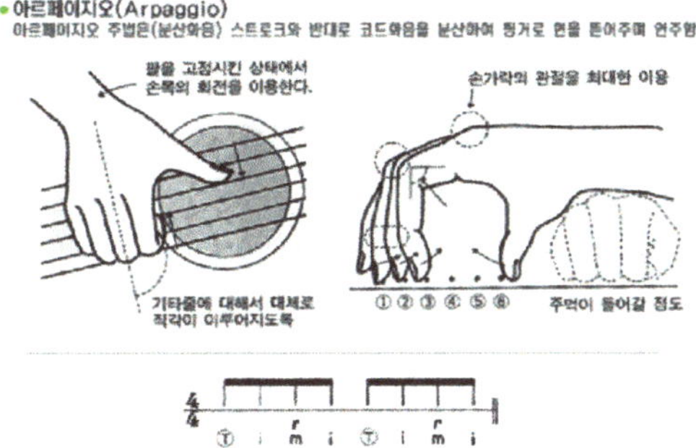

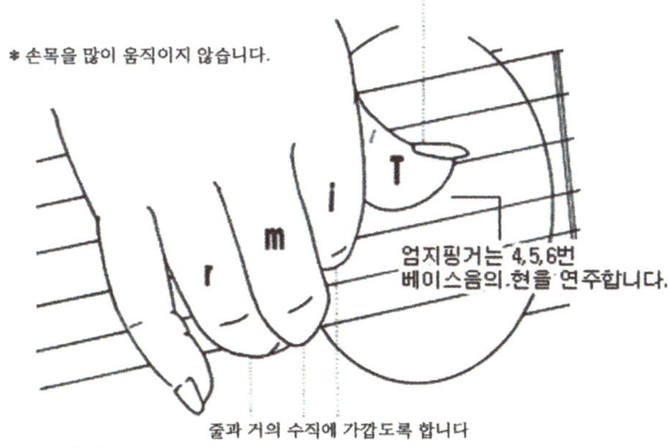

4/4박자 아르페지오

각각 담당하는 줄이 정해져 있으므로 항상 그 줄을 칠 수 있도록 준비해야 합니다.

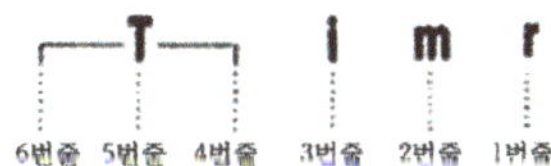

패턴 1

4/4 박자의 전형적인 아르페지오 패턴입니다
2박과 4박에서 기타의 2번줄과 1번줄을 동시에 튕기는 점에 유의 하세요

51. You are my Sunshine 전체연주

52. You are my Sunshine 코드별 연주 알아보기

You are My sun Shine

작곡 . Jimmie Davis

you are my sun shine, my only - sun shine

you make me happy - when skies are gray

you ne - ver know dear, how much i love you

please don't take my sun shine a way

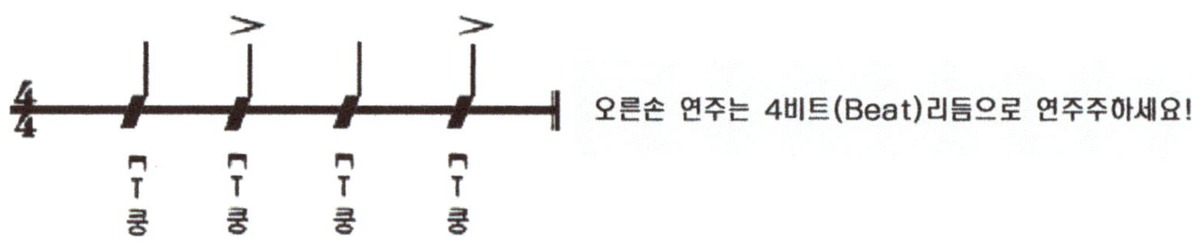

53. 비와당신-박중훈(영화 라디오스타OST) 전체연주

비와당신-박중훈(영화 라디오스타O.S.T)
작사.작곡 : 방준석

54. 비와당신-박중훈(영화 라디오스타OST) 전주부분

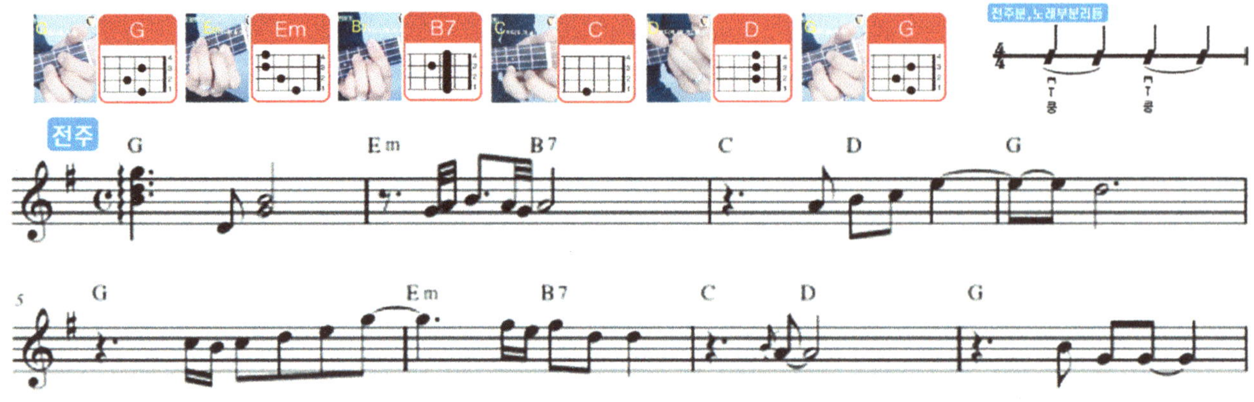

55. 비와당신-박중훈(영화 라디오스타OST) 노래부분

56. 비와당신-박중훈(영화 라디오스타OST) 후렴부분

57. 비와당신-박중훈.엔딩부분

나 비 야 (독일민요)

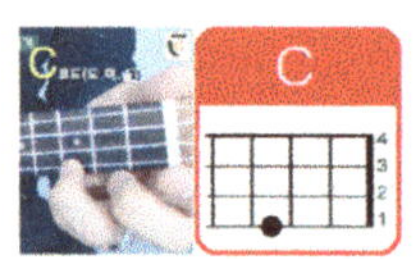

C Key

나 비 야 나 비 야 이 리 날 아 오 너 라
솔 미 미 파 레 레 도 레 미 파 솔 솔 솔

노 랑 나 비 흰 나 비 춤 을 추 며 오 너 라
솔 미 미 미 파 레 레 도 미 솔 솔 미 미 미

봄 바 람 에 꽃 잎 도 방 긋 방 긋 웃 으 며
레 레 레 레 레 미 파 미 미 미 미 미 파 솔

참 새 도 짹 짹 짹 노 래 하 며 춤 춘 다
솔 미 미 파 레 레 도 미 솔 솔 미 미 미

곰세마리

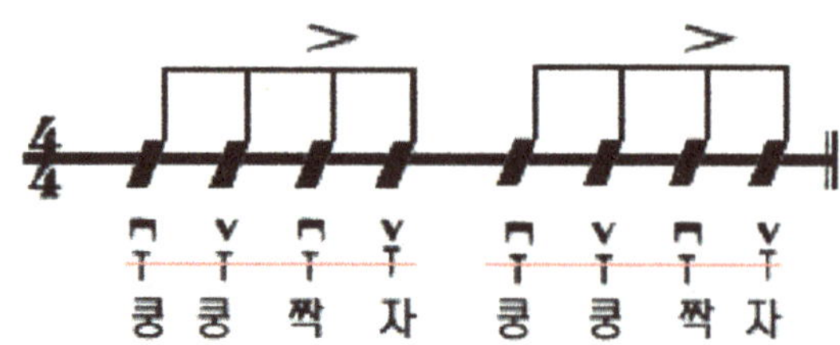

쿵 쿵 짝 자 쿵 쿵 짝 자

도 도 도 도 도 미 솔 솔 미 도 솔 솔 미 솔 솔 미 도 도 도
곰 세 마 리 가 한 집 에 있 어 아 빠 곰 엄 마 곰 아 기 곰
솔 솔 미 도 솔 솔 솔 솔 솔 미 도 솔 솔 솔
아 빠 곰 은 뚱 뚱 해 엄 마 곰 은 날 씬 해
솔 솔 미 도 솔 솔 솔 라 솔 도 솔 도 솔 미 레 도
아 기 곰 은 너 무 귀 여 워 으 쓱 으 쓱 잘 한 다

비행기

작은별

주먹쥐고

뻐꾸기

브람스 자장가

도레미송 -1-

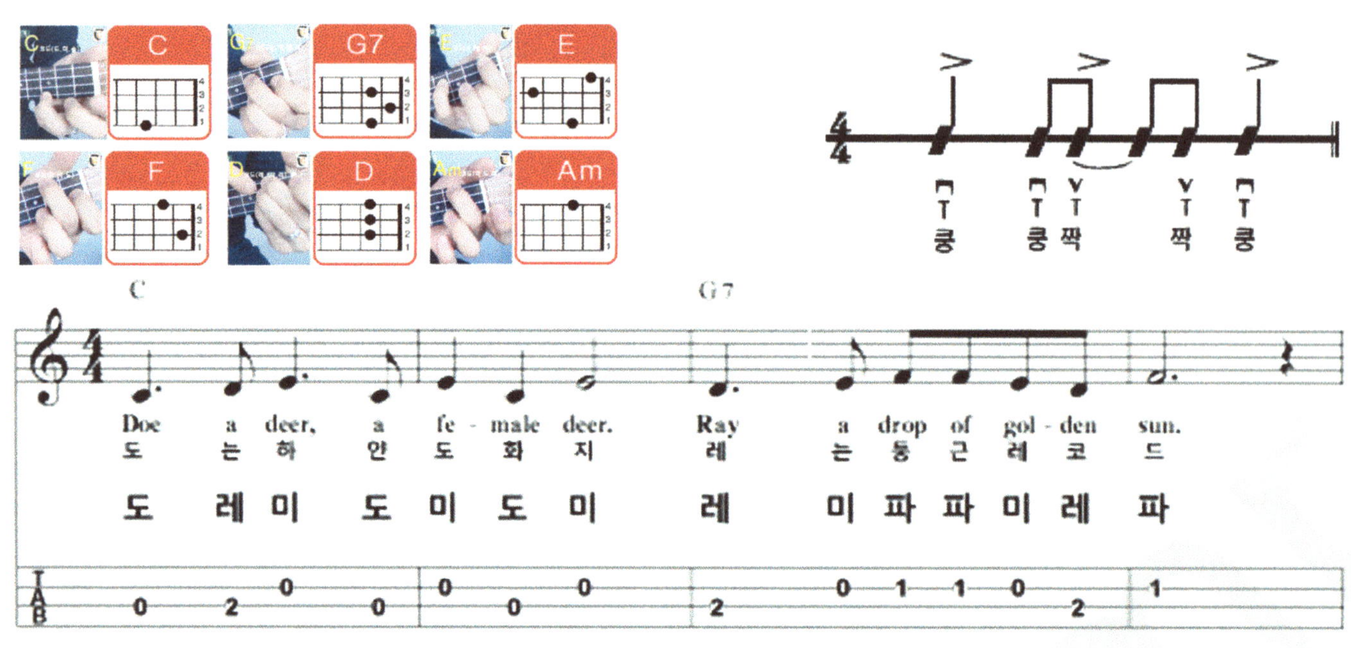

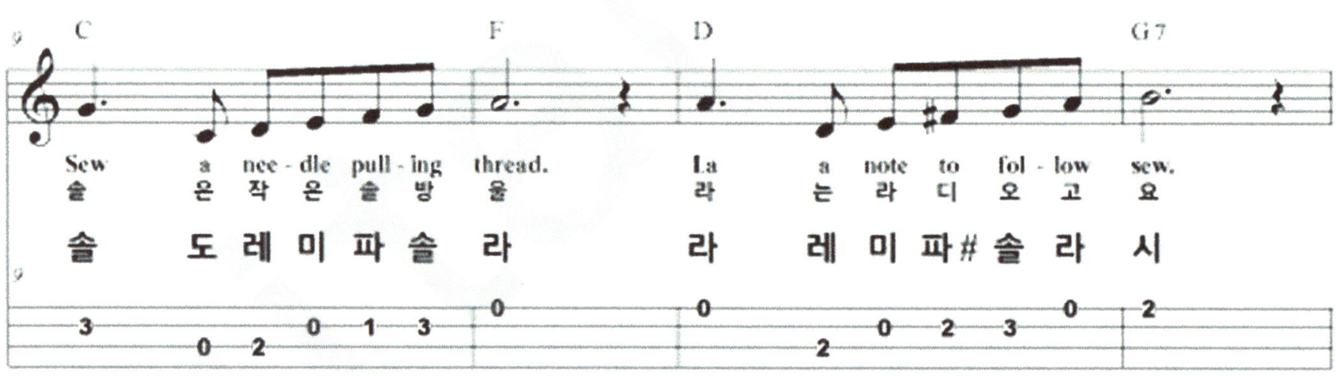

C
G7
E
F
D
Am
쿵 쿵짝 짝쿵
Doe a deer, a fe-male deer. Ray a drop of gol-den sun.
도 는 하 얀 도 화 지 레 는 둥 근 레 코 드
도 레 미 도 미 도 미 레 미 파 파 미 레 파

Me a name I call my-self. Far a long, long way to run.
미 는 파 란 미 나 리 파 는 예 쁜 파 랑 새
미 파 솔 미 솔 미 솔 파 솔 라 라 솔 파 라

Sew a nee-dle pull-ing thread. La a note to fol-low sew.
솔 은 작 은 솔 방 울 라 는 라 디 오 고 요
솔 도 레 미 파 솔 라 라 레 미 파# 솔 라 시

Tea a drink with jam and bread. That will bring as back to doe,
시 는 졸 졸 시 냇 물 다 - 함 께 부 르 자
시 미 파# 솔# 라 시 도 시 시b 라 파 시 솔 도

Do re mi fa so la ti do do ti la so fa mi re do mi mi mi so so re fa fa la ti ti
도 레 미 파 솔 라 시 도 도 시 라 솔 파 미 레 도 미 미 미 솔 솔 레 파 파 라 시 시
do mi mi mi so so re fa fa la ti ti so do la fa
도 미 미 미 솔 솔 레 파 파 라 시 시 솔 도 라 파
mi do re so do la ti
미 도 레 솔 도 라 시
do re do Do re mi fa so la ti do so do!
도 레 도 도 레 미 파 솔 라 시 도 솔 도

징글벨

-1-

G
C
D
A
G Key
쿵 쿵 쿵 쿵
흰 눈 사 이 로 썰 매 를 타 고
레 시 라 솔 레 레 시 라 솔 미
달 리 는 기 분 상 쾌 도 하 다 -
미 도 시 라 파# 레 레 도 라 시 솔
종 이 울 려 서 장 단 맞 추 니
레 시 라 솔 레 레 시 라 솔 미
흥 겨 워 서 소 리 높 여 노 래 부 른 다 오
미 도 시 라 레 레 레 레 미 레 도 라 솔 레

G Key
종 소 리 울 려 라 종 소 리 울 려
시 시 시 시 시 시 시 레 솔 라 시
우 리 썰 매 빨 리 달 려 종 소 리 울 려 라
도 도 도 도 도 시 시 시 시 라 라 솔 라 레
종 소 리 울 려 라 종 소 리 울 려
시 시 시 시 시 시 시 레 솔 라 시
기 쁜 노 래 부 르 면 서 빨 리 달 리 자
도 도 도 도 도 시 시 시 레 레 도 라 솔

창밖을 보라

-1-

C
G7
F
D
쿵 쿵 짝 자 쿵 쿵 짝 자
C C C G7
창 밖 을 보 라 창 밖 을 보 라 흰 눈 이 내 린 다
3 3 3 3 0 3 3 3 3 0 3 3 0 3 3 2
솔 솔 솔 솔 미 솔 솔 솔 솔 미 솔 솔 미 솔 도 시
G7 G7 G7 C
창 밖 을 보 라 창 밖 을 보 라 찬 겨 울 이 왔 다
5 5 5 5 5 3 2 2 2 2 2 0 3 3 3 1 1 0
레 레 레 레 도 시 시 시 시 라 솔 솔 솔 파 파 미
C C C G7
썰 매 를 타 는 어 린 애 들 은 해 가 는 줄 도 모 르 고
3 3 3 3 0 3 3 3 3 0 3 3 0 3 3 3 2
솔 솔 솔 솔 미 솔 솔 솔 솔 미 솔 솔 미 솔 솔 도 도 시
G7 G7 G7 C
눈 길 위 에 다 썰 매 를 깔 고 즐 겁 게 달 린 다
5 5 5 5 5 3 2 2 2 2 2 0 3 3 3 0 2 3
레 레 레 레 도 시 시 시 시 라 솔 솔 솔 라 시 도

긴 긴 해 가 다 가 고 - 어 둠 이 오 면
파 도 파 라 도 도 도 - 솔 미 도 미 솔
오 색 빛 이 찬 란 한 - 거 리 거 리 의 성 탄 빛
파 도 파 라 도 도 도 - 도 레 도 시 라 솔 라 시
추 운 겨 울 이 다 가 기 전 에 마 음 껏 즐 기 자
솔 솔 솔 솔 미 솔 솔 솔 솔 미 솔 솔 미 솔 도 시
맑 고 흰 눈 이 새 봄 빛 속 에 사 라 지 기 전 에
레 레 레 레 도 시 시 시 시 라 솔 솔 솔 라 시 도

루돌프 사슴코

-1-

F   C   Dm   G 7   C
안 개 낀 성 탄 절 날   산 타 말 하 길
라 라 도 라 솔 미 솔   파 라 솔 파 미
D   G   D   G 7
루 돌 프 코 가 밝 으 니   썰 매 를 끌 어 주 렴
레 미 솔 라 시 시 시   도 도 시 라 솔 파 레
C   C   C   G 7
그 후 론 사 슴 들 이   그 를 매 우 사 랑 했 네
솔 라 솔 미 도 라 솔   솔 라 솔 라 솔 솔 도 시
G 7   G 7   G 7   C
루 돌 프 사 슴 코 는   길 이 길 이 기 억 되 리
파 솔 파 레 시 라 솔   솔 라 솔 라 솔 솔 레 도

We Wish You A Merry Christmas

기타북 - 우쿨레렐 코드표

C	D	E
F	G	
C7	D7	E7
F7	G7	
Cm	Dm	Em
Fm	Gm	
Cm7	Dm7	Em7
Fm7	Gm7	
A	A7	Am
Am7		
B	B7	Bm
Bm7		

코드잡는법(왼손)

왼손 핑거를 다른 현에 닿지 않게
핑거 마디를 세워 핑거끝부분으로
현을 강하게 눌러 줍니다.
(그림과 같은 자세를 유지하세요)
담갈돌를 주먹으로 잡듯이...

이부분이 다른줄에 닿지 않게 잡아주세요!

우쿨렐레 타블레춰(TAB)악보는 오선지악보가 아닌 보기쉽게 풀이된 문자형식의 악보를 말합니다.
타블레춰악보 이용법은 아래그림설명과 같습니다.

3번현 2플랫 레음을 4분음B박자연음 연주하라는 뜻.
3번현 개방한 도음 4분음표박자연음 연주하라는 뜻.
1번현 12플랫 라음 4분음표박자연음 연주하라는 뜻.

스트록(오른손)

무의식으나도 손목도 현연을 잘 이평래다
좋은 스트로크가 읍니다

엄지손가락 스트록 : 부드럽고 조용한 사운드 연주시 이용!
검지손가락 스트록 : 빠르고 경쾌한 사운드 연주시 이용!

4

통기타. 일렉기타. 베이스기타. 우쿨렐레 통합교본

기.타.배.우.기

1. 통기타(96강)

- 기초부문강좌
- 코드부문강좌
- 리듬부문강좌
- 연습곡부문강좌
  (96강 통기타 동영상강좌 지원)

* 위 모든 강좌는 스마트폰 동영상으로 이용 가능합니다.

2. 일렉기타(84강)

- 기초부문강좌
- 코드부문강좌
- 리듬부문강좌
- 스케일부문강좌
- 테크닉부문강좌
- 연습곡부문강좌
  (84강 일렉기타 동영상강좌 지원)

* 위 모든 강좌는 스마트폰 동영상으로 이용 가능합니다.

3. 베이스기타(45강)

- 기초부문강좌
- 코드부문강좌
- 리듬부문강좌
- 테크닉부문강좌
- 연습곡부문강좌
  (45강 베이스기타 동영상강좌 지원)

* 위 모든 강좌는 스마트폰 동영상으로 이용 가능합니다.

4. 우쿨렐레(57강)

- 기초부문강좌
- 코드부문강좌
- 리듬부문강좌
- 연습곡부문강좌
  (57강 베이스기타 동영상강좌 지원)

* 위 모든 강좌는 스마트폰 동영상으로 이용 가능합니다.

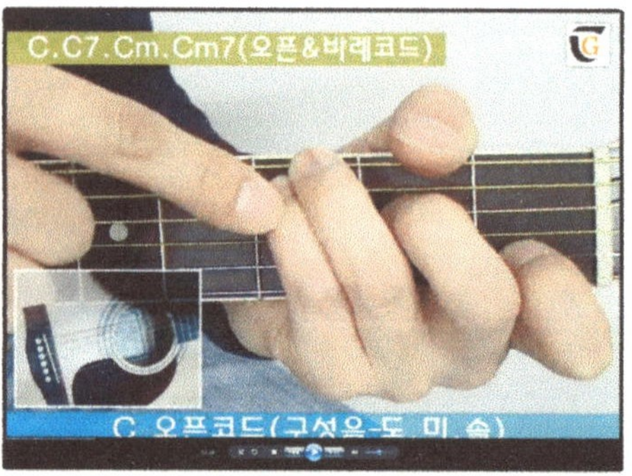

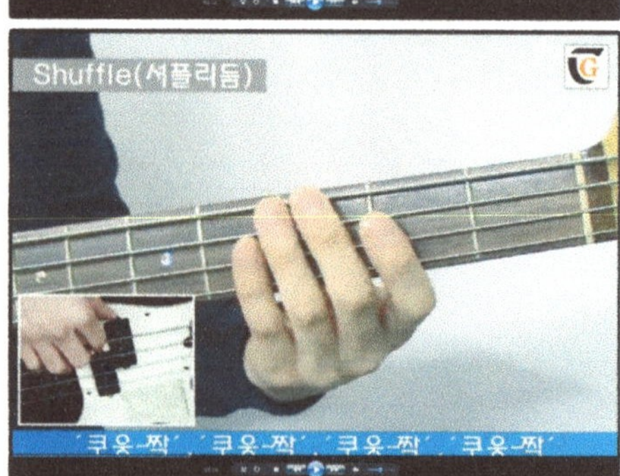

값 40000 원

03670

9 791194 527305

ISBN 979-11-94527-30-5

스마트폰전용
전체이용가능